JN021917

遺伝と平等

人生の成り行きは変えられる

キャスリン・ペイジ・ハーデン 著
青木薫 訳

新潮社

遺伝と平等　人生の成り行きは変えられる　目次

著者の註については、本文中に原書の通りに番号を振り、以下のサイトにすべてのデータを置いた。
https://www.shinchosha.co.jp/book/507351/?utm_source = QRcode&utm_medium = book&utm_campaign = 507351#b_othercontents
なお、解説となっている22か所の註については、訳を巻末に掲載している。文中の該当番号に「＊」をつけた。
本文中の訳註は、［　］に割註として入れた。

THE GENETIC LOTTERY: Why DNA Matters for Social Equality
by Kathryn Paige Harden

図版制作：トリロジカ

遺伝と平等　人生の成り行きは変えられる

僕はかつて、運というものは自分の外側にあるのだろうと思っていた。運は、自分の身に何が起こって、何が起こらないかだけを支配しているのだろうと。今では、その考えは間違いだったと思っている。運は、僕の中に組み込まれていたのだと思う。それは僕の骨を支えるかなめ石、僕のDNAという秘密のタペストリーを織り上げている黄金の糸だったのだ。

——タナ・フレンチ 『The Witch Elm（セイヨウハルニレ）』より

第Ⅰ部　遺伝学をまじめに受け止める

第一章　はじめに

息子がキンダーガーテン［*訳註・以下、本書では訳註をこのように記す。キンダーガーテンは義務教育ではないが、最年少学年として初等学校に含まれているため、日本の小学校入学に相当する］に上がろうという夏のこと、息子の就学前教育として私が選んだモンテッソーリの方針に納得していなかった母が、彼女の言うところの「本当の」（机に向かうタイプの）学校に息子がついていけるように手を貸してあげようと申し出てくれた。息子はキンダーガーテンにうまくなじめるだろうと私はとくに心配していなかったのだが、せっかくの機会なので、「本当の」（小さな子ども抜きの）夏休みを取らせてもらうことにした。祖母と過ごす二週間に子どもたちを送り出し、私はその間ビーチで過ごした。

母はかつて学校教員だった。大学で言語病理学を修めたのち、ミシシッピ州北部の半農業地域で働いたが、そこで母が教えた生徒たちは、しばしば重い学習障害を持ち、ほぼ例外なく貧しかった。今ではその母も引退し、テネシー州メンフィスにある母の家のサンルームには、教室から持ち帰ったポスター類が飾ってある——ＡＢＣ、アメリカ歴代大統領、世界の大陸、そして忠誠の誓いだ。私が夏休みから戻ると、子どもたちは誇らしげに忠誠の誓いを暗唱してみせてくれた。「私はアメリカ合衆国国旗と、それが象徴する、万民のための自由と正義をそなえた、神の下の分割すべからざる一国家である共和国に、忠誠を誓います」。

そのポスターはラミネート加工されていて、母はその表面に、紫色のラインマーカーで書き込みをしていた。子どもたちにもわかりやすい言葉で、忠誠の誓いに注釈を入れていたのだ。「共和国（リパブリック）」の上には「国（カントリー）」、「自由（リバティ）」の上には「自由（フリーダム）」。そして「正義（ジャスティス）」の上には、「公正（フェア）であること」とあった。

「フェアであること」は、キンダーガーテンの子どもにもわかる正義の定義としては実によくできている。おもちゃをめぐって小競り合いをするきょうだいを見たことのある親なら誰でも証言できるように、子どもはフェアかアンフェアかを鋭く感じ取る。教室を掃除したご褒美として、きれいな色の消しゴムをみんなに分配するという課題を与えると、小学生になった子どもなら、誰かひとりに余計に消しゴムをやるぐらいなら、余った消しゴムを捨てるだろう。[1]

猿でさえ、フェアかどうかを感じ取る。二匹のオマキザルに、簡単な課題をこなしたご褒美としてスライスしたキュウリを与えると、二匹ともいそいそと課題をこなしてキュウリをほおばる。ところが、一方の猿にだけブドウのご褒美を与えはじめると、他方の猿は、まるで両替人たちの台をひっくり返すイエスさながらに憤り、実験者めがけてキュウリを投げつけるのだ。[2]

人間の大人であるわれわれは、人間の子どもや霊長類の仲間たちと同じく、アンフェアな仕打ちには直観的に憤るように進化した心を持っている。今このとき、社会のいたるところで、そんな怒りがふつふつと沸き立っている。二〇一九年の時点で、アメリカでもっとも裕福な三人の億万長者が、この国の底辺から五十パーセントの人たちを合わせたよりも多くの富を持っていた。[3]隣のケージの仲間がブドウのご褒美をもらう横でキュウリを与えられるオマキザルのように、杜会のこんな不平等を目にして、われわれの多くは「これはアンフェアだ」と思う。

■ 学歴が不当なほど有利に働く社会

もちろん、人生はアンフェアだ――人生の長さである寿命まで含めてそうだ。齧歯類やウサギの仲間から霊長類までさまざまな種において、社会的ヒエラルキーの序列が高い者ほど、より長く、より健康な一生を送る。[4] アメリカでは、最富裕層の男性は、最貧困層の男性に比べて、平均で十五年ほど寿命が長く、最貧困層の男性の四十歳における平均余命は、スーダンやパキスタンの男性とほぼ同じだ。[5] 私の研究室の調査によると、低所得の家庭に生まれ、貧しい地域に育った子どもたちは、八歳という早い時点で、生物学的年齢の重ね方がより速いというエピジェネティックな兆候を示すことがわかった。[6] 金持ちが天国に入るのはラクダが針の穴を通るより難しいかもしれないが、金持ちには、裁きの日を先送りできるという慰めがあるのだ。

こうした所得格差は、教育格差と複雑に絡み合っている[7*]［英語のinequalityは、本書では基本的に「不平等」と訳すが、所得格差、教育格差など熟語として定着している場合は「格差」と訳す］。コロナウイルスのパンデミックが起こる前でさえ、大卒でないアメリカ白人の寿命は、実際に短くなりつつあった。[8] 歴史的には異例なこの短命化は、高所得の国々では他に例がなく、オピオイドの過剰摂取、アルコール依存症、自殺を含む「絶望死」の蔓延がそれに拍車をかけていた。[9] このたびのパンデミックは事態をさらに悪化させた。アメリカでは、大学教育を受けた者は、自宅からリモートでできる仕事に就ける見込みが高く、家にいればウイルスにさらされる機会も少なくてすむ――そしてレイオフからも比較的守られている。[10]

より長く、より健康的な人生を送れることに加え、教育のある者は稼ぎもいい。過去四十年間に、アメリカの上位〇・一パーセントは、四百パーセント以上も所得を増やしたのに対し、大卒の学位を持たない男性は、一九六〇年代以降、実質賃金がまったく上がっていない。[11] 一九六〇年代から上がっていないのだ。この間にどれだけの変化があったかを考えてみよう。われわれは人間を月に送り、ベトナム、クウェート、アフガニスタン、イラク、そしてイエメンで戦争をし、インターネットとＤＮＡ編集を発明した。これだけのことが起こったというのに、高校より上の学校に行かなかったアメリカ人男性は実質賃金が上がらなかったのだ。

経済学者は所得と教育の関係について語るときに、「スキル・プレミアム」という言葉を使う。これは、高技能労働者と低技能労働者の賃金の違いを比で表したものだが、「高技能」労働者は大卒の学位を持つ者を意味し、「低技能」労働者はそれを持たない者を意味する。そういう「技能」の捉え方は、大学で学ぶのではなく徒弟修業によって、習得に時間のかかる専門技能を身につける電気工や配管工のような熟練工を、高技能労働者から除外するものだ。レストランのウェイターやウェイトレスのような「低技能」労働を一度でも経験したことのある者なら、こういう仕事に技能は要らないという考えを笑い飛ばすだろう。そしてそれは笑い飛ばすべき考えなのだ。たとえば外食産業で働くということは、他人に対して感情のエネルギーを提供し、ほかの人たちが気持ちよく過ごせるように、自分の気持ちを表現することでもある。[12]「高技能労働者」と「低技能労働者」を対置させる捉え方には、著述家のフレディー・デボーアが「知性崇拝」[13]と呼ぶものが映し出されている。それは、正規の教育によって養われ、選び取られるような種類の技能を、他のあらゆる技能（手先の器用さ、身体の強健さ、感情面での適応性など）よりも本来的に価値あるものとして崇拝する傾向だ。

アメリカでは、「スキル・プレミアム」は一九七〇年代から大きくなりはじめ、二〇一八年には、大卒労働者の稼ぎは、高卒労働者のそれよりも、平均で一・七倍多かった。[14]「技能」の証明としていっそう基本的な高校の卒業証書さえ持たない者は、さらに低賃金だ。高校を出ていない人はけっして少なくない。高校を卒業する者の割合は、一九八〇年代からほとんど変わっておらず、高校生の四人にひとりは卒業証書をもらわない。[15]

スキル・プレミアムは、個々の労働者が賃金として得るものに関する数値だ。しかし、働いていない人は多いし、ひとり暮らしではない人も多い。世帯構成の違いは不平等をさらに拡大している。現代は過去のどの時代にも増して、大学教育を受けた者はやはり大学教育を受けた者と結婚して世帯を持つことが多く、大きく稼げる見込みのある者がひとつの世帯に集まる。[16]一方、低学歴の女性では、シングルマザーの比率が高く、ひとりの女性が生涯に産む子どもの数も平均として多い。[17]二〇一六年には、高卒女性の出産の五十九パーセントが、婚姻関係にある配偶者のいない状況での出産だったのに対し、大卒以上の学歴を持つ女性では、この比率は十パーセントだった。このように、大学教育を受けていない女性は、稼ぎが少なく、養わなければならない口は多く、家庭内に力を貸してくれる者がいないことが多い。

こうした社会的不平等は、心理学的な爪あとを残す。低所得の人たちは、稼ぎの多い人たちと比べて、不安に苛(さいな)まれたり、ストレスを受けたり、悲しい気持ちになったりすることが多く、幸福感を得にくい。[18*]また、大きな出来事（離婚）と小さな出来事（頭痛）のどちらに直面しても、より惨めな気分になりやすい。低所得の人たちは、週末に余暇を楽しむことさえ少ない。その一方で、包括的な生活満足度――「私の人生は、私にとって可能な限り最善の人生である」と感じられること――は、所得が高くなるほど上昇し、稼ぎの多い人たちのあいだですら、所得が増大するにつれてさらに上昇する。

人々の人生が違ったものになる経緯は実にさまざまなので、哲学者たちは、どの要因がもっとも重要かについて論争してきた。貨幣資産の平等こそは、もっとも考えるべき重要な問題だと言う哲学者もいれば、お金は、より幸福で満足すべき暮らしを送るための手段にすぎないと考える哲学者もいる。また、正義の一点をもってすべてを片づけてしまうことに異議を唱える哲学者もいる。社会科学者たちもまた、学者としての訓練を受けた分野の核となる不平等を研究する傾向がある。たとえば、経済学者は所得と富の差が及ぼす影響について研究する傾向があるし、心理学者は認知能力と情動の違いが及ぼす影響について研究する傾向がある。人々のあいだの不平等にはさまざまな要因が複雑に絡まり合っていることから、問題を考えるための出発点にふさわしい不平等がひとつだけあるわけではない。それでも、今日のアメリカにおいて、「持てる者」の一員になるか「持たざる者」の一員になるかを決める要因として、学士号を持つかどうかがますます重要になっているのはたしかだ。したがって、なぜある人たちはより上の学校にまで進むのかを理解することができれば、人々の人生における多種多様な不平等に関するわれわれの理解にも光が投げかけられるだろう。

■ 誕生時に引かされる二種類のくじ

人々は、教育、富、健康、幸福、そして人生そのものについても、大きくレベルの異なる経験をする。これらの不平等はフェアなのだろうか？　パンデミックが吹き荒れる二〇二〇年夏のある一日に、ジェフ・ベゾスは、すでにして莫大な富に百三十億ドルをつけ加えたのに対し[19]、アメリカの世帯の三十二パーセントは家賃が払えなかった[20]。この状況を並置するとき、私の心にむかむかと嫌悪感が湧き起こる。この不平等はあんまりだと思うのだ。しかし、この点に関して意見は分かれる。

さまざまな不平等がフェアかアンフェアかを論じるとき、アメリカ人が支持を表明する（少なくとも口ではそう言う）数少ないイデオロギー的コミットメントのひとつが、「機会均等に配慮する」というものだ。これはいろいろに解釈できる表現である。何をもって「機会」とするか、その機会を確実に均等化するためにはいかなる方策が必要かに関して、意見はさまざまだ[21]。しかし一般に、機会均等とは、すべての人が、生まれたときの環境によらず、長く健康で満足のいく人生を送るために、同じだけの機会を持つべきだという考え方である。

「機会均等」のレンズを通して見れば、不平等の大きさや程度がどうであれ、それだけでアンフェアな社会だということにはならない。むしろ重要なのは、その不平等が、親の属する社会階級やその他、子ども自身にはどうしようもない誕生時の状況に結びついているかどうかだ。金持ちの両親のもとに生まれるか、貧しい両親のもとに生まれるか、教育のある両親かそうではないか、両親は婚姻関係にあるかないか、病院から家に帰ったとき、周囲の環境は清潔で整然としている

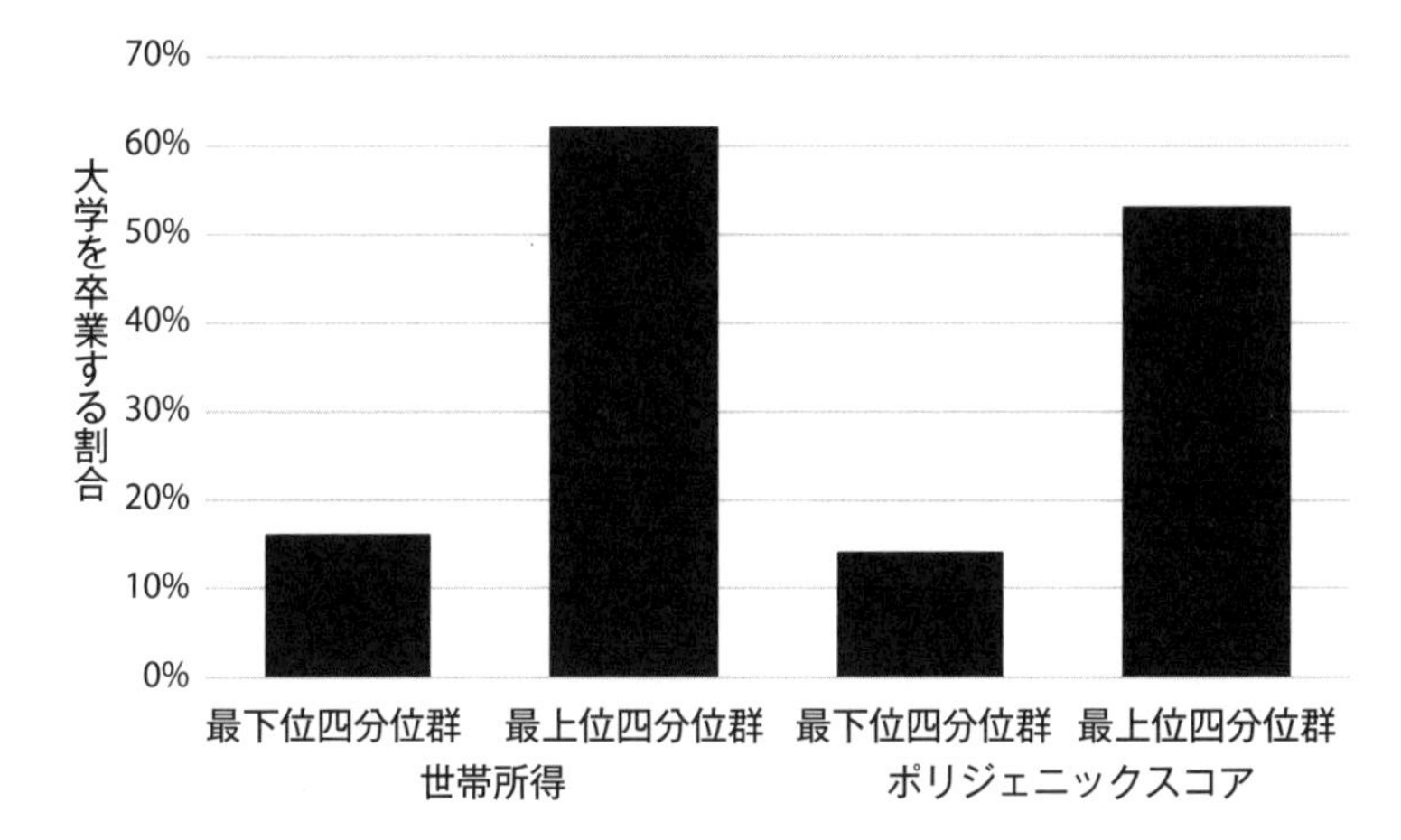

〈図 1・1〉 アメリカにおける教育格差。アメリカで大学を卒業する割合にみられる不平等。世帯所得の差と、測定された遺伝学上の差を対比させたもの。ポリジェニックスコアの解析には、最近の先祖が全員ヨーロッパに住んでいた人たちの遺伝的祖先特性を共有する人たちだけを含めた。アメリカでは、この条件を満たす人は、人種としては白人とされる可能性がきわめて高い。人種と遺伝的祖先の違いについては、第四章で詳しく説明する。※以下すべて図版に関する資料については○頁を参照。

か、不潔で散らかっているか——こうしたことは、人の誕生にまつわる偶然の要素だ。機会均等が実現していると言える社会は、誕生時の偶然の要素が、人の一生を決定しないような社会なのである。

機会均等の観点からすると、アメリカの不平等に関するいくつかの統計はひどい状況を示している。そんな統計データのひとつを、〈図1・1〉の左側に示した。この図を見れば、大学を卒業する者の比率は世帯所得によって違うことがわかる。これはよく聞く話だ。二〇一八年の時点で、世帯所得の上から四分の一に入る家庭に生まれた十代の若者は、下から四分の一に入る家庭に生まれた者よりも、大学を卒業する率が四倍近く高かった。つまり、アメリカの最富裕層［最上位四分位群］では、六十二パーセントの人が二十四歳までに学士号を得たのに対し、最貧困層［最下位四分位群］では、その率は十六パーセントにとどまったのだ。

これらのデータが表しているのは、相関関係だということを理解しておくのは重要だ。これらのデータからだけでは、裕福な家庭に生まれた子どもが大学を卒業する見込みが高い理由はわからないし、人々にもっとお金をやりさえすれば、子どもが上の学校に進むようになるのかどうかもわからない。[22]

しかし、不平等に関する討論や学術論文では、こうした統計データに関し、次の二点については疑問の余地がないものとされている。第一に、子どもが生まれた社会および環境の条件と、その子どもが送る人生との関係に関するデータは、科学的に有用だということ。ある国の社会的不平等のパターンを理解したいと望む研究者たちが、人が生まれ落ちた社会と環境について何の情報も得られなかったとしたら、途方もなく高い障壁に行く手を阻まれるだろう。世帯所得の多い家庭に生まれた子どもたちは、厳密にはどういう理由で上の学校に進むのかを理解し、所得による教育格差をなくすための政策や介入をデザインすることに研究者人生を捧げている人たちはたくさんいるのだ。[23] 第二に、こうした統計には、道徳的に意味があるということ。多くの人にとって、ある不平等がフェアかアンフェアかを分けるのは、その不平等が、当人にはどうしようもない誕生時の偶然に結びついているかどうかだ。恵まれた条件のもとに生まれるか、貧困な条件のもとに生まれるかといったことも、そんな偶然のひとつなのである。

しかし、成長後の成り行き（アウトカム）［アウトカム（outcome）は、医療現場などでは「アウトカム」と訳されることもあるが、本書では基本的に「成り行き」と訳す。ときに「結果」と訳すこともある］の不平等に関連する誕生時の偶然が、もうひとつある――あなたが生まれた家庭や地域環境という社会的偶然ではなく、あなたが持って生まれた遺伝子の偶然だ。
〈図1・1〉の右側に、「ネイチャー・ジェネティクス」に掲載された論文のデータをグラフ化したものを示す。[24] この論文の著者たちは、人が持っていたり持っていなかったりするDNAのバリアント［「変異体」や「多様体」とも］だけに依存する「教育ポリジェニックスコア」を作った（ポリジェニックスコアの作り方については、第三章で詳しく説明する）。世帯所得の場合と同じく、教育ポリジェニックスコアの場合も、最下位四分位群と最上位四分位群について、大学を卒業する子どもの比率を示す。この場合も、状況はほぼ同じであるように見える。「遺伝」的な分布の最上位四分位群に入る人たちは、最下位四分位群に入る人たちよりも、大学を卒業する率が四倍近く高いのだ。

図の左側に示した世帯所得に関するデータは、相関関係を示しているにもかかわらず、不平等を理解するための出発点としては決定的に重要だと考えられている。社会階層は、誰がより多く教育を受けるかを組織的な体制に組み立てる制度的（システミック）な力だと考えられているのだ。また、世帯所得に関するデータを、アンフェアな状況が存在することの明白な証拠だと考える者は多い——それは、なくさなければならない不平等なのだ。では、右側のデータについてはどうだろう？

本書の中で私は、この図の右側のデータ——ポリジェニックスコアで測定された遺伝子と教育の成り行き（アウトカム）との関係を示すもの——もまた、経験的にも道徳的にも、社会的不平等を理解するためには非常に重要だと論じるつもりである。裕福な家庭に生まれるか、貧しい家庭に生まれるかという偶然と同じく、遺伝的バリアントの特定の組み合わせを持って生まれるかどうかもまた、誕生時に引かされるくじの結果（アウトカム）なのだ。あなたは両親を選べなかった。そしてそのことは、両親が環境としてあなたに与えたものだけでなく、遺伝としてあなたに与えたものについても言える。社会階層の場合と同じく、遺伝くじの結果もまた、社会の中でわれわれが大切に思うもののほとんどすべてについて、人々がどれだけのものを手に入れるかを左右する、制度的な力なのである。

■遺伝学はどう見られているか

教育格差や社会格差の理解に遺伝的性質が関係していると主張することは、それがどんな関係であるかによらず、そう主張する者を破滅に導く行為だ。その考えは、危険思想だと見なされる。その考えは――率直に言おう――優生学的だとみなされるのだ。ある歴史家は、遺伝的性質を大学卒業と結びつける科学者は、ホロコーストに加担したドイツ人のようなものだと述べた（「CRISPR（クリスパー）の手先になった死刑執行人だ」と[25]）。別の同僚は私にEメールをくれて、遺伝的性質と教育との関係を研究したりすれば、私は「ホロコースト否定論者と大差なくなる」と言った。私の経験からすると、多くの大学人は、社会格差の遺伝的原因について論じることは、根本的に、人種差別的、階級差別的、優生学的な研究プロジェクトだと確信しているようだ。

人々のあいだの遺伝的差異によって生じる違いについて語る科学者が、一般大衆からどのように見られるかについても多少の洞察が得られている――そしてその見られ方は、あまり良いものではない［英語のgeneticsは、heredity（遺伝）とvariation（多様性）の学問とされるが、日本語では前者の意味だけを含む「遺伝学」という訳語が定着している。本書でも、geneticsは遺伝学と訳さざるをえないし、geneticは、遺伝子の、遺伝的、遺伝学的などと訳すが（遺伝的性質と訳すこともある）、heredityを遺伝と訳す場合などは、必要に応じてルビを振る］。

社会心理学のある研究で、参加者たちは、架空の科学者カールソン博士に関する資料を読むように言われた。[26] その資料にはふたつのバージョンがあった。どちらのバージョンでも、カールソン博士の研究プログラムと、研究で用いられる科学的方法については、まったく同じ説明が与えられた。違いは、カールソン博士が得た結果だった。一方の記述では、カールソン博士は、遺伝的原因が計算力と弱く関連することを見出し、その要因は、計算力のばらつきの四パーセントほどを説明したとされた。他方の記述では、博士が見出した遺伝の影響は大きく、計算力のばらつきの二十六パーセントを説明したとされた。

研究結果に関するこれらの記述を読んだのち、参加者たちは、次の五つの意見に対し、カールソン博士はどのぐらい同意すると思うかと質問された。

1　人々の社会的地位は、生まれ持った能力に応じたものであるべきだ。
2　人々および社会集団は、能力によらず平等に扱われるべきだ。
3　生まれつきの才能がある人は、他の人々より優れているとして遇されるべきだ。
4　社会は一部の人たちに大きな権力と成功を与えてかまわない——それが自然の摂理だからだ。
5　社会は、競争がフェアなものになるよう、できるかぎり努力すべきだ。

これらの意見は、「平等主義」の価値観を測ることを目的として設定されたものだ。「平等主義」とは、メリアム・ウェブスター英語辞典によれば、「人間は平等である、とくに、社会的、政治的、経済的な事柄に関して平等であるという信念。また、人々のあいだの不平等を取り除くことを唱導する社会哲学」である。カールソン博士が計算力には遺伝的原因がより強いという結果を得たとする資料を読んだ参加者たちは、博士は平等主義的価値観をあまり持っていないのだろうと考えた──つまりカールソン博士は、人間には優劣があるという思想を持ち、よりフェアな社会を作ることにはあまり関心がなく、人々は平等に扱われるべきだとは思っていない人物だろうと考えたのだ。

さらにこの研究では、知能には遺伝の影響があると報告した科学者は、客観性が弱く、特定の仮説を証明しようとしており、研究を始める前から平等主義的ではない信念を持っていた可能性が高いとみなされることがわかった。自分は政治的に保守の立場であると記述した人たちは、科学者たちが何を発見したかによらず、科学者たちの客観性を疑う傾向があったが、自分は政治的にはリベラルだと記述した人たちは、とくにその科学者が知能に遺伝の影響があると報告した場合には、科学者の客観性を疑う傾向があった。

この研究が重要なのは、参加者たちが、遺伝学や数学や政治哲学を専門とする科学者や学者ではなかったからだ。参加者たちは、講義の単位をもらうために参加する必要があった大学生か、回答用紙を埋めることで多少のお金を稼ごうとした在宅勤務の一般の人たちだった。つまりこの研究は、一般の人たちのあいだで、とくにリベラルな政治的イデオロギーを持つ人たちのあいだで、遺伝子が実際に人間行動に影響を及ぼしているという経験的発言は、人々は平等に扱われるべきだという道徳的信念とは両立しないという見方が、ごくありふれているということを示しているのである。

■ 今も残る優生学の負の遺産

このように、遺伝研究の成果は社会的平等と両立しないと考える人は多いのだが、もちろん、それには十分な理由がある。過去百五十年以上にわたり、ヒトの遺伝（ヘレディティ）に関する科学は、人種差別と階級差別のイデオロギーを強化するために利用されてきたし、「劣等」と分類された人たちの身には実際に恐ろしいことが起こった。

一八六九年に、フランシス・ゴルトン――チャールズ・ダーウィンの従弟で、「優生学」という言葉を造った人物――は『受け継がれる素質』と題する本を世に問うた。[27] 系図に関する話を何百ページも書き連ねたようなこの本でゴルトンが目指したのは、イギリスの階級構造は、生物学的に受け継がれた「卓越性」によって生じたと論証することだった。科学、ビジネス、法律という知的専門職の分野で偉大な業績を上げた男たちは、やはり偉大な男たちの子孫だったというのだ。ゴルトンの『受け継がれる素質』は、のちの一八八九年に彼が刊行した『生まれ持った遺伝形質』[28] とともに、「遺伝（ヘレディティ）」の研究を、親族のあいだの測定可能な類似性の研究へと作り替えるものだった[29]――それは今日まで続くひとつの科学的アプローチであり、私が本書で取り上げる研究の多くも、その範疇に含まれる。

しかしゴルトンは、親族間の類似性を、家系図として詳細に描き出すだけでは満足しなかった。彼はその類似性を定量化したかった――つまり、その類似性に数を割り当てたかったのだ。実際、定量化することは、ゴルトンがもっとも長きにわたって燃やし続けた情熱だった。「数えられるときにはつねに数えよ」は、彼の座右の銘だった。[30] ゴルトンは、親族間の類似性を数学的に表す方法を探求するうちに、相関係数をはじめ統計学の基本概念を発明した。しかし彼は、統計学を発展させるかたわら、ヒトの遺伝（ヘレディティ）はどうすれば操作できるか、そしてどのように操作すべきかについても思索をめぐらせた。一八八三年、彼は、『受け継がれる素質』以降に発表した論考を一冊の本にまとめて発表し、その中で「優生学」という言葉を導入した。この言葉は、「家畜を改良する科学を表す」を意味し、優生学の目標は、「より目的に適う種族または血統が、そうではないものよりもすばやく増殖するようにすること」だった。[31] つまり、統計学という新しい科学と、親族間の類似性のパターンの研究にそれを応用することは、分野が誕生したまさにそのときから、人種には優劣があるという信念、および種の改良のためにヒトの生殖に介入すべきだという提案と、分かちがたく結ばれていたのである。

一九一一年にゴルトンが亡くなると、彼の名を冠した「ゴルトン記念優生学教授職」を創設するための資金がユニヴァーシティ・カレッジ・ロンドンに遺贈され、ゴルトンの弟子だったカール・ピアソンが初代教授に就任した。ピアソンはこれと兼任で、新たに創設された応用統計学科の主任教授にも就任した。[32] 彼は、今日では科学と医学のあらゆる分野で日常的に用いられている統計学の手法に基本的な貢献をすることで、その任務を果たした。ピアソンの研究活動は、中立的に聞こえる言葉で覆われている。「ゴルトン研究所のわれわれには、なんら企むところはない。中立真理を確立することによってわれわれが得るものは何もなく、失うものも何もない」。だがピアソンの政治的課題は、中立というにはほど遠いものだった。彼は、「心的特性」の親族内相関に関する統計を振りかざし、教育の普及をはじめとする当時の進歩主義的社会改革は何の役にも立たないと論じた。また彼は、児童労働の禁止や、最低賃金、八時間労働など、労働者を保護する動きにも反対した。そんなことをすれば、「無能者」同士が子をもうけて、ますます増えてしまうというのだ。[33]

ゴルトンとピアソンは系図データの定量化に情熱を注いだが、アメリカでその情熱を忠実に引き継いだのが、チャールズ・B・ダヴェンポートだった。ダヴェンポートはニューヨーク州ロングアイランドのコールド・スプリング・ハーバーに優生学記録局を創設した。一九一〇年、彼はその局長にハリー・H・ラフリンを据えた。こうしてダヴェンポートは、おそらくはアメリカ史上もっとも強力に優生学的立法を唱えた人物、ラフリンに権力を与えたのだった。

ラフリンが局長に就任してすぐに着手した研究の成果が、一九二二年に発表された著書『アメリカにおける優生学的断種』である。[34] ラフリンはその本の中で、法的に先行したワクチンや隔離の義務化などの例を引きながら、「人種改良の観点から、人間の生殖を制限する権利を国に与えるべき」だと論じた。この本は最終的に、「遺伝的欠陥のために社会的不適格者が生まれる」のを予防するために立法府が利用できる、「モデル優生断種法」の文言として結実した。「社会的不適格者」とは、「秩序ある国家の社会生活に役立つメンバーとして自らを維持することが長期にわたりできていない」者とされ、その中には、「精神薄弱者」や精神病患者、犯罪者、てんかん患者、アルコール依存症患者、梅毒患者、盲者、ろう者、身体障害者、孤児、ホームレス、「浮浪者と貧困者」が含まれていた。一九二四年にヴァージニア州は、ラフリンのモデル法案の文言をほとんどそのまま採用した断種法を成立させた。[35]

ヴァージニアの優生断種法の合憲性を確立しようと躍起になった優生学推進論者たちが、理想的なモデルケースとして目をつけたのが、キャリー・バックだった。キャリーの母親エマは梅毒で、キャリー自身は、養子に出された先で養親の甥にレイプされたのち、未婚のまま娘ヴィヴィアンを出産していた[36]。最高裁判所のバック対ベル訴訟では、オリバー・ウェンデル・ホームズ判事が多数派の立場に立ってヴァージニア州の優生断種法を支持し、バックの家族に対して今日では悪名高い意見を述べた。彼は、「痴愚が三代続けば十分だ」と言ったのだ。バック対ベル訴訟の結審後、ヴァージニア州では一九七二年までに八千人以上が強制断種され、他の州もヴァージニアの例に倣ったため、アメリカ全体では六万人ほどの人たちが断種された[37]。

しかし、熱烈な優生学推進論者たちは、この程度の断種の進み方では満足しなかった。ヒトラーが権力を掌握した直後の一九三三年に、ドイツがラフリンのモデル法案をもとに独自の断種法を成立させると、アメリカの優生学推進論者たちは、わが国も断種プログラムをさらに拡張すべきだと強く主張した。南部連合の指導者の子孫で、プランテーション生まれのジョーゼフ・デジャーネットは、「われわれが得意とする分野で、ドイツはわれわれの上を行こうとしている」と嘆いた。デジャーネットは、バック対ベル訴訟でキャリー・バックに不利な証言をし、ヴァージニア州のスタントンにあるウェスタン州立病院の院長として、千人以上の断種を監督した人物である[38]。

一九三五年、ナチ政府はニュルンベルク法を成立させ、ユダヤ人と非ユダヤ系ドイツ人との結婚を禁止し、ユダヤ人やロマなどの民族集団の法的権利と市民権を剝奪した。同年、ラフリンは、志を同じくするナチのオイゲン・フィッシャーに手紙を書いた。フィッシャーは、「異なる人種間の結婚の問題」に関する仕事で、ニュルンベルク法にイデオロギー的基礎を与えた人物である[39]。

ラフリンがその手紙を出した目的は、繊維業界の大物で、優生学の熱烈な信奉者だったウィクリフ・プレストン・ドレーパーをフィッシャーに紹介することだった。ドレーパーはまもなくベルリンに向かい、ナチの「人種衛生」に関する会議に出席する予定だったのだ。[40]

ドイツからアメリカに戻ったドレーパーは、さっそくラフリンと協力してパイオニア基金を創設した。この基金は一九三七年に法人化され、今も存続している。アメリカに最初に植民した「パイオニア」の家族たちを称えて命名されたこの基金の目標は、ヒトの遺伝と、「人種改良の諸問題」に関する研究を推進させることだ。この基金がまず取り組んだ仕事のひとつが、ヒトラーその人が格別に褒め称えた、ナチの断種プロパガンダ映画『エルプクランク（遺伝的欠陥）』の配給だった。[41]

これら二十世紀初頭の優生学推進論者たちと、今日の白人至上主義者たちとは、財政とイデオロギーの両面で直接的に結びついている。たとえば、アメリカ黒人は「いかなる種類の文明化も不可能だ」と主張する自称「人種リアリスト」の――そして最近パイオニア基金の金を受け取った人物でもある――ジャレド・テイラーの場合を見てみよう。[42]テイラーは、ピアソンとラフリンのイデオロギー的伝統を引き継ぎ、社会的・政治的平等の達成という目標に反対するための修辞的武器として遺伝学を信奉している。彼は行動遺伝学者ロバート・プロミンの著作『ブループリント』への書評で（プロミンの仕事についてはあらためて取り上げる）、遺伝学の新たな発展は、社会正義への弔いの鐘になるだろうと宣言した。「これらの科学的発見が広く受け入れられれば、過去六十年ほどのあいだに行われた平等主義的な企てはすべて、根底から打ち倒されるだろう」[43]。

二〇一七年には白人至上主義者たちが、ヴァージニア州シャーロッツビルで「ユナイト・ザ・

ライト（右派を団結させよ）」という極右集会を開いた。[44] カーキ色の服に身を包んだ男たちが鉤十字の旗を振り、キャリー・バックが埋葬されている町を行進しながら、「ユダヤ人にわれわれの地位を奪わせはしない」とシュプレヒコールを繰り返した——黒人差別（ジム・クロウ）のヴァージニアとナチのドイツとを結びつける「人種の純粋性」という狂ったイデオロギーは、バックのような貧しい白人をもひどい目に遭わせたにもかかわらず、消滅したとは到底言えないことを思い知らせる光景だった。

■ 遺伝学と平等主義——予告編として

『受け継がれる素質』の刊行からの一世紀半のうちに、遺伝学者たちは遺伝（ヘレディティ）の物理的実体を突き止め、ＤＮＡの二重螺旋構造を発見し、クローン羊を作り、解剖学的な現生人類とネアンデルタール人のゲノムを解読し、遺伝的な親を三人持つ胚（はい）を作り、ＤＮＡコードを直接編集する「ＣＲＩＳＰＲ－Ｃａｓ９（クリスパー・キャスナイン）」のテクノロジーを開拓した。しかしそれだけのことが起こったというのに、遺伝的差異と社会的不平等との関係についての人々の理解は、ゴルトンの最初の定式化からほとんど変わっていない。経験的主張（「人々には遺伝的差異があり、それが身体的、心理的、行動上の違いを引き起こす」）と、道徳的主張（「より優れた人間として扱われるべき人たちがいる」）とがごっちゃになった、恐ろしい結果を招きかねない理解のままなのだ。

　私が本書で目指すのは、遺伝学と平等との新たな関係性を思い描くことだ。ゴルトンの観察に始まり、今日の知能と学歴［(educational attainment) 教育段階区分に従って修了したもっとも高い教育段階を指す教育訓練統計用語］に関する遺伝学的研究につながる人間行動の遺伝学を、この学問が過去何十年にわたって結びつけられてきた、人種差別、階級差別、優生学のイデオロギーから切り離すことはできるだろうか？　われわれは新たな総合（ジンテーゼ）を想い描くことができるだろうか？　その新しい総合は、平等とはいかなるもので、それを達成するためにはどうすればいいかに関する、われわれの理解を拡張することができるだろうか？

遺伝学と平等主義との関係を新たに思い描く方法を伝えるためには、ゴルトンの伝統を引き継ぐ一冊の本と私が、どこで分岐するかを説明することから始めるのがいいだろう。その本とは、リチャード・ハーンスタインとチャールズ・マレーの『ベルカーブ』である。[45]この本のタイトル「ベルカーブ」は、統計学の分野でゴルトンの心を強く捉えた対象への目配せだ。ゴルトンは、人間の形質を測定して得られたさまざまな値をグラフにすると、ある数学的特性を持つ釣鐘型（つりがね）（ベルカーブ）の「正規分布」になることに気づき、その曲線に心を奪われたのだった。また、本の副題（「アメリカの生活における知能と階層構造〔社会のclassは、イギリスなどの階級社会が想定される場合は「階級」、アメリカなど明確な階級社会が想定されていない場合は「階層」と訳す〕」）は、社会面でゴルトンの心を捉えた問題、すなわち、遺伝的に受け継がれる特徴が、社会階層の違いにどのように反映されるかという問題への目配せである。

ハーンスタインとマレーは、ゴルトンが注目した「卓越性」の代わりに、抽象的な推論能力を調べるための標準テスト〔(standardized test) 検査実施時の受検者に対する教示のやり方、問題項目の提示法、回答法の指示、検査官などの検査実施、および各項目に対する受検者の反応の採点方法が厳密に規定されており、しかも受検者個人の結果は準拠集団の得点分布にもとづいて作成された集団基準に照らして得点が解釈できるという、厳密な標準化の手続きに沿って作成された検査〕で測定された知能に焦点を合わせた。ハーンスタインとマレー（そして心理学を研究する科学者のほとんど）と同じく、私もまた、知能テストは今日の教育システムと労働市場での成功に関係する人間の心の、ある一面を測定していると考えているし、双子研究は個人差の遺伝的要因について意味のある何かを教えていると考えているし、知能には遺伝性があると考えている（「遺伝性がある（heritable）」というのはひどく誤解された概念で、これについては第六章で詳しく説明する）。私とハーンスタインとマレーのあいだにこれだけの共通点があるからには、本書と『ベルカーブ』、そして『ベルカーブ』に先立つ一九七三年にハーンスタインが発表したIQとメリトクラシー（能力主義）に関する本[46]を比較せずにはすまないだろう。ここで私と彼らの相違点を手短に数え上げておくことは、あらかじめ誤解を避けるためだけでなく、私が本書を通して論じる内容を予告するという意味でも役立つだろう。

私は本書の中で、ヒトの個体差の科学は、平等主義を全力で支持する立場と完全に両立すると論じるつもりである。『ベルカーブ』の最終章では、遺伝学は経済的平等を推進する平等主義を強化するために利用できるという思想がちらつかされる。「［知能が劣っているのが当人の責任でないのなら、］なぜそのことで、所得や社会階層の低さという罰を受けなければならないのか？……［収入格差は］当然の報いとして存在するのではなく、社会の中でもっとも不遇な人たちの便益を補正するための、経済的なプラグマティズムとして存在すると認めることができよう」。

ここに示した短い文には、次のふたつの重要な考えが詰め込まれている。（1）人は、DNAの特定の組み合わせをたまたま受け継いだという、ただそれだけの理由により、経済的不利益をこうむるべきではない。（2）社会は、もっとも不遇な人たちに利するように構築されるべきである。『ベルカーブ』の中でこれらの考えに出会うと、見当識を失ったような感覚に襲われる。なぜなら、これらの考えは、『ベルカーブ』とは大きく異なる本からそのまま出てきたかのように感じられるからだ。その本とは、平等主義の政治哲学者、ジョン・ロールズの『正義論』である。

『正義論』の中でロールズは、人々の人生は出発点から違っているということを説明するために、「自然くじ」［natural lottery］というメタファーを使った。本書の第二章で説明するように、「くじ」は、遺伝的に受け継がれるもののメタファーには実にふさわしい。誰のゲノムも、自然のパワーボール［六つの数がすべて一致すれば大当たりとなるアメリカの宝くじ］の結果（アウトカム）なのだ。

ロールズはそれから数百ページを費やして、誕生時に引かされる二種類のくじ――自然くじと社会くじ――の結果は人によりさまざまだということを踏まえ、正義ある社会はどのように構築されるべきかを考察した。人の「自然な［持って生まれた］能力」の違いは、不平等を正当化するものだと考える人たちとは異なり、ロールズは、「自然界に見出される偶発性」に従って構築された社会はアンフェアな社会だと難じる。彼の正義の原理によれば、自然くじから生じた不平等が受け入れられるのは、その不平等が、社会の中でもっとも不遇な人たちに役立つように作用する場合だけだ。ロールズの見方によれば、人々の生物学的差異をまじめに受け止めることは、平等主義の主張を否定することではない。それどころかロールズ自身、生物学的差異をまじめに受け止める論証のひとつをきっかけとして、より平等な社会を実現させようという立場へと導かれたのだった。

『ベルカーブ』は、戯れのようにロールズの考えに触れて、遺伝学と社会的平等を語る新しい方法を読者の前にちらつかせる。だが、半ページばかり平等主義について語ったのち、ハーンスタインとマレーは根本的な反平等主義の立場に戻り、「ある人々は他の人々より優れていると述べることは、けしからんこととされている」と不平を鳴らす。そして彼らは、「われわれは優劣の存在を心から受け入れることができる――主観的な立場からそうするのではなく、人の優秀性と劣等性という、耐久性のある標準に従って受け入れることができるのだ」と言うのである（強調は本書の筆者が付け加えたもの）。ここまで五百ページも読んでくれれば、ハーンスタインとマレーが、どういう種類の事柄をもって――どういう種類の人たちを――「より優れている」と考えているかは明らかだ。彼らは、ＩＱテストの点が高い者や、白人、そして社会階層の高い者が、より優れていると考えるのである。実際、彼らは、経済的生産性（「世界に対して何かを取り去るのではなく、より多くを付け加えること」）こそは、「人間の尊厳にとって基本的だ」と言う。人には優劣があるという彼らの巧妙な告白を、政治哲学者エリザベス・アンダーソンによる反平等主義の定義と比べてみよう。[47]

反平等主義は、人に内在する価値によってランク付けされた人間存在のヒエラルキーという基礎の上に社会秩序を作ることが正当であり、そうする必要があると主張した。不平等は、物品の分配に関することではなく、むしろ、優れた人と劣った人の関係に関することだった。……社会関係のそんな不平等は、自由、資源、福祉の分配に不平等を生み、それを正当化するものと考えられていた。それこそが、人種差別、性差別、ナショナリズム、カースト、階級、そして優生学という、諸々の反平等主義的イデオロギーの核心なのである。

換言すれば、優生学のイデオロギーは、人間の優劣にもとづくヒエラルキーが存在し、人間に内在する価値と、そのヒエラルキーの中での位置は、ＤＮＡによって決定されると主張するのである。そのヒエラルキーに由来する社会的、政治的、経済的な不平等は――優れた者はより多くを得、劣った者はより少なく得るのは――不可避であり、自然であり、正当であり、必要だというのが、優生学の思想なのだ。

優生学のイデオロギーに対抗するための標準的立場は、人は遺伝的にはみな同じだと力説するものだった。なんといっても、DNAに違いがなければ、人の価値とランクを決めるためにその違いを利用することはできないのだから。政治的、経済的な平等を、人の遺伝的類似性に結びつけるこのレトリックは、ヒトゲノム計画でヒトDNAの完全な塩基配列のラフ・ドラフトがはじめて得られたときに、ビル・クリントン大統領が語った言葉にはっきりと現れている。[48] 彼は、人はみな遺伝的には同じだということを、平等主義の理想を支える経験的真実として高々と宣言したのである。

われわれはみな等しく創造され、法の下に等しく扱われる権利がある。……ヒトゲノムの内部に踏み入る探検旅行の勝利から立ち現れた偉大なる真理のひとつは、遺伝学の言葉でいえば、人種によらず人はみな九十九・九パーセント同じだということだと私は信じる。

別の機会にクリントンが言ったように「間違いはあった」し、遺伝学的同等性を平等主義の理想に結びつけるのは彼の間違いのひとつだったと私は信じる。たしかに、どのふたりの人間についても、その遺伝的差異は、どの細胞の中にも丸まって入っているDNAの長さに比べればわずかなものでしかない。しかし、そのわずかな差異が、たとえば、なぜある子どもは自閉症で別の子どもはそうではないのか、なぜある人がろう者で別の人は耳が聞こえるのか、そして――本書の中で説明するように――なぜある子どもは学校の勉強に苦労し、別の子どもは苦労しないのかを理解しようとすれば、大きく立ち上がってくるのだ。われわれの遺伝的差異は、われわれの人生にとって小さなことではない。その差異が、われわれが大切だと思うさまざまな違いを引き起こしているのだ。すべての人は遺伝学的にはよく似ているということの上に、平等主義へのコミットメントを作り上げることは、砂上に楼閣を建てることなのである。

生物学者のJ・B・S・ホールデーンは、カール・ピアソンをクリストファー・コロンブスにたとえてこう述べた。「遺伝に関するピアソンの理論は、いくつか基本的な点で間違っていた。コロンブスの地理学理論も間違っていた。コロンブスは中国を目指して出発し、アメリカを発見したのだから」[49]。コロンブスをピアソンやその他の優生主義者にたとえるのは適切だろう。この人たちは、理論がひどい間違いだったことと、罪のない人々に多大な暴力と害悪を与えたという点で似ている――そして彼らが作り上げたものの大きさという点でも似ている。今日の知識を持ちながら、アメリカ大陸は存在しないかのようなふりをすることはできない。今日の知識を持ちながら、遺伝学は取るに足りない学問であるかのようなふりをすることはできない。その代わりにわれわれは、優生学推進論者たちの科学上の間違い、そしてイデオロギー上の間違いを、注意深く取り除かなければならない。そして、遺伝（ヘレディティ）の科学を、平等主義の枠組みの中で、どのように理解すればよいかを詳細に記述しなければならない。

私は本書の中で、人は遺伝的に異なると述べるのは優生学的なことではないと論じるつもりだ。遺伝的差異のために、特定のスキルを身につけたり、役割を果たしたりすることが容易にできる人たちがいると述べるのは優生学的なことではない。遺伝的な影響を受けた資質や能力を、歴史的・文化的にたまたま重要になった特定の組み合わせで持つことになった人たちが、教育システムと労働市場と金融市場において、金銭的にもその他の面でも有利になる様子を、社会科学者が明らかにするのは優生学的なことではない。優生学的なのは、人間ひとりひとりの違いと、それらの違いを生み出す遺伝的バリアントを受け継いだことを、人には生まれながらの優劣があるという考えや、ヒエラルキー内のランクや自然な階層といった考えと結びつけることなのだ。優生学的なのは、道徳的には何の意味もない遺伝的バリアントの分布という基礎の上に、資源、自由、福祉の不平等を作り出し、その不平等を固定するための政策を立てたり、それを実施したりすることなのである。

そうだとすれば、アンチ優生学のプロジェクトは、（1）遺伝的な運が、われわれの身体や脳が作られる際に果たす役割を理解すること、（2）われわれの現在の教育システムと労働市場と金融市場が、ある種の身体と脳を持つ人たちに報いる（それとは異なる種類の身体と脳を持つ人々には報いない）仕組みを記述し、（3）これらの社会システムを、遺伝くじの結果によらず、すべての人に報いるものに変えるための方法を新たに思い描くことだ。哲学者のロベルト・マンガベイラ・アンガーが書いたように、「社会は作られ、想像されるものだ――それは、基礎的な自然の秩序の表れなのではなく、むしろ人間が作り出したものなのである」[50]。本書は、遺伝学という自然に関する知識を、社会を作り直して新たに思い描くための敵ではなく、味方とみなすものである。

■ なぜ新しい総合（ジンテーゼ）が必要なのか

社会的平等という目標のために遺伝学が多少とも役立つという主張に対しては、懐疑の目を向けられることが多い。優生学の潜在的危険性が、大きな影を落としているのだ。一方で、遺伝学を社会的不平等と結びつけたところで何の役にも立ちそうにない。遺伝学と平等主義の新たな総合が可能だとして、なにゆえリスクを取ってまでそれをしなければならないのか？ アメリカの優生学の負の遺産を思えば、遺伝学研究が理解され、新しいやり方で利用されることが可能だと考えるのは、あまりにも楽観的、いやむしろおめでたいとさえ感じられるかもしれない。

しかし、このリスク—便益の考察からは、人々の遺伝的差異が社会的不平等を形成する仕組みを理解しようとする試みが、学者と一般の人たちの両方から広くタブー視されている現状を放置することのリスクが抜け落ちている。この事態はもはや擁護できない。

第九章で説明するように、人々のあいだの遺伝的差異に目をつぶるという、広く見られる傾向は、心理学と教育学をはじめ、さまざまな社会科学分野の発展を妨げてきた。[51] その結果として、人間開発［(human development) 人々が各自の可能性を十分に開花させ、それぞれの必要と関心に応じて生産的かつ創造的な人生を開拓できるような環境を創出すること。ひとりひとりが価値ある人生をまっとうできるように選択肢を拡大することが、ここで言う「開発」である］を理解することと、人々の生活を改善するための介入について、さもなければできていたはずの多くのことがいまだにできていない。人々の生活を改善するために投入できる政治的な意思と資源は無限にあるわけではない。成果の上がらない方策に、無駄に費やせる時間も金もないのだ。社会学者のスーザン・メイヤーが述べたように、「もしもあなたが（人々を）助けたいと思うなら、その人たちが何を必要としているかを確実に知らなければならない。自分は解決策を持っていると思うだ

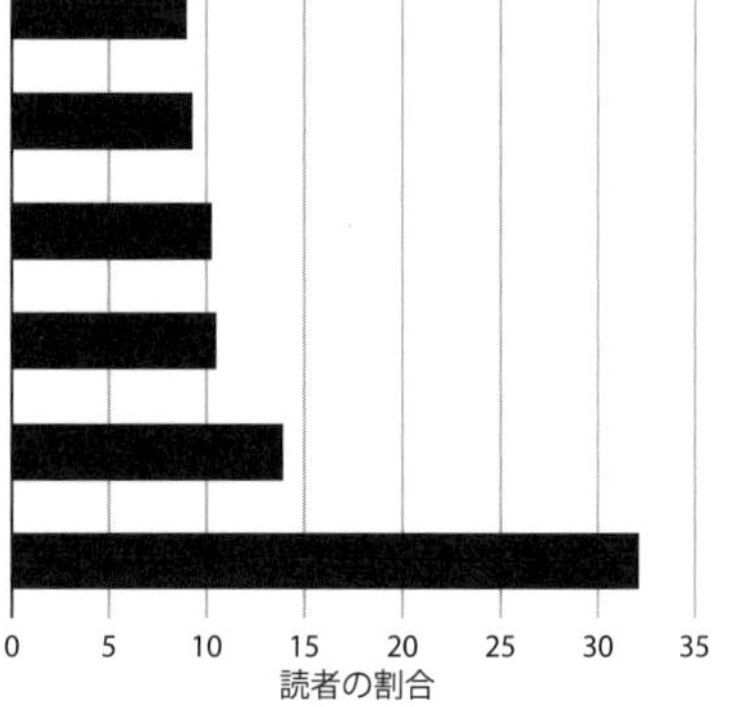

〈図 1·2〉 Twitter キーワードから推測される読者カテゴリー上位6つ。遺伝と非認知的スキルに関する論文の読者について分析を行った。読者分析の方法は、カールソンとハリスによる。

けでは足りないのだ」[52]（強調は本書の筆者が付け加えたもの）。もしも社会科学者たちが集団として、人々の生活を改善するために立ち上がろうというなら、人々はまったく同じに生まれるわけではないという、人間本性の基本事実に目をつぶっていてよいはずがない。

人々のあいだの遺伝的差異に目をつぶれば、その解釈に空白を残すことにもなる。そしてその空白を埋めようと、政治的過激派［(political extremists) さまざまな過激派があるが、共通する特徴として、世界人権宣言に見出されるような国際的な人権の規範を破る、あるいは蝕むような政策を唱道することとされる。ここでは誤った生物学解釈にもとづいて人権をないがしろにする立場］が群がるだろう。遺伝学に興味を持ち続ける政治的過激派はジャレド・テイラーだけではない。遺伝学者のジェディダイア・カールソンとケリー・ハリスが言うように、「白人ナショナリズム運動の会員や党員は、科学研究の成果をむさぼるように消費している」[53]。「ストームフロント」（そのモットーは「ホワイト・プライド・ワールドワイド［世界に広がる白人の誇り］」だ[54]）や、その他白人至上主義者たちのウェブサイト上で、遺伝学研究が詳細に分析されていることについて、ジャーナリストと科学者がともに警鐘を鳴らしてきたが、カールソンとハリスは、bioRxiv［生物学の論文を専門誌掲載前に投稿するウェブ上のプレプリント・レポジトリ］にポストされる研究報告が、ソーシャルメディアのユーザーたちからどのようにシェアされているかに関するデータを解析して、この現象に具体的な数字を与えることができた。彼らの分析から明らかになったのは、遺伝学研究の論文は、白人ナショナリストのあいだでとくに人気があるということだった。

私は自分の研究についても、この現象を目の当たりにしてきた。一例として、私が共著者のひとりとしてかかわった論文をあげよう。その論文は、遺伝的差異と、学校での成績が関係する「非認知的スキル」と経済学者が呼ぶものとの関係を調べるものだった（この論文については第七章でより詳しく取り上げる）[55]。カールソンとハリスは、われわれの論文を読んでツイッターに投稿した人たちを六つのカテゴリーに分けた。そのうちの五つは、自己紹介欄とユーザーネームに使われている単語から判断して、それぞれ心理学者、経済学者、社会学者、遺伝学者、医学者のようだった〈図1・2〉。しかし六番目のカテゴリーの論文読者は、自己紹介欄に、「ホワイト」「ナショナリスト」といった言葉や、緑のカエルの絵文字を使っていた。この絵文字は、反ユダヤ主義者と白人至上主義者のコミュニティーで、ヘイト・シンボルとして使われているものである[56]。

これは危険な現象だ。われわれは遺伝学研究の黄金時代に生きている。新しいテクノロジーを使って何百万人もの遺伝データが容易に集められるようになり、そのデータを解析するための新しい統計手法が急速に発展している。だが、遺伝学に関する新しい知識を生み出すだけでは不十分だ。この研究が象牙の塔を出て大衆のあいだに広がるにつれ、研究の成果が、人間のアイデンティティーと平等にとってどんな意味を持つのかという問題に取り組むことが、科学者と大衆にとって本質的に重要になっている。しかし、意味を作るという、このきわめて重要な作業は、極端でヘイトに満ちた声にかき消されてしまうことがあまりにも多いのだ。エリック・タークハイマーとディック・ニスベットと私が警告したように、[57]

進歩的な政治的価値観を持つ者たち、すなわち、遺伝子決定論にもとづく主張や、ニセ科学である人種差別主義的推測を認めない者たちが、人間の能力の科学［(the science of human abilities) さまざまな環境の要請に応じて、環境に適応したり、環境を選択したり、環境を形作ったりする人間の能力、とくに知能のメカニズムの解明を目指して、認知科学、生物学、計量心理学をはじめ、さまざまな分野の多様なアプローチで発展している学問領域］と、人間行動の遺伝学に取り組む責任を放棄するなら、この分野は、そういう価値観を共有しない者たちに牛耳られてしまうだろう。

■ 本書の目標

では、人間の能力の科学と、人間行動の遺伝学は、社会的平等にとって何を意味するのだろうか？　この問題に取り組むために、本書は大きくふたつの部分に分かれている。第一部では、社会の不平等を理解するうえで遺伝学はたしかに重要だと、読者に納得してもらうことを目指す。遺伝学は重要だという主張に対する反論としてよくあるのは、双子研究には救い難い欠陥があるというもの、遺伝率(ヘリタビリティ)推定は役に立たないというもの、測定されたＤＮＡとの関連性はあくまで相関であり、遺伝子が原因だという証拠にはまったくならないというもの、そして、遺伝子は原因かもしれないが、原因と結果をつなぐメカニズムがわからない以上、そんな知識に意味はないというものだ。これらの意見はすべて、詳しく調べてみれば足場がゆらぎはじめるのだが、その理由を説明するためには、行動遺伝学の研究では実際に何が行われているのかを少し詳しく見ておく必要があるし、その研究で用いられている方法に関する科学哲学も、ある程度は踏み込んで見ておく必要がある。

第二章では、最初に、私が用いる「遺伝くじ」というメタファーについて少々詳しく説明する。続いて、遺伝子の組み換えや、ポリジーン遺伝［多因子遺伝］、正規分布など、生物学と統計学の概念をいくつか導入する。私はここで——そして、本書の全体を通して——選択によってではなく、つまり、たとえば着床前診断やその他の生殖技術によってではなく、偶然によって、つまり、遺伝物質を受け継ぐときの自然くじによって引き起こされた、人々のあいだの遺伝的な違いに焦点を合わせる。[58]

次に第三章では、人々のあいだの遺伝的差異が、ひとりひとりの人生の成り行き（アウトカム）の違いにどのように関連しているかを見るために一般に用いられている方法、とくにゲノムワイド関連解析とポリジェニックスコア解析について説明する。第四章では、ゲノムワイド関連解析の結果は、集団間の違い、とくに人種集団間の違いの原因については何も教えてくれないことを説明する。人種には「生まれ持った」違いがあると論じる本や記事は引きも切らず、騒ぎも意気込みもたいへんなものだが、何の中身もありはしない［『マクベス』第五幕第五場にあるマクベスのセリフ］。むしろ、社会の不平等に関する遺伝学的研究は、双子研究と、測定されたDNAを用いる研究のいずれもこれまでほぼ完全に、最近の遺伝的祖先（アンセストリー）［遺伝的祖先については第四章を参照のこと。家系図上の先祖たちとは異なる］がもっぱらヨーロッパ人であり、白人を自認している可能性が圧倒的に高い人たちのあいだの個人差を理解することに焦点を合わせてきたのである。[59*]

研究対象がこのように限定されているために、私が本書の中で説明する経験的結果はすべて、本質的な制限を受けている。社会的、あるいは行動上の表現型［(phenotype)「観察できる生物の特徴すべて」を意味する遺伝学用語。ハーデン自身がある論文で与えた用語集の記述によれば、「遺伝型でないものすべて。身体的特徴やパーソナリティーの特徴、行動、病気の診断、脳の構造と機能、遺伝子発現のレベル、DNAのメチル化の状態などが含まれる」］に関する遺伝学的研究は、現状では、ヨーロッパ系の遺伝的祖先を持つ人たちだけに焦点を合わせて行われているため、人種集団やエスニック集団のあいだの社会的不平等に関する科学的理解に、意味のある情報を付け加えることができないのだ。しかし、第四章で説明するように、人々はなぜ、「人種間に遺伝的な違いはあるのか？」という、科学的には意味のない問いを繰り返すのかについて考察してみると、ひとつ明らかになることがある。それは、遺伝的な説明は、社会を変化させる責任を逃れるための口実として、さかんに利用されているということだ。遺伝学は社会的な責任逃れの口実になるという考えは、社会的に構成された人種集団の内部および外部で遺伝子がどう分布しているかにかかわらず、撤廃されなければならない誤りである。

　集団の差異と個人差は別だということを頭に入れたうえで、第五章では、ゲノムワイド関連解析とポリジェニックスコア解析の結果に関する本質的な問いを考えよう。これらの研究は、遺伝的な原因を教えてくれているのだろうか？　この問いに答えるために、まず一歩下がって、「何がものごとを原因にするのか？」という、より基本的な問題について考えよう。次の第六章では、原因とは何か（そして何ではないのか）に関する明快な理解を応用して、ゲノムワイド関連解析と遺伝率に関する研究結果を理解しよう。ここでもまた、遺伝子は、学歴をはじめ、重要な人生の成り行き（アウトカム）の原因になるという根拠をたっぷりと示そう。第七章では、遺伝子と教育をつなぐメカニズムについてわれわれが知っていることを説明して、本書の前半の締めくくりとする。

第二部では、社会の不平等を理解するためには遺伝学が重要だという知識を踏まえ、われわれは何をするべきかを考える。遺伝的差異こそは、生まれ持った優劣というヒエラルキーの基礎だとする優生学的定式化を捨てたとき、後には何が残るのだろうか？　第八章と第九章では、人間の遺伝的差異を理解することで、社会政策と介入によって世界を変えようとするわれわれの努力をより効果的なものにできると論じ、そのための方法について考える。第十章では、人間の行動には遺伝的な原因があるという情報を、人々はなぜ受け入れようとしないのか、その背景にある動機について考える。また、人生における運の源泉として遺伝子を考えることで、教育面でも経済面でも、「成功していない」人たちに投げつけられる嘲りを緩和する方法についても考える。第十一章では、遺伝の影響、とくに知能テストの得点と教育の成り行き(アウトカム)を、人間の優劣という考えから引き離すことが、なぜこれほど難しいのかについて考える。また、人間心理のこうした側面［知能など］の遺伝学的研究に対する見方と、たとえば、耳が聞こえないことや自閉症といった特性に関する遺伝学的研究に対する見方とを比較する。最後に、第十二章では、アンチ優生学の科学と政策について考えるときの、五つの基本原理について説明する。

本書の全体を通して、私は自分が左寄りの政治的立場に共感していることを隠すつもりはない。しかし、私とは政治的に大きく異なる考えを持つ読者も、たとえ私が本書で提案する答えには断固反対だとしても、私がここで考え抜いた問題が重要なものだということはわかってもらいたいと切に望んでいる。保守派の読者に思い出してほしいのは、正義は、古代ギリシャの人々や、聖書を書き著した人たち、そしてアメリカ建国の父たちが考え抜いたテーマだったということだ。テクノロジーが加速度的に変化し、遺伝学の知識が急速に進展しているこの時代に、われわれはどうすれば、預言者ミカが激烈に説いたように、「正義を行う」ことができるのだろうか？　これは、支持する党派によらず、われわれみんなにとって重大な結果につながる問いだと思うのである。

平等について本を書こうなどと、身の程知らずな企てではある。心理学と行動遺伝学の研究者である私の専門は、児童期と青年期における人間行動の遺伝学だ。平等に関するさまざまな学説が、遺伝子について語ることはめったにない。しかし平等の学説は、技能（スキル）、才能、能力、資質、潜在能力（ケイパビリティ）、野心、競争、功績（メリット）、運、生得の性質、偶然、機会については語る。そして行動遺伝学は、これらすべてのことについて大いに語るべきことがあるということを、本書の中で示したいと思っている。とはいえ、遺伝学は、厳密には何を語りうるのか（そして何は語りえないのか）は、一見したときに思うよりもはるかに複雑なのである。

第二章　遺伝くじ

娘がこれまでの人生で出会ったもっともゴージャスな人物は、カイルという名の八歳の女の子だ。カイルは、腰まで届くサラサラした長い髪を、リボン飾りのついたきらめくヘアバンドで引き上げている。しかも彼女は、『アナと雪の女王』の人形の立派なコレクションを持っている。なにより羨ましいのは、彼女は家の前庭にトランポリンを持っていることだ。

そのトランポリンは、カイルの双子の兄であるエズラが脳の手術を受けた年に、母親が用意してくれた遊具のひとつである。エズラは自閉症で、てんかんを持っている。あまり知られていないことだが、自閉症の子どもは、脳起源の発作性疾患を持つことが多い。[1] 私は臨床心理学者としての訓練を受け、子どもの発達に関する研究室を運営しているが、その私でさえ、カイルとエズラが隣に引っ越してくるまではそのことを知らなかった。自閉症と知的障害――知的障害の臨床的定義はＩＱが七十よりも低いことだ――を併せ持つ子どもではとくにその傾向があり、二十パーセント以上がてんかんを持つ。

エズラが四歳のとき、てんかんの発作があまりにも頻繁に起こるようになり、発作による体の負担も大きくなったため、迷走神経刺激装置を体に埋め込むことにした。それは脳に刺激を与える装置で、一種のペースメーカーである。エズラは今でも、発作を起こりにくくするために、厳格な高脂質・低炭水化物のケトジェニック・ダイエットを続けている。[2] エズラのお母さんは立派な業績のある学者で、ケトジェニックな材料を使って、誕生日のためにすばらしいチョコレート・ケーキを作ることもできる。

アメリカでは、自閉症や知的障害を持つと診断された子どもの親は、『オランダへようこそ』というエッセーをいずれ目にせずにはすまないだろう。[3] 一九八〇年代に書かれたそのエッセーによると、特別な支援を必要とする子どもの親は、片道切符でイタリアに行くつもりだった旅行者のようなものだ。彼らは、「チャオ」と挨拶する練習をし、ミケランジェロのダヴィデ像を見るのを楽しみにしていた。ところが、飛行機が着陸してみると、客室乗務員は、オランダに到着しましたと言う。この先ずっと、オランダを出ることはない。このメタファーに慰めを見出す親たちもいる。「オランダにはチューリップがあるし、レンブラントの作品だってたくさんあるではないか」と。その一方で、怒りを爆発させる親たちもいる。「オランダはもううんざり。家に帰りたい」とブログに書き込んだ母親もいた。[4] 私はオランダ人に尋ねてみたことはないけれど、重い障害を持つ子どもの親になることのメタファーとして、アメリカ人が自分の国を使っていることを、かの国の人たちはどう思うだろうか。

エズラには双子の妹がいるため、もしも一家がオランダではなく、計画通りイタリアに到着していたらどうだったかと想像するのはあまりにも容易で胸が痛む。カイルはトランポリンでしなやかに飛び跳ね、大人相手にすらすらとおしゃべりする。一方のエズラは、わが家の隣に引っ越してきたときと比べて、できないことが増えている。彼の口数は減り、社会への関心はしぼみ、足取りは以前よりもぎこちなくなった。双子はその同一性でわれわれを魅了するが、われわれはその違いにも魅了される。カイルはエズラの鏡像ではない。彼女は彼の、反実仮想の姿、「もしも……だったなら」という、現実にはならなかった姿なのだ。しかも、このふたりの場合には、「もしも……だったなら」はそこで終わらない。カイルとエズラは、お互い同士を比較されるだけでなく、子宮の中で死に、生きてこの世に生まれることのなかった、三つ子のもうひとりとも比較されるのだ。

　子宮内で死亡したり、自閉症になったりする個々のケースについて、正確な原因はわからないのが普通だが、カイルとエズラ、そして名づけられることのなかった三人目の子どもの遺伝的差異が、大きく異なるそれぞれの人生をどのように形成したかを推測することはできる。妊娠の第一期［アメリカでは臨月を第九月とし、妊娠期間を三分割した最初の三カ月を第一期とする］に起こった流産のうち、およそ半数は遺伝的な異常によるものだ。[5]自閉症の症状をどの程度示すかにはばらつきがあるが、そのばらつきの九十パーセントほどは、人々のあいだの遺伝的差異による。生まれる前に死んでしまう子と、見た目は正常な幼児期を過ごしたのちに沈黙へと後退する子、そして生き生きと飛び跳ねるおしゃべりな子——同じ親から生まれたにもかかわらず、子どもたちは劇的なまでに違った運命をたどりうる。

　ミネソタ大学の心理学者たちが行ったある研究では、一般の人たちに、目の色や、うつ病、性格といった人々の違いについて、遺伝要因は「どれぐらい寄与している」と思うかと尋ねた〈図2・1〉。そうして得られた推測値は、双子研究から得られた「遺伝率」に関する科学的コンセンサスと比較された。双子研究とは、なんらかの特徴について、一卵性双生児が似ている程度と、二卵性双生児が似ている程度とを比較する研究だ。[6]遺伝率の定義と双子研究の詳細については、

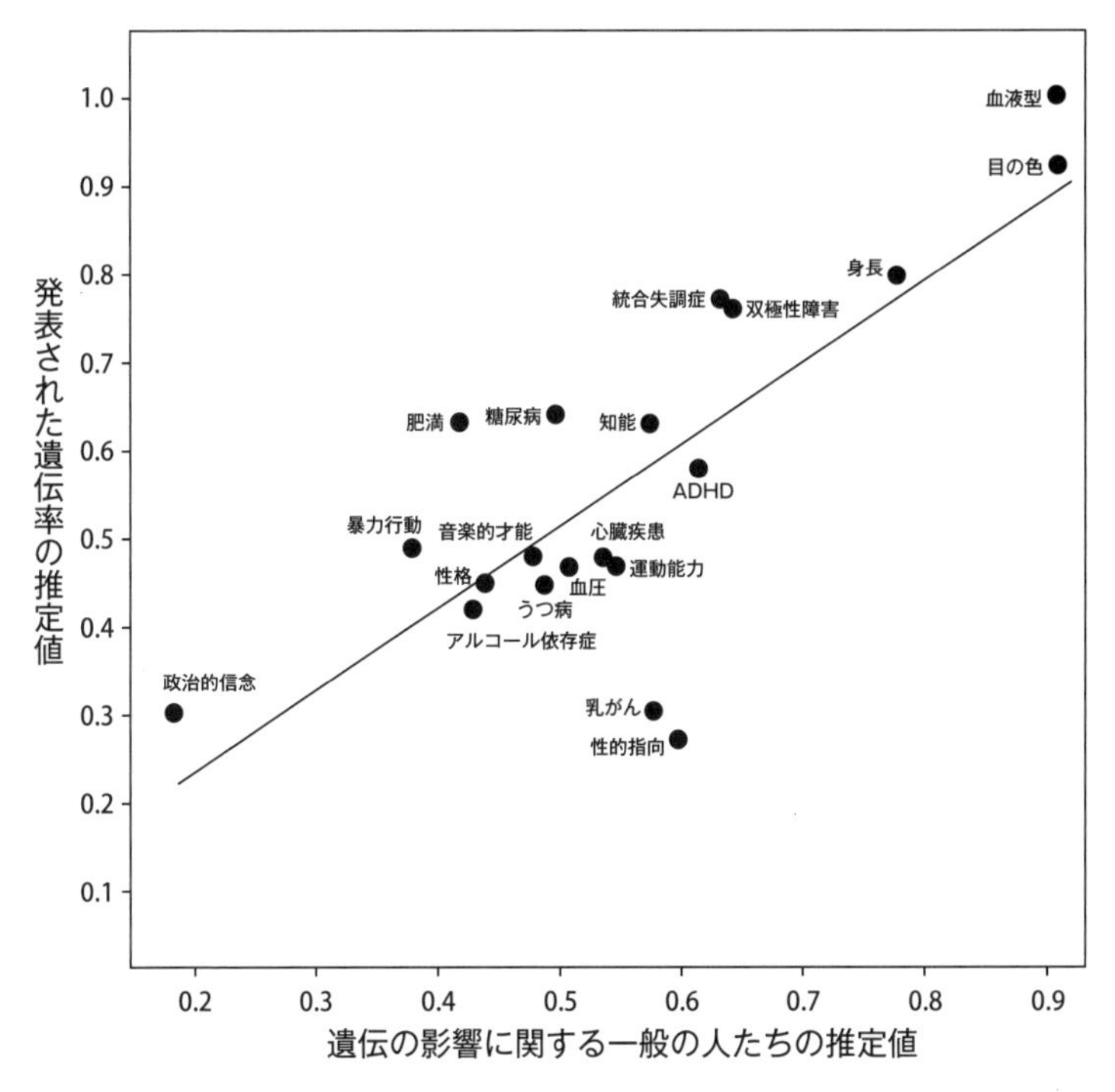

〈図 2・1〉 遺伝要因が人間の差異にどれだけ寄与しているかについて人々が与えた推定値（横軸）と、双子研究から得られた遺伝率の科学的推定値（縦軸）。一般の人たちの推定値と科学的推定値との相関係数は r =0.77 である。

第六章であらためて説明することにして、当面、一般の人たちの推測値は、双子研究から得られた遺伝率の値にかなり近かったとだけ言っておこう。ミネソタ大学の研究では、双子研究から得られた遺伝率にとくに近い推測値を与えた人たちがいた――ふたり以上の子どもを持つ母親である。

母親たちが驚くほど正確な推定をしたのは、わかる気がする。ふたり以上の子どもを持つ母親は、人間の違いが展開していく様子を、劇場の最前列で見ている観客のようなものだ。私のふたりの子どもたちも、カイルとエズラの場合ほど鮮烈ではないものの、私の目にはまるで違って見える。ふたり以上の子どもを持つ親は、二番目の子どもが生まれたそのときから、発達段階のひとつひとつが最初の子どもとは違うことを思い知らされる。そして、ひとりひとりの子どもの特異性は、驚くほど大きなものになりうる。

われわれは、自分の子どもたちのあいだの違いに、自分の細胞とパートナーの細胞の中に隠された遺伝的多様性をかすかに感じ取っている（ここでは「遺伝的多様性」という言葉を、個々人のＤＮＡの塩基配列の違いという意味で使っている）。自分の子どもの身長が高いか低いか、目の色は青色か茶色か、さらには自閉症を発症するかどうかについてさえ、そういう違いを理解するためには遺伝的多様性が重要になるということを、われわれはすんなり受け入れる。その遺伝的多様性が、子どもが学校で良い成績を取るかどうか、経済的に安定した生活を送るかどうか、犯罪に手を染めるかどうか、自分の人生の現状に満足するかどうかを理解するために重要だと主張するとなると、話はもっと複雑になる。遺伝に関連するこうした不平等について、社会はどう取り組むべきかを考えるとなると、話はいっそう複雑になる。しかし、そういう複雑なテーマに取り組むに先立ち、いくつか基本的な点を押さえておかなければならない。

本章の本題に入る前に、組み換え、ポリジーン遺伝、正規分布など、生物学と統計学のいくつかの概念について説明しよう。「遺伝くじ」というメタファーを理解するためには、それらの概念をしっかり頭に入れておく必要があるからだ。それらの概念を頭に入れたら、次に、人生を形作る遺伝くじの威力を見せつける研究を、予告編として見ておくことにしよう。ここで取り上げる研究は、研究で用いられる方法に関する科学的問題と、研究結果をどう解釈すべきかという道徳的問題を提起するのだが、まさにそれらの問題こそは、本書の残りの部分でわれわれがもっぱら取り組むことになるテーマなのだ。

■ われわれの内なる遺伝的多様性

細菌は性に煩わされることがない。細菌は自分自身を複製して、相互に等しく、もとの親とも等しいふたつの娘細胞を作る。一方、われわれ人間が娘（または息子）を持つためには、自分のDNAを、自分以外の誰かのDNAと混ぜ合わせなければならず、そのためには、配偶子――精子と卵子――が必要になる。精子または卵子が作られるプロセスが、「減数分裂」だ。減数分裂では、母親から受け継いだDNAと、父親から受け継いだDNAが混ぜ合わされて、いまだかつて存在したことがなく、今後二度と存在することはないであろう、新しい配列のDNAが作られる。

女の赤ちゃんは、その小さな卵巣の中に未熟な卵子を二百万個ほど持って生まれ、一生のあいだに、そのうち四百個ほどが成熟して排卵される。男の子は思春期になってようやく精子を作りはじめるが、その後は一生のうちに、平均して五千二百五十億個ほどの精子を作り続ける。[7]それぞれの精子または卵子に対し、減数分裂によるDNAの混合が始まる。その結果として組み合わせの数は爆発的に増大し、任意のふたりの親から生まれる可能性のある子どもの遺伝型は、気も遠くなるほど多様になる。[8]一組の親が、遺伝的には他の誰とも異なる子どもを、七十兆人以上も作ることができるのだ。それだけでも莫大な数だが、新しく起こる突然変異――配偶子を作る過程で起こる変異——を考慮に入れれば、潜在的に生じうる子どもの遺伝型はさらに増大する。パワーボールの六つの数の特定の組み合わせと同じく、あなたの両親が交わった結果として生じうるありとあらゆるDNA塩基配列の中から、あなたが他の誰とも異なるあなただけの塩基配列を持って生まれたことは、運としか言いようがない。それが、あなたの「遺伝型」——あなただけが持つDNAの塩基配列——は遺伝くじの結果（アウトカム）だと言うときに、私が言わんとすることだ。

たとえば、「補体因子Hタンパク質」と呼ばれるものをコードしている*CFH*遺伝子には、「バリアント」がある（ここでは「バリアント」という言葉を、その遺伝子には複数のバージョンがあるという意味で使っている）。私は、両親のそれぞれから*CFH*遺伝子の異なるバージョンを受け継いだ。私の*CFH*遺伝子の一方のバージョンでは、DNA塩基配列のある場所がシトシン（C）になっており、他方のバージョンでは、その同じ場所がチミン（T）になっている。まだ小さな胎児だった私の体が、さらに小さな卵子を作っていたとき、TバージョンとCバージョンの*CFH*遺伝子は離ればなれになり、別々の卵子に封じ込められた——私の卵子の半数はTバージョンを持ち、残り半分はCバージョンを持つ。私は自分の卵巣の中に、多様性を内包している。その結果として、私の子どもはひとりひとり違う。息子はTバージョンを受け継ぎ、娘はCバージョンを受け継いだ。私は子をもうけ、私の体内に潜んでいた遺伝的差異が、私の子のあいだの遺伝的差異として現れたのだ。

今日、所得が高くて出生率の低い国々に住む人たちは、同じ家族の中にどれだけ多様な子どもが生まれうるかを過小評価しがちだ。われわれがもうける子どもの数は、そもそも子どもをもうけるとして、減少傾向にある。アメリカでは、ひとりっ子の家庭が四分の一を占める。[9] サンフランシスコでは、犬の数と子どもの数が同程度だ。[10] 少子化が進むと、生まれる子どもの多様性を思い描く力もしぼむ（そして、われわれのゲノムの中にどんな危険が潜んでいるかを知るためのマーカーとしての家族の病歴も乏しくなる）。

しかし、きょうだい間の遺伝的差異がどれほどのものになりうるかを垣間見るためには、人間ではなく、現に多数の子どもを作っている他の動物種に目を向ければよい。[11] たとえば牛だ。白黒ぶちのホルスタイン種の、たった一頭の牡牛（その名をトイストーリーという）が、人工授精によって、なんと五十万頭の仔牛をもうけた。乳牛は過去数十年にわたり、徹底した人為選択による育種プログラムのターゲットであり続けてきた。その結果、一頭の牝牛が産出する乳の量は劇的に増大した。一九五七年に、千頭の乳牛中第一位の産出量を誇った牝牛は、今ならごく平均的な牝牛だろう。ここで重要なのは、乳牛の選択的育種がそもそも可能なのは、血統内に莫大な遺伝的多様性があるおかげだということだ。トイストーリーがもうけた五十万頭の仔牛たちは、この牡牛のゲノムから、ランダムなサンプリングを五十万回行った結果として生まれたのであり、その莫大な数の仔牛の中から、次世代の親になるものを選択できることこそは、これだけ短期間で牛乳産出量を目覚ましく増大させることになった原動力なのである。

選択的育種プログラムは、血統内の遺伝的多様性がどれほど大きなものになりうるか、そしてその多様性にどれだけの力があるかを教えてくれるが、それだけでなく、個々の遺伝子をバラバラに考えるのではなく、バリアントの「組み合わせ」を考えることの重要さも教えてくれる。一九五〇年代以降、乳牛の乳産出量が急激に増大した主な理由は、新しい突然変異を導入したことではない。二〇一九年にはるかに多くの牛乳を産出させることになった遺伝の力はほぼすべて、一九五七年の時点ですでに遺伝子プールの中に存在していたのである――あるバリアントはこちらに、別のバリアントはあちらにと。選択的育種のおかげで、牛乳産出量を増大させる諸々のバリアントが、牝牛の集団内でよりありふれたものになった。そのおかげで、任意の一頭の牝牛の中に、それらのバリアントが組み合わせとしてまとまって存在できるようになったのだ。[12]

一頭の動物の中にたくさんのバリアントが組み合わせとして存在し、影響のあるバリアントをどれぐらいたくさん持つかは個体ごとに異なりうるという状況は、直観的には理解しにくいかもしれない。もしもあなたが私と同じく、高校の生物で初めて遺伝学に出会ったのなら、グレゴール・メンデルとエンドウの例で遺伝学の初歩に触れたことだろう。メンデルが研究したのは、エンドウという植物の特徴だったが（草丈が高いか低いか、マメはつるりとしているかシワが寄っているか、マメの色は緑色か黄色か）、それらはたったひとつのバリアントによって決まる特徴だ。それに対して、われわれが大切に思う人間の特徴（性格、精神病、性的行動、寿命、知能テストの成績、学歴）は、多くの（とてつもなく多くの）バリアントの影響を受けている。個々のバリアントがこうした特徴に及ぼす影響は非常に小さく、広大なスイミング・プールに落ちる一滴のしずくのようなものだ。頭の良さや、外向性、うつ病などの遺伝子が、たったひとつだけあるのではない。これらの特徴は、ポリジェニック［多因子遺伝をする特徴］なのだ。

さらに、メンデルが研究したのは、普通は「純系」としての性質を示す植物だった――緑色の豆をつけるエンドウからは、やはり緑色の豆をつけるエンドウが生じる。純系の植物から生じる子に大した多様性はない。われわれは「相続（インヘリタンス）」や「世襲（ヘレディティ）」という概念を、高校で学んだ遺伝学のぼんやりとした知識にうっかり接ぎ木して、人間もまた純系であり、子はつねに親に似るのだろうと考えてしまう。エンドウという植物についてメンデルが語る物語は、われわれが人間について語る、「お母さん（お父さん）にそっくりね」とか、「血は争えないわね」といった物語と同じく、連続性と類似性、そして予測可能性の物語なのだ。

だが、メンデルによるエンドウの物語、すなわち純系の植物に関する連続性と類似性の物語は、大きな自由度を持つヒトの遺伝の物語ではない。われわれが自分のどこに価値を置くか、自分の子どもについて何を心配するか、子どものどこを自慢に思うかは、エンドウの種子がつるりとしているかシワが寄っているかとは違う。われわれが大切に思う特徴に関係する遺伝的バリアントはひとつではないし、ヒトは純系ではないのである。

■ 正規分布

テクノロジーによって繁殖に革命が起きた動物種は、乳牛だけではない。ショーンとその夫のダニエルは、生物学的な子どもを持てるように、卵子の提供者と体外受精、そして代理母に支払うための金をこつこつ貯めてきた[*13]。二〇一九年の夏、ショーンとダニエルは、ひとりの卵子提供者を選んだ――Ｚｏｏｍで話をしたことはあるけれど、直接会ったことは一度もない女性だ。

子づくりのためのパートナーを無作為に選んだりはしないが、卵子提供者を選ぶプロセスは、ロマンチックな雰囲気や性的魅力といった、今日の性交と結婚を支配し、無意識に作用するやっかいな力からは解放されている。ある意味では、卵子提供者を選ぶほうが難しい。どう選んだらいいのだろう？　ショーンとダニエルの卵子提供者は、バイクに乗る女性だ。科学のこと、合唱団で歌うこと、子ども時代にやった論理パズルのこと、そして卵子提供者はバイクに乗る人だと語るとき、ショーンの顔はパッと明るくなる。

提供者から得られた卵子の半分はダニエルの精子で受精させ、残り半分はショーンの精子で受精させる予定だ。ふたりは受精した胚を全部で二十個用意したいと考えている――人類の歴史のほとんどを通じて想像すらできなかった方法で、潜在的には両親を同じくするきょうだいと、父親の違うきょうだいになりうる受精した胚が、二十個用意されるのだ。ショーン自身は、きょうだいが六人、甥や姪は二十人近く、いとこは名前すらも全員は知らないほど大勢いるため、自分の生物学的な子どもは持たなくても平気かもしれない。しかし、ダニエルはひとりっ子なので、血肉を分けた子どもがほしいという思いは容易には断ち切れない。ふたりが、生殖テクノロジーの力を借りて子どもを持とうとしているのはそのためだ。

乳牛の場合と同じく、ヒトの生殖補助医療の例もまた、遺伝くじがどのように作用するか、そして血統内の遺伝的差異がどれだけ大きなものになりうるか教えてくれる。十個の卵子を受精させる十個の精子は、その男性が生涯に作り出す何千億もの精子のほんの一部にすぎない。卵子提供者から得られた二十個の卵子が、その女性の成熟した卵子に占める割合は、精子の場合よりいくらか大きい。人工授精で生じた二十の胚は、遺伝的にはひとつひとつ違う。しかし、どれぐらい違うのだろう?

私がショーンに話を聞いたのは、遺伝学の統計的方法に関するワークショップの会場でのことだった。経済学、社会学、心理学の博士課程に在籍する優秀な学生たちが数十名ほど参加するワークショップで、ショーンは、大きな遺伝的データセットを使う新しい解析方法について講義をしていた。彼の講義のひとつは、ポリジェニックスコアの作り方に関するものだった。ポリジェニックスコアは、農業で言う「推定育種価」（ＥＢＶ）の人間バージョンだ。トイストーリーが、五十万頭の子を持つことになる牡牛として選ばれたのは、この牛のＥＢＶが高かったからである。牛乳生産に関するＥＢＶの高さは、その牡牛または牝牛は、平均すれば、より多くの牛乳を産出する子をもうけるだろうということを示しており、身長に関するポリジェニックスコアの高さは、他の環境要因がすべて同じならば、その人物の子の身長はより高くなるだろうということを示している。

遺伝学の専門家ではない人たちがポリジェニックスコアのことを初めて聞いてまず考えるのは、その指数はショーンとダニエルが直面したような、生殖に関する決定を下すのに役立つのだろうかということだ。どの卵子提供者を選ぶのか？　どの卵子を受精させるのか？　どの胚を子宮に移植するのか？　しかしショーンは、ポリジェニックスコアの世界的指導者であるにもかかわらず、卵子提供者を選ぶためにも、受精させた胚を選ぶためにも、この方法を使う予定はないという。その代わりにショーンと私の会話は、二十の胚がどれだけ遠くまで「テールに迫れるか」という話になった。

ここで「テール」というのは、遺伝的な分布の「裾」［平均値からはずれた両端の値］のことである。一八〇〇年代の末、フランシス・ゴルトン（従兄にあたるチャールズ・ダーウィンの洞察は、人間行動の進化を理解するためにも役に立つと主張した人物）は、彼の貢献の中でも、おそらくはもっとも異論なく有益だと言えそうな発明をした。正規分布――おなじみの釣鐘状の分布――が、ランダムな出来事の累積によって生じることを示すための装置である。[14]

ゴルトンボード、またの名をクインクンクスというその装置は、釘を何列も並べて打ちつけた板を、垂直に立てたものだ〈図2・2〉。小さなガラス玉をボードの上部から落とすと、ガラス玉はそれぞれの列で釘に当たってランダムに左右にはね飛ばされ、最終的には、ボードの底部にあるスロットのどこかに入る。

ガラス玉の大半は中央付近のスロットに入る。なぜならそこは、釘に当たって右にはね飛ばされた回数と、左にはね飛ばされた回数が、ほぼ同じになったガラス玉がたどり着く場所だからだ。ガラス玉が左端、または右端のスロットに入るためには——つまりテールに到達するためには——毎回右にはね飛ばされるか、毎回左にはね飛ばされるかする必要がある。当たった釘のすべてで、左ではなく右にはね飛ばされるということは、十二回コインを投げて毎回表が出るようなものだ。そんなことはめったに起こらないが、起こる可能性はある。

ほとんどのガラス玉は中央付近のスロットに入り、中央から右または左のテールに向かうにつれてガラス玉はどんどん少なくなるため、クインクンクスの底でガラス玉が描く形は釣鐘状のベルカーブになる。ベルカーブは、人間の多くの特徴の分布の仕方を表している。もしも私が千人の身長を測定して、百五十センチから二百センチまで、二・五センチ刻みでその結果を棒グラフに表したとすれば、そのグラフは釣鐘状に見えるだろう。それが「普通（ノーマル）」だという意味で、統計学ではこの分布のことを「正規分布（ノーマル）」と呼んでいる。

ゴルトンは、DNAの何たるかを知らなかった。なにしろDNAはまだ発見されていなかったのだから。しかし、ヒトの特徴の分布は正規分布になるという彼の観察は、一見すると、メンデルが発見した遺伝の法則と合いそうになかった。メンデルのエンドウでは、草丈は高いか低いか

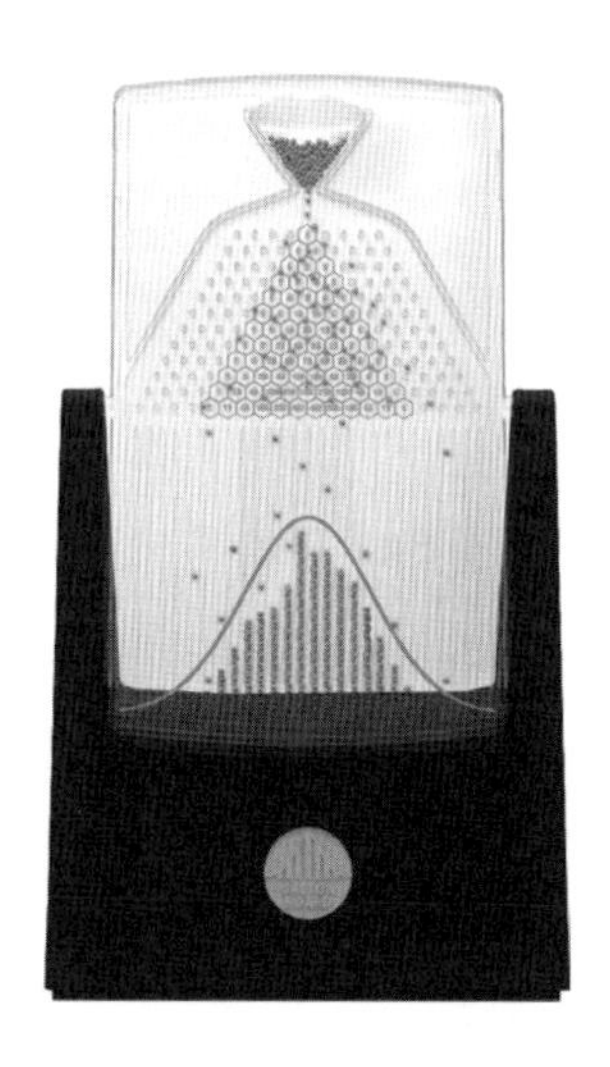

〈図 2・2〉 ゴルトンボードは、たくさんのランダムな出来事の累積から正規分布が生じる様子を示す道具。写真 Mark Hebner.［クインクンクスは、ラテン語で 5/12 という意味の名前を持つローマ時代の青銅貨。アス銅貨の 5/12 の価値を持ち、表面に5個のくぼみが刻まれていた。ゴルトンが最初にこの装置を作ったとき、そのくぼみのパターンで釘が打たれていたことから。］

のふたつにひとつだ。丈の低いエンドウと高いエンドウを掛け合わせると、中ぐらいの丈のエンドウがたくさん生じるのではなく、すべてのエンドウの丈が高くなる。それらをまた掛け合わせた次の世代［F2世代］のエンドウでは、丈の高いものと低いものが三対一の比で生じる。生まれつつある統計の科学で観測されたパターンが、生まれつつある遺伝の科学で説明できそうには思えなかったのだ。

この明らかなパラドックスを解いたのが、現代の統計学、集団遺伝学、実験計画法に多くの業績を残すとともに、「精神薄弱者」の断種を唱道した優生主義者でもあったロナルド・フィッシャーである[15]（本章の冒頭で紹介したカイルとエズラ同様、フィッシャーにも「もしも……だったら」のきょうだいがいた。先に生まれた双子の片割れは死産だったのだ[16]。フィッシャーは、一九一八年に発表した、「メンデル遺伝の想定上の近親者間の相関」という有名な論文で、考察下の結果（アウトカム）が、相異なる多くの「メンデル因子」の影響を受けているなら、そしてその場合に限り、メンデル遺伝の結果は釣鐘状の分布になるということを示したのである。その「メンデル因子」が、今で言うところの遺伝的バリアントだ[17]。

話を戻して、近々行われる予定の人工授精について、私がショーンに尋ねたのは次のことだった。二十の胚はどれだけ分布の裾（テール）に近づけるだろうか？　潜在的な胚のひとつひとつは、ゴルトンボードの一番上に置かれたガラス玉のようなものだ。釘の列のひとつひとつは、ダニエルまたはショーンのヘテロ接合になったバリアントを表す。つまり、胎児はAまたはaのどちらかを受け継ぐ可能性があり、ガラス玉は右または左にはね飛ばされる可能性がある。左にはね飛ばされれば身長はいくらか低くなり、右にはね飛ばされれば身長はいくらか高くなる。潜在的な子どもの大多数は、中央付近のスロットに落ち着くだろう――右にはね飛ばされる回数と、左にはね飛ばされる回数が、ほぼ同数になるのだ。そういう子どもでは、身長をより高くする遺伝的バリアントの数が、ほぼ平均に近い値になる。それでも多様性はあり、身長は子どもによりさまざまだ。きょうだいでも身長が同じになるわけではない。そして、ごくまれに、子どもの背が親よりもかなり低かったり高かったりすることがある。そういう子どもは分布のテールにたどり着いたのだ。

■努力も運にはかなわない？

ショーンとダニエル、そして卵子提供者は三人とも平均的な身長であることからして、彼らの子どもが、身長二メートル三十センチのショーン・ブラッドリーのようにはなりそうにない。NBAでかつて試合に出た中でもっとも背の高い選手のひとりであるブラッドリーは、飛行機でたまたま遺伝学者の隣に乗り合わせたのがきっかけで、[18] 自分は身長を高くさせる遺伝的バリアントの分布のはるかテールに到達していることを知った〈図2・3〉。身長を高くさせる遺伝的バリアントとして彼が受け継ぐ可能性があったもののすべてのうち、たまたま受け継いだバリアントの数が、平均をはるかに上まわっていたのだ。[19] ブラッドリーのゲノムは、クインクンクスをカタカタと落ちて行きながら、左ではなく右にはね飛ばされ続けたのである。

ある数が、平均と比べてどれだけ大きいかは、「標準偏差」と呼ばれるものを単位として表すことができる。身長を高くさせる遺伝的バリアントの分布のグラフで、平均よりも標準偏差でひとつ分多くのバリアントを持つ人は、八十四パーセントの人たちより多くのバリアントを持っている。平均よりも標準偏差でふたつ分多くのバリアントを持つ人は、九十八パーセントの人たちより多くのバリアントを持っている。ショーン・ブラッドリーは、平均よりも標準偏差で四・二だけ多くのバリアントを持っている。これは、身長を高くさせる遺伝的バリアントを、九十九・九九九パーセントの人たちより多く持っているということを意味する。トップから一パーセントでも、〇・一パーセントでも、〇・〇一パーセントでもなく、〇・〇〇一パーセントに入るのだ。

アントニオ・レガラードは、「MITテクノロジー・レビュー」誌に寄せた記事の中で、ブラ

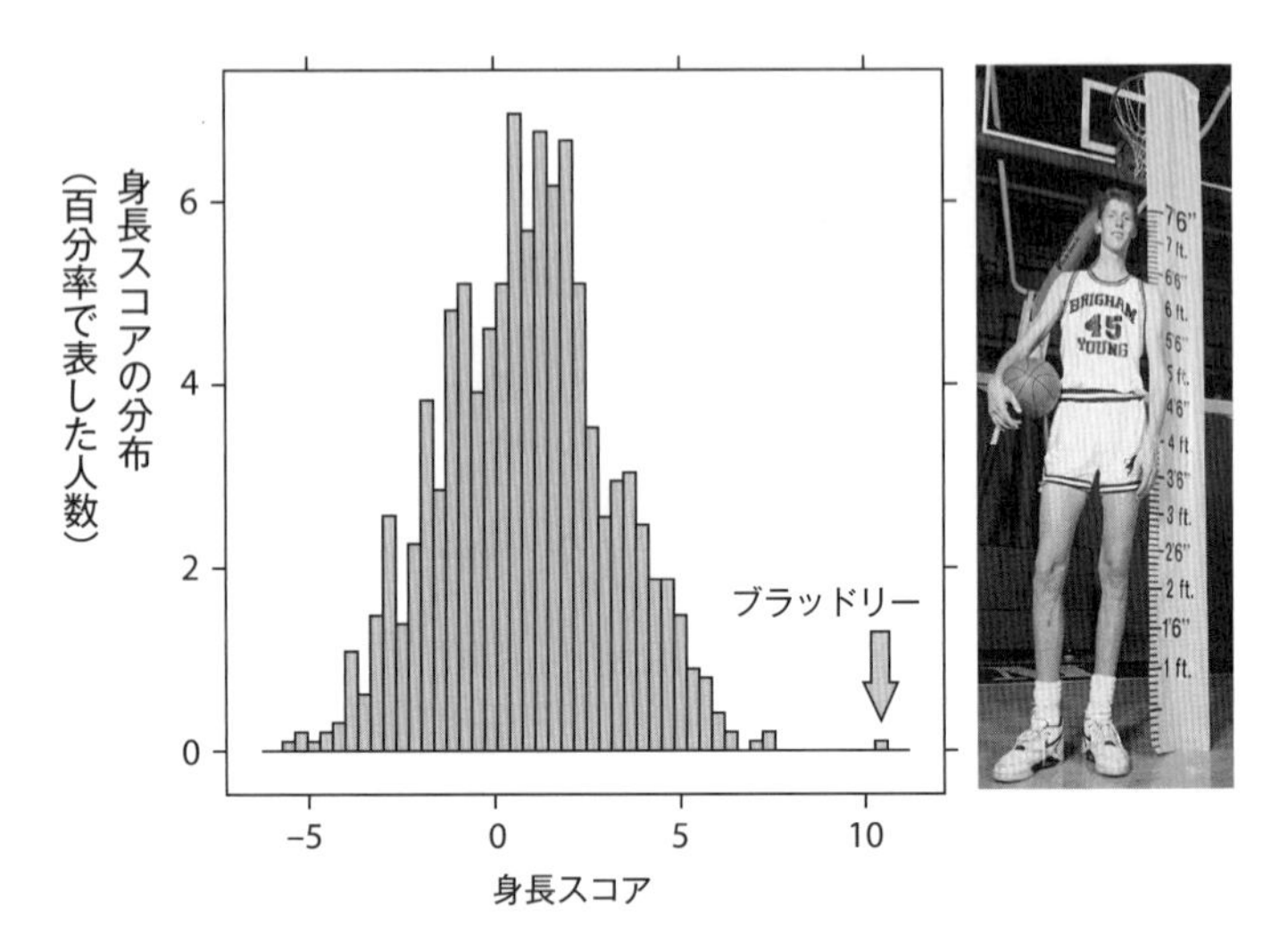

〈図 2・3〉 身長がずば抜けて高い人物は、身長を高くさせる遺伝的バリアントを普通よりもはるかに多く持っている。
右の写真は、2 メートル 30 センチ（7 フィート 6 インチ）を示すものさしの横に立つショーン・ブラッドリー。左のグラフは、人間の身長に関連づけられた 2910 の遺伝的バリアントから構成された「遺伝的なスコア」（ポリジェニックスコア）の分布。ブラッドリーのスコアは 10.32。この研究で調べられた人たちのスコアの平均値は 0.98、標準偏差は 2.22。ブラッドリーのスコアは平均値よりも標準偏差で 4.2 分高い。

ッドリーは「遺伝の運のジャンプボールに勝った。……そして九十九・九九九九九パーセントの人たちよりも背が高くなったのだ」と書いた。[20] 推定で二千七百万ドルを稼いだバスケットボール選手になるうえで決定的に重要な遺伝という要素について考えたブラッドリーは、「ウォール・ストリート・ジャーナル」紙の取材に対し、「自分はとてもラッキーだったし、恵まれていると感じた」と述べた。[21]

運というメタファーはぴったりだが、それだけでなく、われわれの人生において大きな意味を持つ種類の運に対する新しい見方にもなる。われわれわれは普通、運は自分の外側にあると考えている。引っ越してきた町に、ハンサムな知り合いがたまたま住んでいたことを知ったとき。家探しがうまくいかず落胆して町を出ようとしたら、家の前に「貸家」の看板を立てている人が目にとまったとき。マンハッタンの交差点で、タクシーが間一髪で自分にぶつからずに停止したとき。われわれが自分はとびきり幸運だと（あるいは、ひどく運が悪いと）感じるのは、自分の身に起こったかもしれないこと――ただし実際には起こらなかったこと――を、はっきりイメージできるときだ。

しかし運は、われわれの身にたまたま降りかかってきた、自分の外側にある何かだけではない。運の中には、われわれの内部に縫い込まれているものもある。人はみな、百万分の一の存在だ――より正確には、任意のふたりの親から生じたかもしれない七十兆の遺伝的組み合わせのうち、他の誰とも違うたったひとつの存在だ。そして、われわれの両親のゲノムもまた、父母それぞれが持つふたりの親のDNAから生じたかもしれない七十兆の遺伝的組み合わせのひとつである。この七十兆分の一の偶然が、人類の歴史が始まったときにまで時間をさかのぼって続いていく。われわれのゲノムはみな、別のものでもよかったという偶然の出来事が、世代から世代へと起こり続けてきた究極の結果なのだ。われわれのゲノムの中には、われわれが自分で摑み取ったと誇れる部分はただのひとつもない。われわれのDNAには、自身が支配力を及ぼすことのできる部分は、一片たりともないのだ。

となると、あなたのゲノム全体が、あなたの人生における一種の運だと考えることができる。しかしその遺伝の運が、教育や所得のような、人の行動や社会的な成り行き（アウトカム）に及ぼす効果を理解しようとするとき、科学者たちはしばしば、ゲノムの中でも、ある特定の部分に焦点を合わせる

——生物学的な家族内で異なる部分がそれだ。ここでいう「家族」は、一度の生殖による隔たり、すなわち、親子またはきょうだいと定義される。第六章で詳しく説明するように、科学者たちは、きょうだい間の違い（特定のDNAを、きょうだいのうちの誰は受け継ぎ、誰は受け継がなかったか）と、親とその生物学的な子との違い（子は親のDNAのどれを受け継ぎ、どれを受け継がなかったか）に関心を持つのである。[*22]

一世代だけの遺伝くじの結果——人は、親とどう違うのか、きょうだいとどう違うのか——についての研究が重視されるのは、遺伝的差異が何世代も積み重なると、そこに地理的な要素や文化的な要素など、人類の歴史に起こったありとあらゆる要素が絡んでくるからだ。その結果、人々のあいだの違いが、遺伝子によって引き起こされたものなのか、それとも遺伝子と共起する環境によって引き起こされたものなのかがわかりにくくなり、ときにはほとんど理解不可能になる。

集団間の遺伝的な違いが、その集団間の環境および文化の違いと絡み合うことを、「集団の構造化」と言う。人々の集団はそれぞれ遺伝的に異なる。たとえば、東アジア系の遺伝的祖先を持つ人たちは、ヨーロッパ系の遺伝的祖先を持つ人たちと比べて、*ALDH2*遺伝子［酒に強いか弱いかに関係する遺伝子］の中でも特定のタイプのものを持っている可能性が高い。[23] また、人々の集団はそれぞれ文化的に異なる。たとえば、東アジア文化圏で育った人たちは、ヨーロッパ文化圏で育った人たちと比べて、箸を使って食事をする可能性が高い。しかし、遺伝型と箸を使って食事をする習慣とがこのように共起するのは、*ALDH2*遺伝子が箸の使用に及ぼす因果効果のためではない。[24] 集団の構造化の中でもとくに微妙なものは、一見すると均質そうな集団（たとえば、イギリスで「ホワイトブリティッシュ」と言われる人々など）の内部にも存在することがある。[25]
それとは対照的に、遺伝くじを一度の生殖によるものだけに絞り込めば、科学的な扱いがぐっと容易になる。たとえば、弟と私の遺伝的差異は、地域や社会階層や文化の違いとは独立したものだ。私のＤＮＡのすべては運である。しかし、私のＤＮＡのうち、一度の生殖だけで隔てられた家族のＤＮＡと異なる部分を調べることで、科学者たちは、遺伝くじの効果をよりはっきりと見ることができるのだ。

■ 運を掴んだ者が勝つ

遺伝くじというメタファーは、有性生殖に内在するランダム性をうまく捉えているが、人がくじを引くのは、とくに宝くじを買うような場合は、無作為な偶然の働きを間近に見て理解するためではない。人は、金を目当てにくじを引くのだ。

二〇二〇年、三人の経済学者――ダニエル・バース、ニコラス・パパジョージ、ケヴィン・トム――は、「ジャーナル・オブ・ポリティカル・エコノミー」誌に、「遺伝的資質と富の不平等」と題する論文を発表した。[26]この三人は、遺伝的差異は身長のような身体的特徴の個人差だけでなく、富の個人差にも関係していると論じた。

富は、あなたの全資産の価値（家、車、現金、引退後のための蓄え、投資と株）から、負債を差し引いたものとして定義される。とくに興味深いのは、引退した時点での富を評価してみることだ。引退時の富には、過去数十年間に起こったさまざまな出来事が反映されている――昇進、昇給、レイオフ、株式市場の急騰、不動産バブル、相続、離婚による財産分与、学生ローンの支払い、養育費、子どもを大学にやるための費用、クレジットカードの使い過ぎ、医療費、等々。富には、「荒れ狂う運命の石つぶてや矢弾（やだま）」〔シェークスピアの『ハムレット』第三幕第一場より〕のすべてが映し出されているのだ。そして実はそこには、あなたの遺伝的な財産も含まれているのである。

バースとパパジョージとトムはその論文のために、アメリカの中でも非常に特殊なグループに焦点を合わせた。すなわち、ひとりまたはふたりの大人から構成される世帯で、構成員はみな白人で、年齢は六十五歳から七十五歳まで。ふたりの場合、ジェンダーは互いに異なり、引退または他の理由により、賃金を得るためには働いていない。それはアメリカの中でもかなり薄い層で、この国の多くの人を代表しているようには思えない。しかし、その比較的均質なグループの中でさえ、アメリカ人の裕福さには大きな幅がある。下から十パーセントに属する人たちの富は、平均して約五万一千ドルだったのに対し、上から十パーセントに属する人たちは、平均して百三十万ドルを超えていたのだ。

「遺伝的に与えられた資質」[27*]を測定するためにバースとパパジョージとトムが使ったのが、ポリジェニックスコアである。次の第三章では、ポリジェニックスコアの計算の仕方を詳しく説明するが、当面、ポリジェニックスコアとは、ひとりの人が、測定された結果（アウトカム）〔身長や学歴や富など〕に関連するバリアントをどれだけたくさん持っているかに応じて加算される数で、その数値は、それぞれのバリアントが測定された結果とどれだけ強く結びついているかについて、すでに行われた研究で得られるとだけ言っておこう。NBA選手であるショーン・ブラッドリーのケースで使われたような身長に関するポリジェニックスコアの場合なら、それぞれのDNAバリアントと身長の高さとの相関については、事前に行われた研究から情報が得られており、その情報を使って、各人が持つ「身長を高くさせる」バリアントについて相関の大きさを足し上げる。富に関するこの研究では、学歴（どれだけ長く学校に行ったか）と関連することがすでにわかっているDNAバリアントの情報から作られたポリジェニックスコアに焦点を合わせ、各人のポリジェニックスコアの値ごとに、引退した時点でどれだけの富を持っていたかが比較された。

研究対象となった六十五歳から七十五歳までの引退した白人のうち、学歴ポリジェニックスコアが低い層（下から四分の一に入る人たち）は、学歴ポリジェニックスコアが高い層（上から四分の一に入る人たち）より、平均で四十七万五千ドルだけ富が少なかった。その同じ結果を、「ポリジェニックスコアで標準偏差ひとつ分高い人たちは、二十五パーセント近く富が多かった」と言い表すこともできる。このポリジェニックスコアは、学校に長く行くことと関連するDNAバリアントにもとづいて作られたものではあるが、ポリジェニックスコアが高い人が必ずしも長く学校に行くとは限らないため、「学歴の高い人たちのほうが稼ぎが良い」という事実からだけでは、この結果は説明できない。教育を受けた年数が等しい人たちを比較した場合でさえ、ポリジェニックスコアが標準偏差ひとつ分高いことは、富が八パーセント増えることと関連していたのだ。

しかし、バースとパパジョージとトムはその解析で、きょうだいは比較しなかった――彼らは異なる世帯を比較したのである。これは重要なポイントだ。なぜなら、前に触れたように、遺伝的な運の中には、異なる家族のあいだの他の違いと絡まり合ったものがあるからだ。遺伝子と富のあいだの関係は、「集団の構造化」のために生じているのでは？　たとえば、ポリジェニックスコアが高い人たちは、その親も高い教育を受けている可能性が高い。その結果として、「より幸運な」遺伝子を持つ人たちは、子ども時代の環境もより恵まれているため、社会くじも「当たり」になる。そういう人たちは、相続するお金という点でも恵まれていた可能性が高い。したがって、この研究だけからでは、遺伝学的状況と富の不平等との関連が、遺伝子の重要性について本当に何かを教えているのかどうかは明らかではない。彼らの分析は、集団の構造化を拾っているだけ、つまり、異なる社会階層に属する人たちのあいだの、生物学的には重要ではない違いを拾っているだけかもしれないのだ。

この問題に取り組むために、コロンビア大学准教授のダン・ベルスキー率いる別の研究は、きょうだい間の違いに目を向けた。[28] ベルスキーと彼の同僚たちがとくに注目したのが、社会的流動性である。それは、人々の教育、職業的名声、資産が、親と比べてどれぐらい変わったかで定義される量だ。ベルスキーらは世界中から得られた五つのデータセットを使い、そのうちひとつのデータセットには、二千組（ふたり一組として）近いきょうだいが含まれていた。ベルスキーらの研究結果から、きょうだいの中でも、ポリジェニックスコアが高いほうの人たち――親を同じくするきょうだいと比べて、教育に関連する遺伝的バリアントをたくさん受け継いだという意味において、遺伝くじが当たりだった人たち――は、引退時の富がより多いことが明らかになった。

これらの結果が提起するのは、持って生まれた遺伝子が違えば、つまり、遺伝のパワーボールが多くの遺伝子の組み合わせの違いに帰着するなら、人々は身長が違うだけでなく、富においても違うということだ。ショーン・ブラッドリーが「遺伝の運のジャンプボールに勝った」と言われたように、人々の中には「遺伝くじに当たった」人たちがいる――そして遺伝くじが当たりなら、それ相応の見返りがあるのだ。

■ 公平な世界を目指して

こうした研究結果から、たくさんの科学的な問いが生じる。ポリジェニックスコアはどのように作られるのか？　なぜこれらの研究は、アメリカの白人や、北ヨーロッパのサンプルだけを使って行われたのか？　人種間に驚くほど大きな富のギャップがある理由を理解するうえで、これらの結果は何を意味するのだろうか？（短い答えは「何も意味しない」だ。）遺伝子があなたをお金持ちにすると本当に言えるのか？（短い答えは、「言える」だ。）

ここから道徳的、政治的な問いがいくつも出てくる。これらの結果は、富の違いは人に内在しており、避けられないということを意味しているのだろうか？　より平等な社会にするためにデザインされた、あるいは富を再分配するようにデザインされた社会政策や経済政策は、失敗を運命づけられているのだろうか？　この問いに対する答えはイエスだ、というのが、所得に関する最初の双子研究が解釈されたときの見方だった。一九七七年、心理学者のハンス・アイゼンクは「タイムズ」紙のレポーターに対し、所得は親から子へと受け継がれることを示すこれらの研究結果は、富の再分配を仕事とする政府機関は「さっさと店仕舞いしたほうがいい」ということを示していると語った。[29] アイゼンクのこの意見は、本書の中で紙幅を割いて説明するいくつかの理由により、間違っている。しかしまた別の人たちは、それと同じぐらい長きにわたり、所得や富といった人生の成り行き(アウトカム)に関する遺伝学的研究は、社会政策とは「まったく関係がない」と強く主張してきた。もしもそれが本当なら、遺伝子と富との結びつきは、なぜこれほどまでにわれわれを悩ますのだろう？

以下のページでは、すぐ前のふたつのパラグラフで並べ立てた五つの問いに、順に取り組むことにしよう。どんな研究プログラムとも同じく、遺伝くじがわれわれの人生を形作るやり方についての研究には、欠陥もあれば弱点もある——現実にはありえないような仮定が置かれているし、不十分なデータを扱いもする。それでもなお、この研究プログラムは、まじめに受け止めるようわれわれに強く迫るのである。統計学者のジョージ・ボックスが述べたように、「すべてのモデルは間違っているが、中には役に立つものもある」[30]。異なる遺伝子を受け継いだ子どもたちは異なる人生を送り、その違いは金銭で測れるようなものになりうるという事実を、けっして軽んじてはならない。そこで次章では、バース、パパジョージ、トムによる富の研究で用いられたようなポリジェニックスコアの作り方を、しっかり見ていくことにしよう。

第三章　レシピ本と大学

息子がまだ赤ん坊だったとき、かかりつけの小児科医から、神経科の専門医に見てもらうようにと言われた。その小児科医の見立てでは、息子は神経線維腫症I型という病気である可能性があったからだ（ありがたいことに、その見立ては間違いだった）。神経線維腫症は、稀にみられる遺伝性の疾患で、脳、脊髄、末梢神経に無数の腫瘍ができる。[1]この病気を引き起こしているのは、*NF1*という遺伝子の変異だ。この遺伝子がコードしているタンパク質は、通常であれば、細胞が増えすぎてツタのように繁茂して絡まり合うのを妨げている。神経線維腫症の主な徴候のひとつが、カフェオレ斑だ――その名の通り、カフェオレのような色をした皮膚のしみである。息子には、そんなしみがふたつあった。

　迎えたばかりの赤ん坊が深刻な遺伝病を持つかもしれないと言われて、当然ながら私はうろたえた。当時の夫は、その日の午後中ずっと、見逃しているカフェオレ斑がほかにもありはしないかと、息子の体を何度も何度も、憑かれたように繰り返し調べていた。私はといえば、自分でも気味が悪いほど穏やかな一日を過ごしたのち、ベッドに入ってから鮮やかな悪夢をいくつか見た。そのひとつでは、天使のような物静かな存在がピンセットを私にくれて、赤ちゃんの神経線維腫は治すことができると言った。ただしそのためには、夜が明けるまでに、息子の体中のすべての細胞から、*NF1*遺伝子の中の変異をひとつずつつまみ出さなければならないというのだ。夜明けまでにそれをやりきるのは不可能だと知りつつ、私はその魔法のピンセットで、息子の小さな体を死に物狂いでつつき出した。

それは恐ろしい夢だった。そしてその悪夢は、人が遺伝子について考えそうなことの本質を捉えてもいる――遺伝子の力から逃れるすべはなく、人間の全運命は、たったひとつのねじれた分子によって決定されているということだ。もしもあなたの*NF1*遺伝子にある種の変異があれば、あなたは間違いなく神経線維腫症を発症するだろう。「おぞましい大バサミ」で生命の織物を断ち切る、ギリシャ神話の運命の女神アトロポスのように、[2] *NF1*遺伝子の変異は、ある種の医学的運命を決定づけるのだ。

二〇一三年、「サイエンス」誌は、十二万人以上を調べて学歴、すなわち、ある人物が何年学校に通ったかに関連する三つの遺伝的バリアントを見出したとする研究結果を掲載した。[3] 学会の慣習に従い、それら三つのバリアントには、シュタージ［旧東独の秘密警察・諜報機関を統括する省庁］の機密文書管理システムに倣ったかのような名前が与えられた――rs9320913、rs11584700、rs4851266である。

その結果は、というよりその研究そのものが、遺伝子編集用の魔法のピンセットを渡されるのと同じぐらい、悪夢めいたものに思えるかもしれない。目の色や、神経線維腫症のような希少疾患を発症するかどうかは遺伝子が決めているという考えを、われわれはおおむね受け入れている。しかし、教育は努力によって達成するものだ。教育は個人の勲功（メリット）なのだ。そして第一章で述べたように、教育は人生の成り行き（アウトカム）におけるほとんどすべての不平等と結びついている。教育は運命づけられているという考え——rs11584700と名づけられた遺伝のアトロポスが、あなたが努力して成し遂げたことを大バサミで断ち切り、あなたの勲功を奪い去れるなどという考え——が、真実であるはずがあるだろうか？

私はこの第三章で、というより本書の全体を通して、rs11584700と学歴との関係を、*NF1*と神経線維腫症との関係に似たものとして捉えるのは誤りだと論じるつもりだ。人の遺伝子が、その人の教育や金銭に関係する運命を決定したりはしない。しかしその一方で、遺伝子と教育との関係を、取るに足りないつまらないことだとして、まじめに受け止めないのも間違いだろう。前章で見たように、あなたの遺伝的性質は、あなたの人生の成り行きを決定はしなくとも、あなたが引退する時点で何十万ドルも多くの資産を持つかどうかには関連している。そして遺伝的性質が関連しているのは、引退する時点での富だけではないのだ。遺伝と人生との関連を、まじめに、そして誤解せずに理解するためにはどうすればよいかを知るためには、この種の研究では実際に何が行われているのかを（そして、何が行われていないのかを）知る必要がある。そこで以下では、三つのバリアントを見つけた研究そのものに立ち入って見ていくことにしよう。この論文の著者たちはいかにして、rs9320913、rs11584700、rs4851266という遺伝的バリアントが学歴に関連しているという結論を導き出したのだろうか、そしてその結果は、どのように解釈できるのだろうか？

■ 遺伝のレシピ、ゲノムのレシピ本

二〇一三年に「サイエンス」誌に掲載された論文の〔二百名以上の〕著者の中でも指導的な立場にあった科学者のひとりに、経済学者のフィリップ・コーリンガーがいる。ひょろりと背が高い四十代のコーリンガーは、ドイツ人と経済学者のステレオタイプの両方を裏切って、なにかにつけてにこやかな笑みを浮かべる。「社会科学遺伝学的関連解析コンソーシアム」〔社会的なアウトカムにGWAS（ゲノムワイド関連解析）でアプローチする社会科学者と医学者のコンソーシアム〕という研究者グループの設立者のひとりであるコーリンガーは、このコンソーシアムが、二〇一三年の論文に書いたことのどれかひとつでも見出すことになろうとは思いもしなかった、と力を込める。それどころかコーリンガーらは、知能テストの成績に関連する遺伝子を見出したと主張してはいるが、調べた人数が少なすぎて、得られた結果が統計的に正しいことがありえないはずの研究が次から次へと出てくることに苛立っていたのだった。

（もしもあなたが、他人の間違いを決定的に証明するために十二万人分のデータセットを集める研究プロジェクトに、人生のうち何年も捧げる人がいることに驚いたのなら、きっとあなたはこれまで経済学者とあまりつきあいがなかったのだろう。）

コーリンガーの好きな食べ物に、レモンチキンがある――玉ねぎとじゃがいもを敷き詰めた上に丸鶏を置き、レモン汁とオリーブ油を同量まわしかけてローストする料理だ。コーリンガーが初めてテキサスを訪れたとき、我が家でレモンチキンを作ってくれたのだが、オランダで彼が作っているものとはあまりに違う出来上がりに、彼自身驚いたほどだった。H‐E‐B〔主にテキサス州に支店を展開するスーパーマーケットチェーン〕で買った酸味の強い大きなレモンは、スペイン産ではなくカリフォルニア産だった。テ

キサスでは、ベークドポテト向きのじゃがいもの品種が表示されていないため、彼がたまたま買ったじゃがいもは、赤ん坊でも食べられるような美味しいマッシュポテトになった。我が家の小さくて古いオーブンの温度設定は、せいぜい良く言ってアバウトだ。そして、テキサスでは丸鶏までも大きい。暖かな三月の夕方、屋外で取った食事は美味しかったけれど、彼のアムステルダムの家のキッチンで、彼のレシピ通りに作ったレモンチキンを食べるのは、また別の経験なのだろう。

　遺伝子を何かにたとえるメタファーはすべて誤りだが、レシピのメタファーは役に立つ。「遺伝子はタンパク質を作るためのレシピだ」というのがそれだ。遺伝子の中には、タンパク質をコードしているものがある［タンパク質をコードしているものだけでなく、RNAを発現させる遺伝子もある］。それらの遺伝子は、タンパク質を作るための直接的な指示を与える。DNAのその他の部分は、レシピの余白に鉛筆で書き込まれたメモのようなもので、たとえば、バターをあらかじめ冷蔵庫から出して室温に戻しておくこと、といった注意が書かれている。

　家で料理をする人なら誰でも証言できるように、同じレシピを使っても、手に入る材料や気まぐれな環境要因のせいで別の料理になることがある。オースティンで作ったローストチキンは、アムステルダムで作るそれと同じではない。同様に、遺伝子からタンパク質が作られるときも、体内のどの組織でそれが行われるかにより、あるいは人により、そして環境によっても、発現の仕方は違ったものになりうる。おそらくもっとも重要なのは、レシピをキッチンの引き出しに入れておいただけでは、お腹は満たせないということだろう――料理になるためには、何かが起こらなければならないのだ。

それでも、レシピがあなたの料理に制限を課すのも事実だ。レモンチキンのレシピを使って、チョコチップクッキーが出来上がることはない。レシピに間違いがあったせいで、料理の味が少々落ちたり（塩の量が十分でなかったとか）、壊滅的な結果になったりもする（砂糖一カップではなく、塩一カップと書いてあったとか）。同様に、DNAの塩基配列に変異があるために、少しだけ違うタンパク質ができたり、まったく機能しないタンパク質ができたりすることがある。また、レシピの中には、手順を間違えたり、計量が雑だったり、代用の食材を使ったりしても、あまりひどい結果にならないものもある。スパゲッティ・ボロネーゼを作るのは、チョコレート・スフレを作るのに比べて、分量や温度や手順のタイミングにそれほど神経質にならなくてもよいのと同様、変異に対する寛容さは遺伝子ごとにさまざまだ。

　すべてのメタファーには欠陥があるが、一個の遺伝子と一個のタンパク質との関係を理解するためには、レシピのメタファーは十分に役に立つ。たとえば、*LRRN2*遺伝子は「ロイシンリッチリピートニューロンタンパク質2」を作るためのレシピだが、このタンパク質分子は、通常は細胞同士をくっつかせておく働きをする。しかし、本書はタンパク質についての本ではなく、人間についての本だ。*LRRN2*遺伝子の塩基配列の小さな変化は、人が大学を卒業することに関連しているが（その関連性はとても小さい）、*LRRN2*遺伝子は大学に行くためのレシピではない。多くの遺伝子の集団的な作用について何ごとかを言うためには、そして、分子生物学から遠く隔たった成り行き（アウトカム）に遺伝子がどう関係しているのかについて新たな直観を築くためには、レシピのメタファーを新しい方向に拡張する必要がある。

　もしも遺伝子がレシピなら、あなたのゲノム――あなたの体のすべての細胞中の二十三対の染色体に含まれるDNAのすべて——は、たくさんのレシピを集めた分厚いレシピ本だ。今、私はこれを書きながら、本棚の中の『プレンティ』という本に目を向けている。大人気のシェフ、ヨタム・オットレンギが、自らの名を冠したロンドンのレストラン「オットレンギ」で出しているベジタリアン・レシピを集めた本である。あなたが、いくつかある「オットレンギ・カフェ」のどれかで、友人たちとささやかなランチパーティーを開いているものと想像してほしい。友人のひとりが昇進したのかもしれないし、ついに妊娠したと教えてくれたのかもしれない。焼きナスにザクロの実を散らした一品と、フェンネルバルブをカラメリゼしてシェーブル・チーズをあしらった一品を盛り合わせた一皿に、あなたたちは舌鼓を打つ。サービスは行き届いていて居心地が良く、みんな陽気で生き生きしている。『プレンティ』は、あなたが今口に運んでいる料理を含めて、この店で出している料理のレシピ集だが、「レシピ」という言葉のいかなる直接的な解釈によっても、この本は、あなたたちが今楽しんでいるパーティーを作るための本ではない。

なぜ、そうではないのだろうか？　もっとも明白な理由は、あなたと友人たちのささやかなランチパーティーには、料理以外にも多くの要素が含まれていることだ。物理的環境（照明が明るすぎないか、音響がやかましすぎないか、椅子の背もたれが傾きすぎていないか）や、社会的環境（友人たちが明るい気分でいるかどうか）、文化（焼きナスはあなたにとって生まれ育った土地を思い出させる懐かしい味なのか、心躍る目新しい料理なのか）など、たくさんの要素がある。経験の総体は相互作用する多くの次元によって決定されるが、その数があまりにも多いため、問いの中にはすっかり意味を失うものもある。「今日のあなたの食事にとって一番重要だったのは、料理に含まれる塩分ですか、それとも腰を下ろす椅子があったことですか？」というのは間抜けな問いだろう。

同様に、人生は、遺伝子と環境との相互作用によって決まる。典型的な「生まれか育ちか論争」は、遺伝子と環境のどちらがより重要かを問うものだ。しかし、遺伝子は料理人に塩を入れるよう指示するレシピのようなもので、環境は腰を下ろす椅子があるようなものだということを思い出すなら、いわゆる生まれか育ちか「論争」もまた、間抜けな問いを発していることがわかるだろう。遺伝子と環境はどちらも、つねに重要なのだ。

それと同時に、環境の重要性はつねに念頭に置くにせよ、ゲノムの中でも人によって異なる部分は、人々のあいだの違いを理解するためには重要だということもわかる。それはちょうど、レシピ本の中で本によって異なる部分は、レストランの違いを理解するためには重要だというのと同じことだ。「オットレンギ・カフェ」で食事をするという経験が、そこで使われるレシピによって形作られることは否定できない。もしも「オットレンギ・カフェ」が突如として、たとえばアンソニー・ボーディンの『レザール・クックブック』［名物シェフだったボーディンがニューヨーク市に開店したブラッサリー風レストラン「レザール」で出されていた料理のレシピ集］に載っている料理を出したとすれば、あなたのランチパーティーは別の経験になるだろう。これは、何十年にも及ぶ人間行動の遺伝学の研究からもたらされた、基本的で議論の余地のない教訓だ。もしも私のゲノムが今とは違うものだったら、私の認知能力、個性、教育、心の健康、社会的な関係――つまり私の人生――も、今とは違うものになっていただろう。

すべての違いが同じぐらい重大だというわけではない。ゲノムの違いの中には、レシピ本の全体を通して、「塩」という言葉を「砂糖」に置き換えたり、すべてのレシピで、塩の量を二倍や三倍にしたりすることに似たものもある。ハンチントン病はその良い例だ。*HTT*遺伝子は、ハンチンチンというタンパク質を作るためのレシピで、そのDNA配列には、同じ文字列が何度も繰り返される部分がある（「クミンを小さじ1／4。クミンを小さじ1／4。クミンを小さじ1／4」のように）。ハンチントン病を引き起こすバージョンの*HTT*遺伝子は、レシピのこの部分の繰り返しがあまりにも多いため、ハンチンチンタンパク質が異様に長くなる。その長いタンパク質はやがて、くっつきやすい小片に千切られ、それらの小片がニューロンの内部で絡まりあって塊を作る。恐ろしいハンチントン病の症状――抑うつ状態、怒り、痙攣（けいれん）するような不随意運動、最終的には、歩いたり話したり食べたりという人間の基本的能力が失われること――のすべては、たったひとつのタンパク質を作るためのレシピの変更にまで、その原因をたどることができるのだ。

とはいえ、ヒトの遺伝的差異の大部分は、塩を砂糖で置き換えたり、重要な材料の分量を大幅に変更したりするようなものではなく、「タマネギ」を「ポロネギ」に変えるようなものだ。科学が取り組むべき重要な課題は、そんな小さなゲノムの変化が、人間の人生の違いを理解するうえで実際に意味があるのかどうかを理解すること、そしてもしも意味があるのなら、なぜ意味があるのかを理解することだ。

■ 候補遺伝子アプローチの失敗

当面、人生の問題は脇にのけて、レストランのメタファーをもう少しだけ先まで推し進めよう。レシピに小さな変更があれば、人々のレストラン経験は変わるだろうか？　それを調べる方法のひとつに、料理と食事についてすでに得られている知識から出発して、「これは重要かも？」と思う素材に的を絞って調べてみるというものがある。たとえば、シラントロ［パクチー］はどうだろう？　シラントロは石鹸臭いと言って、シラントロ・リーフ・タコスから細かい葉っぱまで丹念に取り除く人たちがいる。そこで、シラントロが苦手な人がいるという知識から出発して、市内にある二十店舗のレストランを選び出し、それぞれのレストランが提供する料理のどれかひとつにでも、シラントロが使われているかどうかを調べればいいだろう。

　調査するレストランはたったの二十店舗で、けっして多いとは言えないが、研究に含めたレストランの少なさを埋め合わせるには、人々のレストラン経験を注意深く測定すればいいだろう。その測定は、料理が気に入ったかどうかを問うような単純なものではない。熟練の調査員を店に送り込み、客たちが食事中に微笑んだり笑ったりする回数を測定する。客たちが一年間にそのレストランでどれだけ金を使ったかを知るために、クレジットカードの請求書も調べよう。そうして得られるデータは、わずかばかりのレストランで測定された、シラントロというたったひとつの素材に着目したものだが、測定しようとしている結果（アウトカム）［顧客の満足度］については、詳細な情報が得られる。ここまでくれば、いよいよ仮説の検証に進むことができる。シラントロを料理に使わないレストランでは、客たちはより良い経験をしているだろうか？

　二〇〇〇年代の初期には、多くの心理学者と遺伝学者がこの戦略を採った――すなわち、すでに得られている生物学の知識から出発して、ひとつの遺伝的要素に的を絞り、比較的少数の人たちを対象に、あるひとつの結果［たとえばうつ病］について詳細な測定を行うという戦略だ。このアプローチは、「候補遺伝子」研究と呼ばれていた。候補遺伝子のバリアントの中でも、おそらくもっとも有名なのは、5HTTLPR、すなわちセロトニントランスポーター遺伝子多型領域だろう（ややこしいことに、セロトニンは5-HTと略記される）[4]。このアプローチの考え方は比較的シンプルだ。われわれはすでに、セロトニンはうつ病と関連していると考えている。なぜなら、セロトニンを標的とする抗うつ剤（プロザックのような薬）を投与すると、うつ病の症状が改善する（こともある）からだ。5HTTLPRは、セロトニンが脳内のニューロンのあいだを行き来するやり方に影響を及ぼすゲノムの小部分だから、セロトニントランスポーター遺伝子の異なるバージョンを持つ人たちのあいだでは、うつ病のなりやすさも違うだろう。

さらに一歩踏み込んで、ストレスを受けた人たちはうつ病になりやすいこともわかっている。離婚、失業、貧困、子ども時代に受けた虐待といったストレッサー（ストレスを与えるもの）は、うつ病になるかどうかを予測するうえで、もっとも確実性が高い要因である。したがって、5HTTLPRのあるバリアントがあなたをうつ病にするのは、あなたがすでになんらかのストレスを受けている場合だけなのかもしれない。

この仮説を検証するために何千万ドルという資金が投入された。研究者たちは、どんどん安価になりつつあった――今も安くなり続けている――DNA測定を行うだけでなく、人々の脳や心についてありとあらゆることを注意深く測定するために大金を注ぎ込んだ。研究に含まれる人たちが、うつ病の臨床的定義に合うかどうかを確かめたうえで、悲しい記憶を思い出しやすいか、悲しい絵を見ることに何ミリ秒費やすか、悲しげな音楽を聴いたときに脳のどの部分が〔fMRIなどで〕明るくなるか、といったことを調べる研究が何百、何千と行われ、5HTTLPRのどれかのバリアントはどのようにして、ストレスを受けた人たちにうつ病を発症させるのかが調べられ、研究結果が次々と発表された。

問題は、それらの結果はすべて間違いだったことだ。果てしなく出続けるかにみえた5HTTLPRに関する研究結果に対し、徐々に不満が出はじめ、礼儀正しい警告や、統計に関係する問題が長年にわたり指摘された。そしてついに二〇一九年、心理学者のマット・ケラーが、ズバリ核心を突くタイトルの研究論文を発表した。「複数の大きなサンプルを用いた研究により、歴史的に用いられてきたうつ病に関する候補遺伝子仮説ないし候補遺伝子=環境交互作用仮説を支持する根拠はないことがわかった[5]」。精神科医でもあるブロガーのスコット・シスキンドは、科学の専門誌の慇懃なスタイルに縛られないストレートな物言いで、ケラーの論文の結論を生き生きと描写してみせた。シスキンドは、5HTTLPRに関する研究「結果」を報告する研究者たちを、ユニコーンについて語る寓話作家よりもタチが悪いと言ったのだ。「こういう研究者は、ただ単に東方への旅から帰還して、かの国にはユニコーンがいたと主張する冒険者ではない。そうではなく、ユニコーンのライフサイクル、ユニコーンが摂取する食物、ユニコーンの分類、ユニコーンの肉のどの部位が一番美味しいか、そしてユニコーンと雪男との取っ組み合いを生き生きと語る冒険者なのだ[6]」。

今から振り返ってみれば明らかなことに思えるが、候補遺伝子のアプローチの主要な問題点は、レストランが成功するための要因はひとつだけではないのと同様、うつ病の遺伝子もひとつではないということだ。うつ病の遺伝子は十個でもまだ足りない。うつ病や、身体のサイズ、大学を卒業していること、衝動性、さらには身長まで含めて、これらはすべて複雑な形質であり、ある決定的に重要な一点において、ハンチントン病とはまったく異なる。これらの形質は、たったひとつの遺伝子によって引き起こされるのではない。何千、何万という、個々にはごく小さな効果しか及ぼさない多くの遺伝的バリアントの影響を受けている。個々のバリアントの効果はあまりにも小さいため、かつて候補遺伝子のアプローチを採って行われたどの研究に含まれていた人数よりはるかに多くの人たちを調べる必要があるのだ。

二〇〇三年という早い時期に発表された初期の注目論文では、5HTTLPRの研究に八百四十七人の人たちが含まれていた。この研究に対する決定的反証となった二〇一九年の研究には、四十四万三千二百六十四人の人たちが含まれていた――人数が約五百倍に増えている。[7]うつ病に関連していると信頼性をもって言える遺伝子をひとつでも報告した最初の研究には（その研究で使われた方法については、本章の少し後のほうで説明する）、四十八万三百五十九人の人たちが含まれていた。[8]十分というには程遠いデータしかないときに（実際、本当に必要なデータの一パーセントにも満たないデータしかなかった）、小さなパターンを見出そうとすると悲惨なことになる。存在するパターンを見逃すリスクを犯すだけでなく、本物そうに見えて実はノイズにすぎない「パターン」を拾うリスクも犯してしまうのだ。

■ レシピ本ワイド関連解析

このように、候補遺伝子のアプローチはうまくいかなかった。しかしそれでも、もしも人生に違いを生じさせる遺伝的バリアントがあるのなら、どれがそのバリアントなのか知りたいとしよう。突き止めたいのは、レストランでの経験を違ったものにする、レシピの小さな変化だ。プランA——料理についてわかっていることから始めて、妥当そうな仮説を立て、その仮説に沿って調査を進める。このアプローチは、はじめは賢明そうに思われたが、結局、価値ある知識は何ももたらさなかった。プランB——料理についてすでにわかっていることなど無益だと宣言し、もっともらしく思われる仮説を立てることはいっさいやめる——は、はじめは賢明そうには思えないどころか完全に馬鹿げているように思われたが、最終的に結果を出しはじめたのはこちらだった。科学者は未来を予測するのがひどく苦手だということを思い知らされる成り行きである。

わずかな数のレストランで測定されたひとつの成分から出発する代わりに、テキサス州オースティンで営業しているすべてのレストランで提供されているすべての料理のレシピを集めて、それを細かな要素に分解するものと想像してほしい。結果として、それぞれのレストランについて膨大な量のデータが得られるだろう。分量、素材、時間、温度、道具、指示といった項目が何千何万と並び、みじん切りにする、百五十度で焼く、大さじ1、クミン、ソテーにする、黄金色、などという内容が書き込まれる。

ゲノムの場合と同じく、得られたデータのほとんどは、どのレストランでもまったく同じだろう。ヒトのDNAは九十九パーセント以上同じだ。レストランはどこも塩を使う。

そこで、レシピの要素のうち、どのレストランでも同じものは捨てよう。レストランによって異なるものだけを残すのだ。我が家の近くにあるレストランは、「フライドボローニャ・サンドイッチ、ジャルディニェーラ添え」という料理を出すが、ジャルディニェーラはイタリア風の野菜のピクルスで、どこにでもある食材ではない。

さて、それぞれのレストランが出す料理を小さなデータに分解したら、次に、レストランそのものを測定する尺度が必要だ。しかし、今やわれわれは選ばれた二十のレストランを調べているのではないし、顧客の満足度について精密な測定をするだけの時間も金もない。その代わりに必要なのは、少々粗くても、何千ものレストランをすばやく比較できる尺度だ。たとえば、そう、Ｙｅｌｐの評価を使ってみてはどうだろう？

あなたが過去十年ほどインターネットにアクセスしていなかった場合のために説明すると、Ｙｅｌｐとは、ローカルビジネスに関する情報を不特定多数のユーザーから提供してもらうウェブサイトである。自分が利用したローカルビジネスについてレビューを書き、一個から五個までの星の数で評価する。レストランがＹｅｌｐで高い評価を得るためには、多くの人がレビューをして良い評価をするぐらいには、その店での食事が楽しいものでなければならないし、あまり多くの人が残念な経験をするようではいけない。私がこれを書いている時点で、テキサス州オースティンでもっともＹｅｌｐの評価が高いレストランは、「ソルティ・ソー」［しょっぱい雄豚］という名前のガストロ・パブで、その名が示すように、豚肉料理ならお任せという豚肉の殿堂だ――メニューには、ポークベリーキャンディ［豚バラ肉の甘煮］、コラードグリーン・ハムホック［豚スネ肉をキャベツの仲間のコラードと共に煮込んだもの］、ベーコン入りデビルドエッグといった料理が並ぶ。第二位は、チキンステーキで知られる南部風カフェ。第三位は、「フランクリン・バーベキュー」で、表面が完璧にカリカリになった牛肩バラ肉の厚切りスライスをほおばるために、人々は何時間も列を作る。

ここまでくれば、第一段階でレシピを要素に分解して溜め込んだデータと、レストランに関するＹｅｌｐの評価のデータを合体させればよい。すると、あら不思議、統計分析に必要な資料のできあがりだ。さて、ジャルディニエーラを出すようなレストランは、高い評価を得ているだろうか？

ちょっと待った！　異議の声が一斉に上がり、どんどんけたたましく鳴り響く。ポークベリーキャンディですって？　チキンステーキだなんて！　牛肩バラ？　ヴィーガンたちが言うように、Ｙｅｌｐの評価には、大切にしたほうが良いかもしれない食物に関する価値観、たとえば、倫理的な理由から肉食に抗議するような価値観は反映されていない。また、眼鏡をかけた情報通が不満を鳴らすように、大衆マーケットの満足度を優先させることは、創造的であろうとすることとは真逆の方向性だ。そして社会学者が注意を促すように、匿名でインターネットに書き込みをすることに時間を費やすような人たちは、真に顧客を代表するサンプルではないのだろう。

そこで、別の選択肢を考えてみよう。Ｙｅｌｐの評価の代わりに、レストランの収益のほうがより良い尺度になるのでは？　「パーフェクト・テン・メンズクラブ」［テキサス州有数の高級ストリップ・クラブ］は、食事とアルコールを提供するオースティンの他のどのビジネスよりも多くの金をかき集めているが、この店に通う人たちは、料理以外の何かが目当てなのではないかと私は疑っている。レストランの質に関しては、専門家の意見のほうが良い尺度になるのでは？　「コンデナスト・トラベラー」誌の上位二十のリストには、私が個人的に気に入っているレストランがいくつか含まれている。しかし、この場合もやはり、中年の大学教授の食べ物の好みは、あまり一般化できないかもしれない。

抗議の声が言っていることは正しい。尺度をどう決めるかは重要なポイントだ。レシピ本の中のどの単語が「最善の」レストランと関連するかは、何をもって「最善」とするかの定義による。専門家の意見は、エキゾチックな食材（ウニのペーストとか）を拾うかもしれない。一方で、収益の多さは、安い原材料を使い、技術や訓練のない労働者が調理してもそれなりに仕上がるような料理を拾うかもしれない（あるいは、料理がテーブルに乗っているあいだ、客は裸同然のダンサーを見ているという状況を拾うかもしれない）。

　心理学では、このような測定問題について考えることに多くの時間を費やす。心理学者には研究してみたい理論的実体、すなわち「構成概念」がある（たとえば、人々はあるレストランでどれぐらい楽しい経験をしているか、など）。次に、その構成概念に対し、意味のあるやり方で数を付随させる方法を考え出す必要がある。どんな測定方法が最善だろうか？　測定問題の中には、あっさり答えが出るものもある。たとえば、身長なら、［アメリカでは］インチで測定すればよい。しかし、われわれが興味を持つ構成概念には、言葉ではうまく表せないものも多いし、その構成概念そのものがしばしば論争の種にもなる。幸せを測る単位とは何だろうか？　頭の良さとは何を意味しているのだろうか？　何がレストランを良いレストランにするのだろうか？

　どんな方法を使うにせよ、レストランの質を定量化しようとすることそのものに反発を感じる人もいるかもしれない。料理は果てしなく多種多様だ。ある町のレストランでの一場面という、感覚的な経験と文化的な経験から織りなされるタペストリーのようなものを、たったひとつの数値に還元できるものだろうか？　それと同じことは、遺伝学研究の文脈でも言える。知能やパーソナリティーを測定することに、人々はしばしば異議を唱える。人間もまた、果てしなく多種多様だ。人はそれぞれに性格も違えば才能もさまざまだというのに、そのすべてをたったひとつの数に還元できるものだろうか？

　この問いに対する短い答えは、「還元できない」だ。しかし幸いなことに、人間を測定するにしろ、レストランを測定するにしろ、測定の目標は「還元」することではない。測定は、出来事や特性に数を割り当てるためのプロセスであり、定量化することは、あらゆる科学にとって本質的に重要だ。測定できないものについては、何にせよ科学的な研究はできない。あるレストランに関するＹｅｌｐの評価は、その店が一番大切にしている価値を表してはいないだろうし、レストランが誰かのお気に入りの場所になるかどうかは、インターネット上で匿名の人たちが与えた星の数とは関係ないかもしれない。しかし、レストランの価値や興味深い点はすべてＹｅｌｐの評価に還元できるという考えを心の底から拒否するとしても、その評価を、あるレストランでの食事をどれぐらい多くの人たちがおおむね楽しかったと言っているかを知るための、粗くはあるが役に立つ尺度と考えることはできる。

　とはいえ、Ｙｅｌｐの評価を役立てるためには、その評価の欠点と限界をはっきりと見定める必要がある。Ｙｅｌｐの評価を使ってレストランを測定する研究は、そのレストランでの食事は楽しいと言っている人がどれぐらいいるかを知るための不完全な尺度を与えてくれるが、結果として得られた「良い」レストランの順位は、「良い」料理とは何かということについての、ある人物の価値観を反映してはいないかもしれない。

　私は「心理学入門」の講義で、心理学の研究について次のように語るよう学生たちを指導している。「この研究は構成概念Xに関するもので、Yによって測定される」と。たとえば、「この研究は幸福に関するもので、今日、あなたはどれぐらい幸福だと感じているかという質問に、数値で答えてもらうことによって測定される」とか、「この研究は社会不安に関するもので、無表情な審査員の前で短いスピーチをするよう求められたときに、唾液中のコルチゾールがどれだけ増加するかによって測定される」といった具合だ。この練習に私が期待しているのは、学生たちが、たとえば幸福や不安のような抽象概念はどのように測定されるのかという点に注意を向けてくれること、そして、それらの測定方法にはどんな欠点があるのかという点にも関心を持ってくれることだ。

結局、科学的な研究をするためには測定を行わなければならず、測定は、時間と金によって現実的な制約を受けるということだ。以上を踏まえ、われわれの研究、すなわちＹｅｌｐの評価の平均によって測定されたレストランの質に関するレシピ本ワイド関連解析に戻ろう。何百万という相関を次から次へと調べた結果、レストランにより異なるレシピの要素のうち、Ｙｅｌｐの評価と相関するのはどれだろうか？

この研究の結果として、雑多な買い物リストのようなものが得られるだろう。リストの各項目には、Ｙｅｌｐの評価とどれだけ強く相関しているかを示す小さな数が添えてある。甚大な影響のある深刻なレシピの書き間違い、たとえば砂糖の代わりに塩と書いてあるような間違いは非常に稀にしか起こらず、実際上ないと言っていいほどだ。もしもあるレストランが塩を使わない料理を出していたなら、その店は、あなたのデータベースに入るほど長くは商売を続けられないだろう。

むしろこの分析が拾うのは、小さくはあるが一貫して見られるパターンだ。それらのパターンが、あなたが事前に持っていた直観のいくつかを裏づけることもあるだろう。シェフのマリオ・バターリが言ったように、「クリスピー」という言葉を使えば、たいがいの料理は売り上げが伸びるのかもしれない。あるいは、もしかするとこの分析で得られた結果から、それまで誰も考えたことのなかったパターンが浮かび上がるかもしれない。結果として得られた相関は、それが意外なものか、そうでないかにかかわらず、きわめて小さなものになるだろう。「ワッタバーガー」〔テキサス州サンアントニオに本社を置く、ハンバーガーを主力とするファストフードチェーン〕と「シェイク・シャック」〔ニューヨーク州ニューヨークに本拠を置く、ミルクシェイクやハンバーガーを主力とするカジュアルファストフードレストラン〕の違いは、おそらく、どれかひとつのレシピに含まれるひとつの単語に還元できるようなものではない。

しかし、われわれのレシピ本ワイド関連解析がどんな結果になるかによらず、いくつか明らかなことがある。その結果は、レストランの環境――座席、音楽、照明、立地、店内装飾――は、人々のレストラン経験にとって重要ではないということを意味しない。また、知らない人が匿名でローカルビジネスの評価をするウェブサイトが良いものかどうかや、その評価が公正かどうかについても何も教えてはくれない。Ｙｅｌｐの評価があなたの倫理的価値観や美的価値観に合うかどうかや、レストランはどのように運営されるべきかについても何も教えてはくれない。そして、これは断言できるが、料理の仕方を教えてはくれない。この研究の結果が教えてくれるのは、単に、何らかの尺度で「高い」か「低い」かに分類されたレストランで、レシピによく使われている要素は何かということだ。

■ レシピ本ワイド関連解析からゲノムワイド関連解析へ

今説明したレシピ本ワイド関連解析は、ゲノムワイド関連解析（ＧＷＡＳ、「ジーワス」と読む）の仕組みと基本的には同じだ。レシピ本ワイドな分析では、レシピ本に含まれる個々の単語と、レストランの測定可能な特徴との相関を調べるが、ＧＷＡＳはそれと同様、ゲノムを構成する個々の要素と、人々の測定可能な特徴との相関を調べる。ゲノムのレシピ本に含まれる要素としてもっともよく分析されているのが、一塩基多型だ（SNPs、「スニップス」〔単数形は「スニップ」〕と読む）。

DNA分子は、糖を含む二本の鎖からなり、四種のヌクレオチド――グアニン（G）、シトシン（C）、アデニン（A）、チミン（T）――が互いにペアになって、ファスナーを締めたように噛み合っている。SNPは、人々のあいだの遺伝的差異で、ある人はゲノムの特定の場所（座位）に、あるヌクレオチドを持ち、別の人は別のヌクレオチドを持つ。あなたはその場所にGを持っているかもしれないし、私はTを持っているかもしれない。SNPの異なるバージョンを、「アレル」と呼ぶ。典型的には、一方のアレルが、他方のアレルよりありふれている。調べている集団の中で、よりめずらしいほうのアレルを、「マイナー」アレルと言う。誰しもすべての遺伝子をふたつずつ持っているから（ひとつは母親から、もうひとつは父親から受け継いだものだ）、SNPごとに、マイナーアレルがいくつあるかを数えることができる（その数は〇か一か二だ）。GWASは、何千人もの人たちについて何百万ものSNPsを測定し、それぞれのSNPとひとつの「表現型」――身長、BMI、教育を受けた年数など、ひとりの人間について測定可能なもの――との相関を調べる。

何百万ものSNPsといえども、人々のあいだに存在する遺伝的多様性のプール全体からすればほんの小さな一部分にすぎない。それでも、GWASがゲノムの小さな一部分だけから得られたデータを解析しておおむねうまくいくのは、測定された個々のSNPが、人により異なる他の多くの遺伝的バリアントを「タグ付け」しているからだ。「コショウ」という言葉が含まれるレシピには、「塩」という言葉も含まれているだろうと考えるのは妥当だ（コショウと塩の関連を「推測する」と言う）。同様に、あるSNPを持つ人は、その近くに他の遺伝的バリアントがあるかどうかについての情報を推測できることが多い。もしもある人がある場所に「C」を持つなら、そこから近い別の場所に「T」を持つだろうというのが、しばしば合理的な判断になるのである（少数の人たち、または少数の家系にしか起こらない稀な遺伝的バリアントでは、他のSNPにほとんどタグ付けされていないことが多い）。

遺伝的バリアントをひとつ測定するだけで、その他のバリアントをいくつもタグ付けできるのは、卵子と精子の作られ方のおかげだ。人間と細菌の生殖の違いを思い出そう。DNAの文字をひとつずつ複製して分裂するだけの細菌とは異なり、われわれは有性生殖をする。つまり、われわれは精子または卵子を作り、自分のDNAのうちの半分を封入する。ひとりの人間を作るために必要なゲノムの残り半分は、他方の親から来る。しかし、われわれの体は、もとの染色体をそのまま封入するのではない。その代わりに、減数分裂の過程で「組み換え」を行う。私は、母親から受け継いだ染色体と、父親から受け継いだ染色体を、それぞれ二十三本ずつ持っている。それらペアになった染色体同士が隣り合って並び、いくつかの部分を交換するのだ。この組み換えの過程で、実際に遺伝的バリアントが組み換えられて、新しく生じた一対の染色体は、どちらも以前とは異なる、まったく新しい組み合わせになったバリアントを持つことになる。

この組み換えのプロセスが、グレゴール・メンデルが数学的な仮説にもとづいて作った「独立の法則」の生物学的な基礎である。この法則は、遺伝子Aのあるバージョンを受け継ぐ可能性と、遺伝子Bのあるバージョンを受け継ぐ可能性は、独立だと述べている。

ただし――ここが重要なところだ――遺伝子Aと遺伝子Bが、ゲノム上で物理的に近い場所にある場合は、その限りではない。組み換えは、父親由来の染色体と母親由来の染色体というトランプ・カードをシャッフルするようなものだが、そのシャッフルの仕方があまりにも雑なので、カードが元のままの並びで残る部分が生じる。遺伝子同士が物理的に接近していれば、そのあいだのどこかで組み換えが起こる可能性は低い。遺伝子同士が物理的に非常に接近していれば、組み換えのシャッフルで離れ離れになるより、元のまま残る可能性が高い。物理的に接近しているために、元の並びのまま一緒に受け継がれる可能性が高い遺伝子同士は、「連鎖」していると言う。連鎖している遺伝子は互いに相関している。この現象を、「連鎖不均衡」（linkage disequilibrium：LD）という。

ヒトゲノムのLD構造を理解することは、多くの目的にとって非常に有用であることがわかっている。GWASで、ゲノムの測定効率が上がることもそのひとつだ。しかし、GWASで、たとえば、ある特定のSNPが上の学校に進むことと関連しているのが発見されたとしても、その関連が、測定されたSNP自体によって引き起こされたのか、それとも、測定されたSNPが、測定されなかったどれかの遺伝的バリアントと一緒に受け継がれているために生じた信号なのかは明らかでない。

GWASの結果について考えるひとつの方法は、それらの結果を、遺伝学的な「宝の地図」だと想像してみることだ。地図上に書き込まれたX印は、宝のありかを示している。地図を手に入れた今、海賊の黄金は、ある無人島の南西部にあることがわかった。ところが実際にその島に上陸してみると、ツタや樹木の生い茂ったジャングルを藪漕ぎしながら苦労して歩き回らなければ目的地にたどり着けない。その骨の折れる作業が、ＧＷＡＳの次のステップの「ファインマッピング」［さらに領域を絞り込んで詳細な地図を作り、実際に関連するバリアントを突き止めるプロセス］だ。

本章の冒頭で話した、大学を卒業するかどうかに関連する三つの遺伝的バリアントを見出した二〇一三年の研究は、ＧＷＡＳだった。そして、ＧＷＡＳは人々のゲノムのレシピ本を信じられないほどおおざっぱに読む方法だと考えれば、その研究の結果を直観的に理解しやすくなる。教育に関する遺伝学的研究と、われわれの仮想的なレシピ本ワイド関連解析とのあいだには、考えるに値する重要な平行関係がいくつかあるのだ。

第一に、人が正規の学校教育を受けた年数として定義される学歴は、レストランに対するＹｅｌｐの評価とかなり似ている。ひとつには、どちらの尺度も現実的な影響力を持つこと。Ｙｅｌｐの評価が低いレストランは商売を続けられる可能性が低く、大卒の学歴を持たない人は雇用される可能性が低い。ふたつ目の類似点は、どちらの尺度も、われわれが大切にし、価値を置いている特徴のすべてを十分には表していないということだ。評点が高くても、不愉快な特徴を持つこともある。Ｙｅｌｐの評価が高いレストランは、気持ちの良い環境で美味しい料理を提供するから高い評価を得ているのかもしれない。しかしもしかするとそのレストランは、工場畜産で生産された肉を使って観光客向けの料理を出し、より魅力的な地元のレストランを駆逐している全国チェーンの店なのかもしれない。学歴の高い人は、頭が良くて、好奇心旺盛で、努力家だから学歴が高いのかもしれないし、周囲に合わせるのが得意で、リスクを避け、ひそかに執念を燃やすタイプだからなのかもしれないし、根強いバイアスのある社会において有利な特徴（美貌、長身、細身、肌の色が白い）を持つからなのかもしれない。ある教育システムにおける成功と相関しているものを調べる研究は、そのシステムが、良いものか、フェアか、正しいかを教えてはくれないのだ。

　第二に、誰が教育システムの頂点に上り詰めるかは、文化や時代により異なるということだ。レシピ本ワイド関連解析は、ニューヨーク市のマンハッタンで評価の高いレストランとテキサス州オースティンで評価の高いレストランとで、別の要素が評価と相関しているのを見出すかもしれない（デリーや上海のレストランとなればなおさらだろう）。同様に、たとえば、一九七〇年以降に生まれたアメリカ人男性の学歴ＧＷＡＳは、その集団の中ではたしかに教育と関連する遺伝的バリアントを見出すだろう。しかしそれと同じバリアントが、たとえば、高等教育における性差別が非合法化される前に大学入学年齢に達したアメリカ人女性の集団でも、やはり学歴と相関するかどうかは、まだ答えのない問題だ。文脈によって結果が異なるからといって、Ｙｅｌｐの評価が、そのレストランをどれぐらいの人が気に入っているかを知るための尺度として致命的な欠陥を持つとは言えないのと同じく、ＧＷＡＳが何の役にも立たないということにはならない。しかしこの文脈依存性は、ある時代のある場所について設定された尺度で測定された結果を、どの時代のどの場所にでも当てはめるわけにはいかないということを意味してはいる。

　第三に、ＧＷＡＳの結果は、環境は教育にとって重要ではないということを意味するものでは断じてない。そもそもＧＷＡＳは、環境に関係することはいっさい測定していないのだ。

　第四に、レシピ本の自動解析は、われわれがレストランでの社交という経験を「成分のレベルで」理解したことを証明するものではないのと同じく、ＧＷＡＳは、それ単独では、われわれが教育を「ＤＮＡのレベルで」理解したことを証明するものではない。

第五に、ＧＷＡＳで検出される相関は、非常に、非常に、非常に、非常に小さい。そしてその相関性は小さいものであるはずなのだ――「ワッタバーガー」と「シェイク・シャック」との違いは、ひとつのレシピの中のひとつの単語に還元できるようなものではないし、博士号を取得した人と高校をドロップアウトした人との違いは、ひとつのＳＮＰに還元できるようなものではない。学歴に関連づけられた個々のＳＮＰは、せいぜい大きくても、数週間ばかり余計に教育を受けることに相当するぐらいの関連性しか持たないし、大半のＳＮＰｓの関連性はそれよりずっと小さいのだ。

第六に、レシピ本ワイド関連解析の結果は料理の仕方を教えてはくれないのと同じく、ＧＷＡＳの結果として得られたゲノムの成分（ＳＮＰｓ）のリストは、これらの成分が組み合わさって複雑な成り行き（アウトカム）［学歴など］になるメカニズムを教えてはくれない。

■ 悪夢のような話なのか、取るに足りない話なのか？

一個のＳＮＰの関連性がほとんどないに等しいほど小さいことや、「意味のある」関連性が、測定されたＳＮＰそれ自体によって生じたものなのか、そのＳＮＰに「タグ付け」された別の遺伝的バリアントによって生じたものなのかさえ容易にはわからないことを考えると、学歴についての遺伝学的研究は、もはや悪夢のようには思えなくなる。むしろそんな研究は、レシピに出てくる言葉とレストランのＹｅｌｐの評価との相関を調べる研究と同じぐらい意味のない、取るに足りないものに思えてくる。ＳＮＰの rs11584700は、あなたの遺伝的運命などではない。そのバリアントの影響だけでは、大学一年生の前半にさえ進めないだろう。そのため、なぜそもそもGWAS研究をやるのかと不思議に思う人は多い。一個のSNPが教育に及ぼす効果の大きさに焦点を絞るなら、GWASは時間と金の無駄遣いだからやめてしまえと言うのは簡単だ。

実際、GWASをそのように見る人たちはいる——GWASは恐ろしいとか、優生学的だとかいうのではなく、やるだけ無駄だというのだ。たとえば、私の博士課程アドバイザーだったエリック・タークハイマーは、GWASの価値について懐疑的なことで有名だ。二〇一三年のこと、もの言うタイプの行動遺伝学会会長だった彼は、年会の晩餐会の場で、今では悪名高いスピーチをした。マルセイユの空はピンクがかった黄金色に染まり、人々はラウンジジャケットやパーティードレスに身を包み、あたりには陽気な気分が満ちていた。そのときエリックが壇上に上がり、GWASは、音楽の良し悪しを理解しようとしてCDの溝を調べるようなものだと言ったのだ。何百万ドルもの資金をGWASにつぎ込み、人生のうち何年も費やしてその研究に取り組んで来た科学者たちが聴衆だったのだから、エリックのスピーチが好意的に受けとめられるはずもなかった。

しかし私は、とくに驚きはしなかった。なぜならエリックのその論法のあるバージョンを、私はすでに何度も聞かされていたからだ。そして二〇一三年の時点では、私もおそらく（内心では）彼と同じ意見だったと思う。毎年毎年、興味深い人生の成り行き（アウトカム）と関連する遺伝子を見出す努力に関する講演ばかり聞かされていたが、結論はたいてい同じだった——「われわれは今のところはまだ何も見出していませんが、もっと多くの人を研究に含められるようになれば、きっと成果が上がるでしょう！」。

金のかかった失敗作のような結果が次から次へと発表されていたのに加え、私が習得に十年を費やした行動遺伝学の伝統的な道具（双子研究と家系研究）が、ゲノムの方法によって——正直に言おう——不当に利用されているように思えたことへの怒りとあいまって、私はエリックの意見に賛成していた。人間の行動はあまりにも複雑だ。CDの溝を研究したところで、ドビュッシーについて何がわかるというのだろう。レシピ本ワイド関連解析をやったところで、良いレストランを良い場所にしているものが何かがわかるはずもない。人生をSNPsと関連づけたところで、現実の人生について何もわかりはしない、と。

しかし、エリックと私は間違っていた。

■ポリジェニックスコアと、人生の成り行き（アウトカム）の予測（不）可能性

では、いったい何が、GWASを価値あるものにしているだろうか？　それを知るためには、すでに話した「一個のSNPと学歴との関連性は、非常に、非常に、非常に、非常に小さい」という事実がヒントになる。関連性が小さいのは当たり前だと思うかもしれないし、それ以外はありえないとさえ思うかもしれない。しかしそれは、地球上の何千人もの科学者たちの予想を裏切る結論だったのだ。二〇〇〇年代初頭にGWASの方法論がはじめて作られたとき、多くの科学者は、統合失調症や自閉症のような現象は、十個かそこらの遺伝的バリアントによって引き起こされているのだろうと予測していた。

もしもそれが本当なら、わずか数千人ほどを調べれば、ゲノムはその秘密をあっさりと明かし

ただろうし、個々の遺伝子の効果は比較的大きかっただろう。しかし、そんな初期の予測は喜劇的なまでに甘かったことが明らかになったのだ。統合失調症、自閉症、うつ病、肥満、学歴は、ひとつの遺伝子に関連しているのではない。関連するＳＮＰｓは十個ですらない。これらはポ
リ
ジ
ェニックなのだ――つまり、人のゲノム全体に散らばる、何千、何万というＳＮＰｓと関連しているのである。

そんな途方もないポリジェニック性がもっとも明らかな例は、身長かもしれない。前章で述べたように、バスケットボール選手のショーン・ブラッドリーのような人たちの身長があれほど高くなりうるのは、身長をより高くさせる遺伝的バリアントを非常にたくさん受け継いだからだ。身長はあまり面白みのない形質だと思うかもしれないが、遺伝統計学の分野ではよく調べられている。身長は高い精度で容易に測定することができる。そして身長は、遺伝の影響が大きい。さらに、身長はたいていの生物医学研究で測定されるため、研究者たちは非常に多くの人たちのサンプルを集めて利用することができる。そしてまた、身長に遺伝の影響があることについては論争がないため、科学者が自分たちの数学的モデルを実際に当てはめて調べてみるのにも都合がいいのだ。

ある数学的モデルを使った計算によると、身長と小さな関連性を持つかもしれないＳＮＰｓは十万以上に及ぶという。[9] その計算結果にもとづき、論文の研究者たちは、「オムニジェニック・モデル」と呼ぶものを提案した。「オムニ」とはもちろん、「すべて」という意味だ。すべての遺伝子が関連している。より正確には、調べているものに関係する体組織の中で、遺伝のレシピが読み取られて発現している遺伝子すべてに関連しているということだ。身長に関係する体組織に

は、下垂体（成長ホルモンを作る内分泌腺）や骨格系などがある。もしもあなたが教育について研究しているのなら、それに関係する体組織は脳だ。[10]成り行き［身長や学歴など］が、よりポリジェニックになればなるほど、雑音から信号を選り分けるためには、より多くの人たちを調べる必要がある。身長のように、見ればわかる単純な形質でさえポリジェニックだというなら、社会性や行動にかかわる人間の特徴となれば、もっとポリジェニックだとは言わないまでも、身長と同じぐらいにはポリジェニックだと予想したほうがいい。本章のはじめのほうで取り上げた研究、すなわち、学歴のポリジェニック性をまじめに受け止めた最初の研究は、当時としては衝撃的に多い十二万六千五百五十九人もの人たちを調べて、学歴に関連するＳＮＰｓを三つ見出した。その同じ研究グループはその路線をさらに推し進め、三年後の二〇一六年に発表した二番目の研究では、二十九万三千七百二十三人の人たちを調べて、意味のあるＳＮＰｓをゲノムワイドに［ゲノム全体から］七十四個見出した。二〇一八年に発表された三つ目のフォローアップ研究では、百十万人の人たちを調べて、意味のあるＳＮＰｓをゲノムワイドに千二百七十一個見出した。[11]もしもその研究に十分な数の人たちが含まれてさえいれば、学歴のような複雑な成り行きでも、確実に関連性があると言えるＳＮＰｓを見出せるというＧＷＡＳの予想は正しかったことが示されたのである。

　何千というバリアントがひとつの形質に関与しているとき、それぞれのバリアントの小さな相関が足し上げられて、人々のあいだの意味のある違いになる。そしてそれは、研究者たちが実際にやっていることでもある――すべてのＳＮＰｓに関する情報を足し上げて、ひとつの数にするのだ。より具体的には、ＧＷＡＳを行うと、目的の表現型（この場合は学歴）と測定された個々

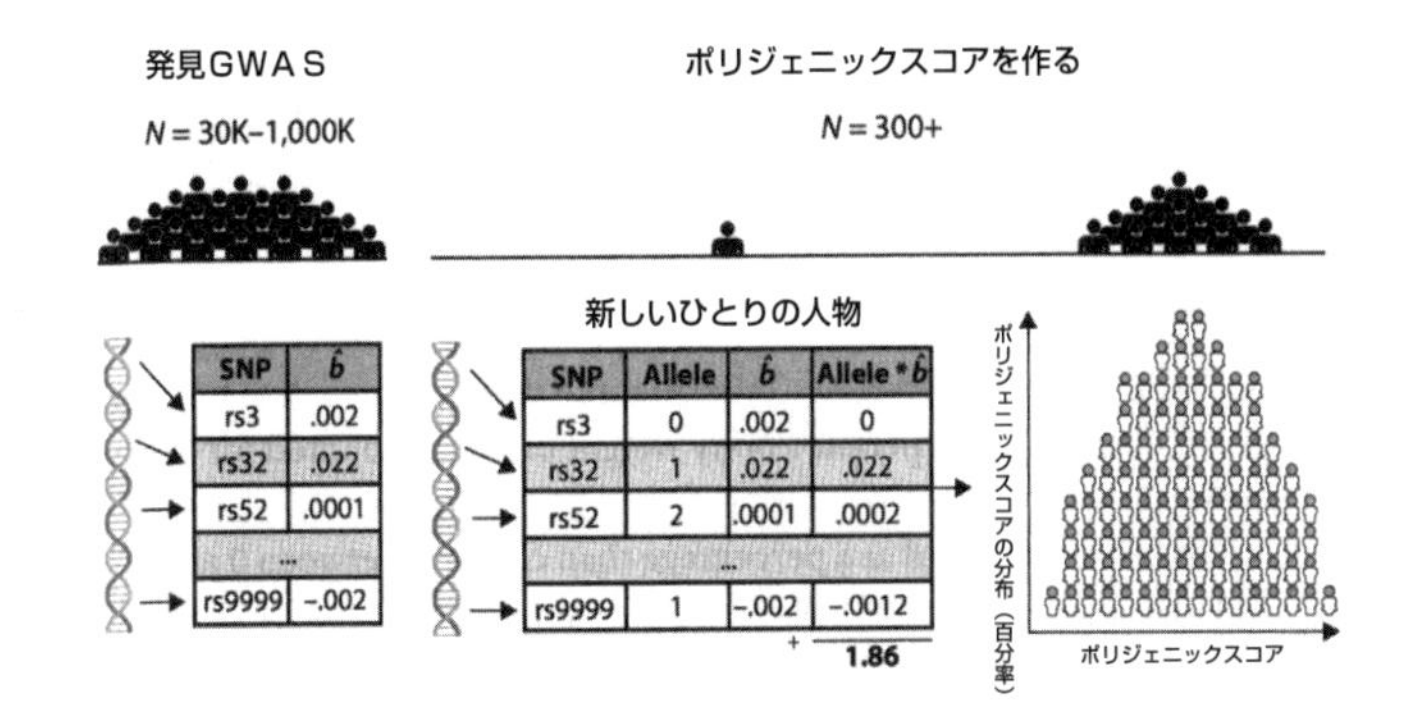

〈図3・1〉 各人のＳＮＰｓと、ひとつの表現型［ここでは学歴］との相関は、大きなサンプルサイズ［研究に含まれる人数］を持つ「発見ＧＷＡＳ」で評価される。ＧＷＡＳでは、サンプルサイズは数百万人を超えることが多い。このリストが得られたら、次に、新しいひとりの人物のＤＮＡが測定される。この人物のゲノム中で、それぞれのＳＮＰごとにマイナーアレルの数をかぞえ（0、1、2になる）、発見ＧＷＡＳで求めたＳＮＰと表現型との関連性の大きさ（b̂）と掛け合わせる。［この積（マイナーアレルの数 ×b̂）を、すべてのＳＮＰｓについて足し上げたものが、］その人のポリジェニックスコアだ。大勢の人についてポリジェニックスコアを求めれば、その分布は正規分布になるだろう。つまり、ほとんどの人は平均的な値のポリジェニックスコアを持つが、非常に低い値、または高い値を持つ人も少数ながらいるだろう。

のＳＮＰとの関連性の強さを表す数が並んだ、長いリストが得られる。リストが得られたら、次にはそれを使って、別のグループの人たちのＤＮＡに、一種の成績（スコア）をつけることができる。その人たちは、教育に関連する遺伝的バリアントをそれぞれいくつずつ持っているだろうか？　その答えは、〇か一か二だ（どの遺伝子も、母親由来のものと父親由来のものがひとつずつ、合わせてふたつあることを思い出そう）。それぞれのＳＮＰの数［〇か一か二］に、学歴との関係の強さを表す数［b̂］を掛け合わせたものを、ゲノムワイドに測定されたすべてのＳＮＰｓについて足し上げる〈図3・1〉。

そうして得られた数が、「ポリジェニックスコア」だ。

右に述べた学歴GWASの研究者たちは、次に、新しい参加者のサンプルについて、学歴ポリジェニックスコアを計算した。その参加者たちは全員が、一九九〇年代に高校生だったアメリカ白人である。その集団の中で、ポリジェニックスコアがもっとも低い人たちでは、大卒の割合は十一パーセントだった。それに対して、ポリジェニックスコアがもっとも高い人たちでは、大卒の割合は五十五パーセントだった。この格差——大学教育を受けた人の割合が五倍になっている——は、つまらないことではけっしてない。

これまで私は、ポリジェニックスコアと学歴との関係の強さを、この指数が低い層と高い層とで、大卒者の割合がどれぐらい違うかという観点から説明してきた。それと同じ関係の強さを表す別の方法として、R二乗（R^2）——統計学者の言う「効果量」——を使うものがある。R^2は、あること〔体重や資産など〕が人々のあいだでばらついているとき、その人たちに関して測定しておいた別のこと〔身長や学歴など〕によって、そのばらつきをどの程度把握できるかを示す尺度だ。たとえば、体重は人により大きく異なる。そして身長が高い人ほど体重も重い。では、人々の身長を知ることによって、体重のばらつきをどの程度説明できるだろうか？

R^2は百分率で表され、〇パーセントから百パーセントまでの値を取りうる。身長と体重の場合であれば、もしもR^2が百パーセントなら、人により体重が異なる唯一の理由は、身長が他の人たちよりも高いか低いかだ。したがって、ある人の身長がわかりさえすれば、その人の体重はわかる。一方、もしもR^2が〇パーセントなら、人による体重の違いは、身長の違いとはいっさい関係がない。したがって、ある人物の身長がわかっても、その人の体重については何の情報にもならない。現実には、多くの場合において、R^2は、百パーセントと〇パーセントのどこか中間の値になる。アメリカでは、人々の体重の違いのうち、二十パーセントほどは身長の違いによって説明することができる。言い換えれば、人々の体重の違いのうち五分の一ほどは、身長を知れば把握できるということだ――しかし、身長が同じ人たちのあいだでも、体重にはまだかなりの違いがある。

　研究者たちがR^2の値について論じるときに使う言葉は、混乱と誤解のもとになっている。とくにやっかいな言葉がふたつある。ひとつは「説明」だ。R^2はしばしば「分散説明率」［分散（variance）は、分布の広がりを表す統計量のひとつで、偏差の二乗の平均に等しい］と言われる。しかし、私の考えでは、説明するということは、ふたつの事柄の相互関係について、もっとずっと深いレベルの理解を与えることだ。ところが、R^2の値は、科学的な説明はいっさい与えない。それは単に、ふたつの変数の値がどれだけ強く共起するかを数字で表したものにすぎないのである。

　やっかいな言葉のふたつ目は、「予測」だ。普段の会話で、天気や、選挙の結果や、証券市場の動きを「予測」できると言うとき、普通そこには、未来の出来事に関するそれらの予想はきわめて正確だという含みがある。それとは対照的に、研究者たちはしばしば「予測」や「予測因子」という言葉を、未来に関する自分の予測がきわめて不確かで、往々にして不正確であるときに使うのだ。身長と体重の例で言えば、私は人々の身長に関する情報を使って、その人たちの体重のばらつきを統計的に説明することができる。それが、身長は体重の「予測因子」だということだ。もしも私がある人物の体重を当てなければならない立場に立たされたとすると、その人物の身長を知っていたほうが、その情報を持たない場合に比べてマシな予測ができるだろう。しかし、同じ身長の人たちでも体重は人により大きく異なるから、どれだけがんばっても、私の予想はかなり不正確なものにならざるをえないだろう。

以上の情報を頭に入れたうえで、では、ポリジェニックスコアと教育の成り行きに対するR^2はどんな値なのだろうか？　高所得の国々に住む白人のサンプルで、学歴ＧＷＡＳから作られたポリジェニックスコアは、学校教育を受けた年数や、標準学力テストの成績、知能テストの得点のような成り行き（アウトカム）について、一般に、分散の十パーセントから十五パーセントほどを捉えている。[12]

十パーセントから十五パーセントを多いと思うか少ないと思うかは、人それぞれの見方によるところが大きい。私の経験では、十パーセントというR^2の値は問題にならないぐらい小さいとか無視してもかまわないとして、性急に評価を下してしまう傾向があるようだ。たしかに、R^2が十パーセントのときに、ポリジェニックスコアは人の未来をぴたりと言い当てる「占い師」のようなものだと言うのは間違いだろう。[13]〈図３・２〉には、ポリジェニックスコアが、人生の成り行きにおける分散の十パーセントほどを捉えている仮想的なケースのグラフを示した。横軸上の任意の点を選んで――つまり、ポリジェニックスコアの値をひとつ選んで――上下に点の分布を眺めれば、人生の成り行きにはまだ大きなばらつきがあるのがわかるだろう。この状況は、現実の世界のありようとも合致する。ポリジェニックスコアが平均的な値を持つ人たちの中にも、博士号を持つ人もいれば、高校を卒業しなかった人もいるし、その中間にはいろいろな人たちがいる。

ポリジェニックスコアはひとりの人物の人生をぴたりと言い当てる「占い師」ではないが、そんな指数には意味がないとか、無視できるとか言って、あっさり捨て去ることもできない。心理学者のデーヴィッド・ファンダーとダニエル・オザーが論じたように、R^2の値が「大きい」とか

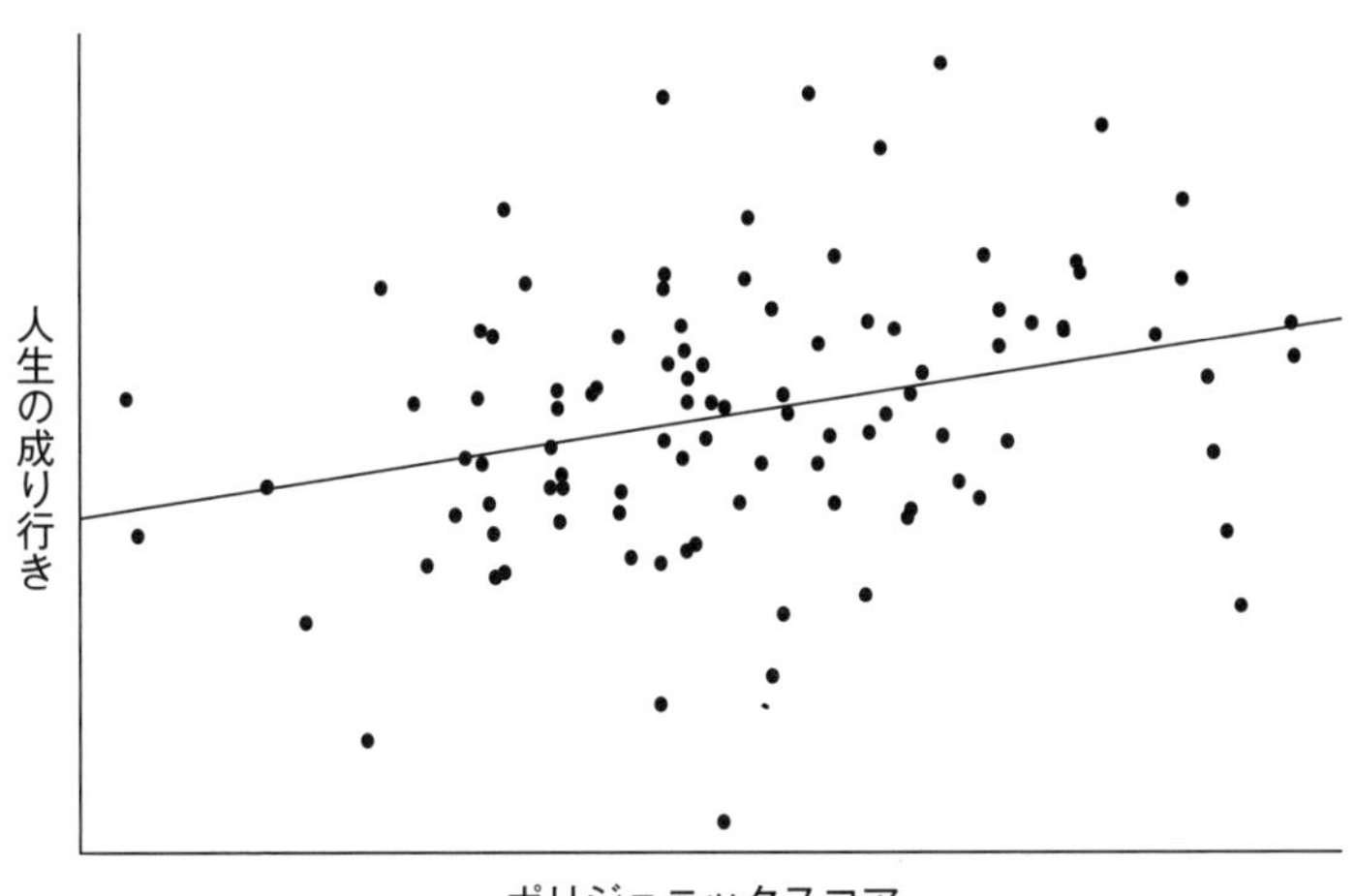

〈図 3·2〉 ポリジェニックスコアが、人生の成り行きの分散のうち、約 10 パーセントを捉えている仮想的な場合。横軸はポリジェニックスコア。縦軸は、学歴など、仮想的な人生の成り行き。各点はひとりの人間を表している。ポリジェニックスコアの各値に対し、人生の成り行きには大きなばらつきがある。

「小さい」とか言うときの判断に基礎を与えるためには、日常生活で出会う関係性の強さを比較してみるのがよい。[14] たとえば、抗ヒスタミン剤を投与すると、アレルギーの症状が緩和される傾向がある（R^2＝1％）。男性は女性よりも体重が重い傾向がある（R^2＝7％）。標高の高い場所は、気温が低い傾向がある（R^2＝12％）。そして、身長が高い人は、体重が重い傾向がある（R^2＝19％）。もうひとつ、社会格差の研究にとくに関係する例を付け加えておこう。裕福な家庭に生まれた子どもは、高い割合で大学を卒業する傾向がある（R^2＝11％）[15]。

　所得格差との比較はとりわけ胸が痛む。なぜなら、金のある学生がどれだけ有利かを、われわれは身に染みて知っているからだ。裕福な親は、子どもに玩具や本をたくさん買ってやれるし、子どもを良い学校に入れたり、放課後に絵画教室やロボット工学教室に参加させたりすることができる。家庭教師をつけてやったり、ＳＡＴ（大学進学適性試験）対策の予備校に通わせてやることもできる。裕福な家庭の学生は、大学を卒業するためにアルバイトをしなくてもよく、勉強に集中する時間を十分に取ることができる。富裕な家庭の子どもが、大学を卒業するよう「運命づけられている」のではない。大人になってからの社会階層が、親の経済状態によって百パーセント「決定」されるというのでもない。しかし、アメリカで大学教育を受ける見込みがもっとも高いのはどういう人たちで、もっとも低いのはどういう人たちかを知るためには、お金は重要なのだ。

比較のために今挙げたR^2の値の例は、思ったより小さいと感じられたかもしれない。ファンダーとオザーは共著の論文の中で、R^2の値がわれわれの予想よりも概して小さくなりがちなのには、三つの理由があると述べた。第一に――これがもっとも単純な理由だ――人間はひとりひとり大きく異なるということだ。説明すべきばらつきは大きいのである。

第二の理由は、交互作用する要因が多数ある結果として、人の生活は因果的に複雑だということだ。潜在的に関係を持ちうる要因が莫大な数にのぼるため、どれかひとつの変数だけでは、たとえそれが所得のように――そして遺伝のように――重要な変数であっても、人生の成り行きにみられる分散の、ほんの小さな一部分以上を説明できると期待するのはおよそ現実的ではないのだ。ファンダーとオザーの言葉を借りるなら、「研究者はみな、自分の期待を少しばかり（あるいは大幅に）引き下げるべきなのかもしれない」[16]。

いかなる変数についても――その変数が環境に関するものか、遺伝に関するものかによらず

――研究者は自分の期待を引き下げる必要があるということを思い知らされたのが、最近行われた「フラジャイル・ファミリー・チャレンジ」という取り組みだった。それは、「壊れやすい家族と子どものウェルビーイング［身体だけでなく精神面や社会面も含めた、満足できる生活状態］調査研究」という現在進行中のプロジェクトの副産物として企画されたもので、母体となるプロジェクトには、子どもの発達の研究のために、子どもが生まれた時点で募集された四千以上の家族が参加している。その後、子どもたちが、一歳、三歳、五歳、九歳、十五歳になった時点で、多くの変数について測定が行われてきた。両親、教師、そして最終的には子ども自身を対象として、さまざまな変数が調べられる。たとえば［母親に対しては］、「子どもの健康と発達、父親と母親との関係、子どもに対する父親のかかわり、結婚に対する態度、親戚との関係、環境要因と政府のプログラム、健康についての考え方と行動、人口統計学的な特徴、教育と雇用、所得」などが調査され、［子どもに対しては］「親の監督、親との関係、親によるしつけ、きょうだいとの関係、生活習慣、学校、少年非行、作業の完遂と行動、健康と安全」などが調査される。[17] 言い換えれば、研究者たちが子どもの環境と発達について調べてみたいと考えそうな、ありとあらゆることが調べられてきたのである。

　このプロジェクトの担当者たちは、十五歳の時点で測定されたデータを公表する直前になって、ある取り組み（チャレンジ）を思いついた。科学者たちのチームに対し、好きなだけたくさんの変数と、好きなだけ高度な統計方法を使ってよいという条件のもとで、十五歳になった子どもたちの成り行き（アウトカム）を予測してみてほしいと呼びかけたのだ。最終的には、百六十組以上の研究者チームがこの呼びかけに応じた。それぞれのチームには、ひとりの子どもとその家族について、一万二千の変数に関するデータが提供された。その結果は、鼻柱をへし折られるようなものだった。現時点で最善のモデル——子どもが生まれて以来継続的に測定されてきた何千もの変数を組み込めるモデル——を使って予想できたのは、十五歳の時点での学業成績の分散のうち、わずか二十パーセントにすぎなかったのだ。「フラジャイル・ファミリー・チャレンジ」の企画担当者がその結果を発表する言葉には、複雑な人生を研究するときには謙虚さが必要だという、ファンダーとオザーの言葉がこだましていた。「われわれの予測能力を使って、われわれ自身の理解の程度を測定したとすれば……子どもの発達と人生の成り行きに関するわれわれの理解は、きわめて乏しいという結果になりそうだ[18]」。

このように、人生の成り行きと遺伝との関連性が「強い」とか「弱い」とか論じるときにはつねに、研究者は次の事実を肝に銘じなければならない。すなわち、子どもの学校の成績のような複雑なものを研究するときには、どんな変数、ないし変数の集合も、それほど大きなR^2の値を持つことはないということだ——研究者たちに想像できるかぎりのあらゆる環境的な［遺伝的ではない］側面を測定した場合でさえ、R^2の値は非常に小さいのである。

とはいえ、小さなR^2でも、大きな意味を持つことはありうる。R^2の値が、われわれが思う以上に小さいことが多いのはなぜかを理解するために、ファンダーとオザーが与えた三つ目の理由は、小さな効果も、あの人にもこの人にも、何度も繰り返し起これば、積もり積もって大きくなりうるということだ。小さくても組織的に作用する所得の効果は、積もり積もって大きくなると考えることにわれわれは慣れている——裕福な家庭は、教育がたどる道のりのいたるところで、金の力で少しだけ子どもを後押ししてやり、子どもたちがなんらかの結果（アウトカム）（テストで良い成績を取るとか、レベルの高いクラスに入るとか、難関校に入学するなど）を経験する可能性をほんの少し高めてやる。そのプロセスが何百万という家庭で繰り返し起こることで、教育格差に無視できない社会的パターンが生じる。DNAもそれと同じく、子どもの人生に系統的に働きかける力として、教育の軌跡のいたるところで、子どもたちをほんの少し後押ししているのかもしれない。そして、DNAのバリアントをある組み合わせで持つことの恩恵が、集団の中の何百万という家族で繰り返されて積み重なり、この場合もやはり、教育格差に無視できないパターンが生じるのかもしれない。長い目で見れば、小さく見える効果も意味を持ちうるのだ。

ポリジェニックスコアは、社会格差を研究するうえで重要だとすでにみなされていた変数――たとえば家庭の所得など――に「匹敵」する統計的結果を出せることがわかって、私はGWASの価値に関する考えを変えた。rs11584700と名づけられたSNPが、一日ほど長く学校に行くことに相当する関連性を持つと知ることとそれ自体は、とりたてて価値のあることではないかもしれない。しかし、ポリジェニックスコアがもっとも高い層の学生と、もっとも低い層の学生の教育の成り行きの違いが、もっとも裕福な層の学生ともっとも貧しい層の学生の違いと同じぐらい大きいとなれば、ポリジェニックスコアには間違いなく価値がある。これから見ていくように、ポリジェニックスコアに関するこの展開は、研究の可能性に新たな眺望を切り開くものだ――そしてそれと同時に、研究結果の解釈にまつわる新たな問題が、雪崩をなして押し寄せてくるのである。

続く各章では、そんな新しい問題にひとつずつ取り組んでいこう。ポリジェニックな関連性は、果たして原因なのだろうか（第五章と第六章）、遺伝子はいかなるメカニズムで、教育のような複雑なものに影響を及ぼすのだろうか（第七章）、教育の成り行きを変えることは可能なのか、そしてもしもそれが可能なら、これらの遺伝学的研究の結果には意味があるのか、意味があるとして、それはどんな意味なのだろうか（第八章）。

しかし、これらの問いに取り組む前に、ひとつ考えておかなければならないことがある。読者はすでにお気づきかもしれないが、私がこれまで説明した研究はすべて、白人を自認する人たちだけからなる集団に関するものだった。遺伝学研究が教えてくれるのは、人種については均質な集団内の個人差に関することなのだ。しかし、一方で、教育や所得の格差の中でもとくに大きいのは、人種グループ間にみられるそれだ。第一章で簡単に触れたように、これまで説明してきたような遺伝学的研究の結果が、集団間の差異の原因について情報を与えてくれると考えるのは、重大な誤りなのである。しかし、なぜ誤りなのだろうか？　次章では、この問いについて考えよう。

第四章　祖先(アンセストリー)と人種

学部学生向けの心理学入門のクラスで記憶について話すとき、私は学生たちに向かって、これから読み上げる一連の単語を覚えておいてくださいと言う。その単語のリストには、「夢」「ベッド」「休息」などが含まれている。リストの読み上げが終わったら、次に、今記憶した単語を書き出してくださいと言う。すると学生たちは、ほぼ例外なく、「眠る」という単語を聞いたと（誤って）記憶しているのだ――私は「眠る」という単語はけっして読み上げてはいないのだが。「眠る」という観念が脳の中で活性化されるのは、同じ意味ネットワークの中の他の単語、すなわち、何度も繰り返し一緒に使われることで眠りと関連づけられてきた言葉が活性化されたからだ。「眠る」という単語はけっして読み上げられていないにもかかわらず、あたかも現実に聞いたかのように想起されるのだ。

「ベッド」という言葉を聞けば、人は「眠る」という言葉を聞かずにはいられない。「遺伝子」や「知能」という言葉を聞けば、人は――とくにアメリカでは――「人種」という言葉を聞かずにはいられない。そんなわけで、こういうトピックに初めて触れるという読者は驚くかもしれないが、教育などの成り行き(アウトカム)にみられる人種間の違いには、遺伝学的な説明があるという主張には、何の根拠もないのである。現代の先進工業国における社会的不平等に関連する、人間の複雑な形質――忍耐強さや、まじめさ、創造性や、抽象的な論証をする能力など――には、遺伝に根ざす人種間の違いがあるという広く流布する話は、文字通りのお話にすぎない。それは作られた物語なのだ。

それでも、遺伝学についての本では人種とレイシズムについて論じておく必要がある。遺伝（ヘレディティ）の研究には、この分野が科学として発展しはじめたごく初期から、レイシズム的な行動を正当化するレイシズム的な概念が織り込まれてきたし、遺伝学を利用しようとするレイシストたちの情熱は、二十一世紀に入って久しい今日も続いている。[1] 人種に触れないようにしようとすれば一種の真空を残すことになり、その真空はすぐさま誤った言説で埋められてしまうだろう。そしてそれは、科学的レイシズムを暗黙のうちに認めたものと解釈されてしまうだろう。

一方、階層構造や資源の再分配に関する遺伝学的な議論は何十年ものあいだ人種「科学」に毒されてきたせいで、善意の人たちは、レイシズムに反対する立場を堅持するためには、社会・経済的な成り行き（アウトカム）に遺伝子が影響を及ぼすという情報に耳を貸してはならないと感じていることが多い。こうした状況では、社会・経済的な達成の個人差には遺伝の影響があるという経験的な現実を、人間のグループ間の違いに関するレイシズムのレトリックと切り離すことが、決定的に重要である。

本章の目標は、遺伝学風のスタイルに姿を変えた科学的レイシズムは、経験的には間違いであり、道徳的には偏狭であることを明らかにすることだ。はじめに、遺伝学者が「祖先（アンセストリー）」［英語でも文脈に応じてancestryとancestorでは意味が異なり、混乱も大きい言葉である。少なくとも遺伝学的な文脈では、ancestorは生物学的祖先のひとりを指す（ただし、本章で詳しく説明されるように、生物学的祖先だからといって、その人から遺伝物質を受け継いでいるとは限らない）。それに対して、ancestryは集合的に生物学的祖先を指すとともに、その人たちとあなたとの遺伝学的関係に関する情報を指す。本書では、ancestorを先祖、ancestryを祖先と訳し分ける］と言うとき、それはどういう意味なのか、そして祖先という考えを人種といっしょくたにすることは、なぜ間違いなのかを説明しよう。次に、これまでの遺伝学研究が、ほぼ白人の参加者を対象として、ほぼ白人の科学者によって行われてきた事情を説明しよう――現状がそうなっているせいで、人種間の比較をしてしまうという誤りを招きやすく、人種間の不平等をさらに拡大する恐れがあるのだ。また、集団内部で個人差を生じさせる遺伝的原因についての研究が、集団間の差異を生じさせる遺伝的原因についてなんらかの情報を与えてくれると考えることが、なぜ誤りなのかについても説明しよう。その誤りは、白人至上主義に基礎を与えるレイシズム的前提に支えられた、統計上の欺瞞なのである。最後に、本章のしめくくりとして、さまざまなエスニック集団の遺伝データが怒濤のように流れ込んでくるはずの近未来に目を向け、統計的な結果が、レイシズムに対抗して人種間の平等を目指す立場を危うくする恐れはないと論じ、その理由を説明しよう。

■崩壊して融合する系図

私の祖父母は、聖書をほぼ丸暗記しているペンテコステ派のキリスト教徒で、子どもたちや孫たちにも聖書を暗記するよう励ましていた。私が聖書の中でもっとも暗記に苦労したのは、系図だった――ヨラムはウジヤをもうけた、ヨシヤはエコンヤをもうけた、等々。子どもの頃は、延々と続く名前のリストにどんな意味があるのだろうかと不思議に思ったものだった。

しかし今ではそんな私も、聖書の系図を書いた人たちの気持ちがわかる。系図の筆者たちは、二十一世紀の今日、「アンセストリー・ドットコム」や「ファミリーツリー」や「マイヘリテージ」といった企業が提供するサービスを利用する人たちとまったく同じ、やむにやまれぬ思いに突き動かされていたのだろう。現代のこうした企業は、遺伝学的な検査と古い記録とを組み合わせて、何世代もさかのぼる系図を作ってくれる。死者の名前を記録し、核爆弾にも耐えられるユタ州の文書保管所に貯蔵するモルモン教会を駆り立てているのも、それと同じ思いだ。[2]「誰が誰をもうけたか」を知ることは、自分が何者かを教えてくれる情報を手に入れることであり、その情報は、自分の素性を正当化するために利用することができる。系図は人々のあいだに、連帯と所属の意識を育む。「われわれは親族(ファミリー)だ」と。

親族について考えるとき、あなたは誰を思い浮かべるだろうか？　私は、自分の子どもたちと、子どもたちの父親、弟と母と父、義母と異母兄弟と義理の姉妹たち、弟の妻、そして彼らが将来的に持つかもしれない子どもたち、父の三人のきょうだいと父方の四人のいとこたちおよびその子どもたち、母の三人のきょうだいと母方の四人のいとこ、そしていとこの子どもたちまでを思い浮かべる。私とこれらの人たちとの心的な絆と遺伝的つながりは相手によりさまざまで、強い絆で結ばれている人もいれば、つながりはほぼない人もいる。それでも、この人たちはみな私の親族だ。

時間をさかのぼるにつれて、親族の数は急激に増大する。なぜなら、一世代さかのぼるごとに、先祖の人数は倍々に増えるからだ――両親は二人、祖父母は四人、曾祖父母は八人と、これがどこまでも続いていく。三十三世代、つまりざっと千年さかのぼれば、親族の人数は 2^{33}＝8589934592人（ざっと八十六億人）になる。

千年前には、そもそも八十億人超もの人間はこの世に生きていなかったが、あなたの先祖として何度もカウントされている人たちがいる。たとえば、私の叔父のショーンと叔母のクリスティンは、曾祖父同士が兄弟なので遠い親戚にあたる。したがって、このふたりの息子であるスターリングにとって、高祖父母（祖父母の祖父母）は2^4＝16人ではない。高祖父母のうちのふたりが系図上に二度現れるため、スターリングの高祖父母は十四人になるのだ。こうして、樹状に広がったあなたの系図は、内側に崩壊しはじめる。

　親類同士がときに子をもうけることは、ヒトの交配を複雑にする要因のひとつだが、事態を複雑にする事情はそれだけではない。歴史的には、人はおおむね生まれた土地で暮らし続けた――両親が子をもうけた土地からそれほど遠くないところで配偶者を見つけ、子をもうけたのだ。移住、とくに遠方に移り住むことは、人類の歴史を通じて稀な出来事だった。ジェット機と州間高速自動車道の時代である今日でさえ、アメリカ人はおおむね、母親が住んでいる土地からわずか三十キロメートルほどの場所に暮らしている。[3] そして、地理的に近い場所に暮らす人たちの中で、自分と同じ言葉を話し、文化も社会階級も同じであるような相手と連れ添って子をもうけているのである。

　性は複雑なので、人類の歴史上、すべての人に共通する先祖――すなわち、今日生きているすべての人の系図に現れるもっとも最近の人物が生きていたのはどれぐらい昔かを推定するためには、少々複雑な計算をしなければならない。実際にその計算をやってみると、その人物が生きていたのはそれほど遠い過去ではなく、せいぜい数千年ばかり時間をさかのぼればよいことがわかる。[4] ある控えめな推定によると、紀元前一五〇〇年頃、ヒッタイト人が鉄の精錬法を習得しつつあった時代までさかのぼればいいらしい。紀元後五〇年ぐらいまでさかのぼればよいという推定もある。紀元後五〇年といえば、皇帝ネロが、燃えるローマを眺めながらヴァイオリンを弾いたと伝えられる時代だ。もう少し遠い過去にまでさかのぼり、紀元前五〇〇〇年から前二〇〇〇年までの時期、シュメール人が筆記のために楔形文字を使いはじめ、エジプトの最初の王朝が確立された頃になると、いっそう注目すべきことが起こる――その当時生きていた人たち全員が、その人物がそもそも子孫を残したとして、今日生きている人全員の共通する先祖になるのだ。もしもわれわれが自分の系図を十分遠い過去にまでさかのぼれば、系図はすべて、同じひとつの系図になるのである。

そんな馬鹿な、と思われるかもしれない。なにしろ、最近の先祖たちはほぼ全員が、簡単には移動できないくらい大きな距離で隔てられた地球上の別々の土地に生き、死んだのだから。すべての系図はひとつだという大きな発見を理解するためには、千年前にはあなたの先祖は何人になるかというとき、その人数がどれほど多いかを理解する必要がある。それだけ膨大な人数ともなれば、大きな距離を移動したり、言葉も文化も階級も違う相手と交配したりするといった稀な出来事もたまには起こるし、どの系図にも起こる。

そういう稀な出来事が、あなたを地球の他の地域に結びつけるのだ。そして究極的には、あなたの親族は私の親族、私の親族はあなたの親族になる。集団遺伝学者のグレアム・クープは、この状況を次のようにまとめた。「あなたの系図は非常に大きく、複雑に入り混じっている。どれかひとつの人間集団だけに由来する者はただのひとりもいないのだ」。すべての人は、自分は人類という共通の親族のひとりであると正当に主張することができる。クープが言うように、「われわれはみな、この世界の遠い過去に生きていた人たち全員の子孫なのだ」[5]。

■ 系図上の先祖 VS 遺伝上の先祖

話をもう少しだけ複雑にしよう。私がこれまで述べてきたのは、あなたの系図上の先祖たちのことだった。しかし、系図上の先祖は、必ずしも遺伝上の先祖ではなく、とくに何世代もさかのぼればそうだ。性染色体（XまたはY）を別にして、あなたは父親から二十二本の染色体を受け継いだ。あなたのもとになった精細胞を作るとき、あなたの父親がその両親（あなたの祖父母）から受け継いだ染色体は、あなただけの塩基配列を持つDNAを新たに作るために、対になる染色体とのあいだで遺伝物質を部分的に交換した。ゲノムが次の世代に渡されるときにはつねに、平均して三十三回、そんな組み換えが起こる。したがって、あなたが父親から受け継いだ二十二本の染色体は、22（本）＋33（回）＝55の異なる部分に分けることができて、それぞれの部分は、父方の祖父または祖母のどちらかに由来する。

それと同じプロセスは、当然ながら、そのひとつ前の世代でも起こっているから、あなたが父親から受け継いだ染色体は、22（本）＋33×２（回）＝88の部分に分けることができる。そしてその88の部分のそれぞれは、父方に四人いる曾祖父母の誰かに由来する。家系をこの程度さかのぼったぐらいでは、染色体の部分の数（88）は系図上の先祖の人数（４）よりもずっと大きいため、あなたがこれら四人の人たちからＤＮＡを受け継いでいるのはほぼ確実だ。

しかし、これらの数はすみやかに変化する。あなたを第一世代として、ナザレのイエスからアブラハムまでと同じ四十二世代さかのぼるということは、あなたのＤＮＡは$2\times(22+33\times41)=2750$の部分に分けることができるということを意味し、そのひとつひとつの部分は、$2^{41}>2$兆人いる先祖のうちの誰かひとりに由来する。あなたの先祖が二兆人もいないのは明らかで、先祖の中には複数回カウントされている人たちがいる。しかし、ともかくも、あなたには大勢の先祖がいる——そしてその人数は、あなたのＤＮＡの部分の数よりもはるかに大きいのだ。実際、九世代もさかのぼれば、系図上の先祖のうち誰か特定のひとりに由来するＤＮＡが、今もあなたのゲノムの中に潜んでいる可能性はきわめて低くなる。

系図を遠くさかのぼった先祖たちの大部分は、われわれにひとかけらのＤＮＡも伝えていないというこの事実は、さもなければ逆説的に思えるかもしれないふたつの真実を理解するために役に立つ。ひとつは、ほんの数千年ほどさかのぼれば、現在生きているすべての人の系図は、その人が世界のどこで生きているかによらず、同じひとつの系図に収束するということだ——われわれはみな、世界の中のすべての人の子孫なのである。逆説的に思われるかもしれないふたつ目の真実は、世界のさまざまな部分で生きている人たちのあいだには遺伝的な違いがあるということ、そして、それら遺伝的な違いが生じたのは、数千年どころか、もっとずっと遠い昔だったかもしれないということだ。

あなたの系図上の先祖のひとりが占領軍の兵士だったとして、その男があなたの系図上の別の先祖のひとりをレイプしたとすれば、あなたの系図と、今日地球の反対側で生きている誰かの系図とがつながる。しかし確率的なことを言えば、その男のＤＮＡは、あなたのゲノムの中にひとかけらも残ってはいないだろう（この場合もＹ染色体は例外だ）。なぜなら、あなたの系図上の遠い先祖が、あなたの遺伝上の先祖でもある可能性はきわめて低いからだ。系図上の先祖たちは、あなたのＤＮＡからどんどん抜け落ちていく――それとともに、系図を遠くさかのぼった先祖たちとあなたとの遺伝的なつながりは失われる。

あなたは、系図上の先祖たちからなる広大なプールの中の、ほんの一部分の人たちからしかＤＮＡを受け継いでいない。あなたの先祖たちのほとんどは、前の世代と地理的に近い場所で暮らし、死に、子をもうけた。そして、配偶者を得る機会はほぼすべて、物理的に近い場所に暮らしているという制約だけでなく、誰とならば性的関係を持ってよいかという複雑な文化的ルールの制約も受けている。こうしたプロセスの正味の結果として、ヒトの遺伝的多様性に構造が生じた。つまり、誰かひとりの人物の遺伝的構造が、他のすべての人の遺伝的構造と、どのように似ているか、そしてどのように違っているかということにパターンが生じた。そしてそれらのパターン――その構造――には、地理と文化の両方が反映されているのである。

■祖先（アンセストリー） VS 人種

人間のあいだの遺伝的な類似性と非類似性にはさまざまなパターンがあるが、その中でも最大のパターンには、地理的な境界や障壁の中で最大のもの、すなわち、海洋、砂漠、大陸が反映されている。たとえば、遺伝上の先祖が東アジアに住んでいた人たちの場合には、遺伝上の先祖がヨーロッパに住んでいた人たちとよりも、同じ東アジア系の遺伝上の先祖を持つ人たちとのほうが類似性が高い。したがって、遺伝的類似性に関する統計的なパターンを表すためには、遺伝的に似ている人たちをグループにまとめて、それぞれのグループに大陸を表す言葉でラベル付けすることができる（アフリカ系、アジア系、ヨーロッパ系、などと）。このラベル付けのやり方が慣習になっているのには十分な理由があるのだ。たとえば、「アフリカ系の祖先を持つ（アフリカン・アンセストリー）」とは、遺伝学上の先祖を多数共有し、その共有された遺伝上の先祖はアフリカ大陸に生きていた人たちだという理由により、遺伝的に似ている人たちのグループを指すために用いられる、科学的な省略表現なのである。

しかし、科学者たちが、さまざまな人間集団にわたる遺伝的な類似性や非類似性のパターンを分析する方法を次々と身につけ、遺伝上の祖先を共有する人たちのグループに地理的なラベルを付けるようになると、そういうやり方に警鐘を鳴らす人たちが現れはじめた。遺伝学者たちは、社会的構成物ではない生物学的現実としての人種の捉え方を、新たに作り出そうとしているのではないか？　それはたしかに警戒すべきことではあった。なぜなら、人種を生物学的なものだとする捉え方は、長きにわたり、抑圧を正当化するために利用されてきたからである。ドロシー・ロバーツはその著書『致死的な発明――科学、政治、ビッグビジネスはいかにして二十一世紀に人種を再創造したか』の中で次のように述べた。「人種を生物学的概念にすること」はつねに、「イデオロギー上、重要な機能を果たしてきた」のであり、「人種を生物学的なものとして扱うことは、平等をもっとも重要な理想とする社会において、奴隷制に対する唯一の〝道徳的弁明〟を構成するものなのだ」[6]。ロバーツと彼女の三人の同僚たちは、生物学的概念としての人種は、「せいぜい良くて問題含みであり、悪くすると有害である」と論じ、「人種」ではなく「祖先（アンセストリー）」や、「集団（ポピュレーション）」のような単語を使おうと、科学者たちに呼びかけた[7]。

祖先と人種を区別することは、科学者が「人種」という言葉を使わずに、人種間の生物学的な差異について語れるようにするための姑息な手段だとして一蹴されることがある。たとえば、『ベルカーブ』で知られるチャールズ・マレーは、あるポッドキャスト・インタビューでこう言ってのけた。「〝集団〟とは、今日の遺伝学者が人種の代わりに使いたがる言葉です。そういう人たちを責めようとは思いませんがね[8]」。この種の発言は、人種と遺伝上の祖先をひとつの観念にまとめ、人種間のさまざまな不平等は、各人種に内在する生物学的差異に起因するという考えを今に引き継ぐものだ。したがって、人種と遺伝上の祖先を合体させるのは、なぜ間違いなのかを理解することが決定的に重要である。

一九九五年の映画『クルーレス』では、主要登場人物のシェール・ホロヴィッツが、学校での人気を競うライバルのひとりを「フルオン・モネ（接近して見たモネ）」だと言う——「ほら、そういう絵があるでしょ。遠くから見るといいんだけど、近くで見るとめちゃくちゃなの」。人間集団の遺伝的構造を分析した結果は、「フルオン・モネ」そのものだ。遠くから見れば、パターンは十分に鮮明で、いくつかの集団をまとめた超集団は、主要な大陸に対応している。

もう少し接近してもパターンはまだ見えているが、それもしだいにぼやけはじめる。ヨーロッパの内部で「遺伝子がいかに地理を反映しているか」を調べたある研究では、実際に、今日フランスになっている地域に祖父母が全員住んでいた人たちの遺伝的類似性は、今日スウェーデンになっている地域に祖父母が全員住んでいた人たちの遺伝的類似性よりも高いことが明らかになった。しかし、イタリア人の中には、他のイタリア人と遺伝的には遠く離れた小集団があり、その小集団に属する人たちは、祖父母がすべてスイス人の人たちと重なっているのだ。この研究のサンプルには、ユダヤ人は含まれず、祖父母全員が同じ場所の出身ではない人たちも除外されている。

個々の人間のレベルにまで接近すると、離れて見たときの鮮明さは消失する。境界のあるところならどこにでも、その境界を越えてきた家族史を持つ人たちがいる。とくに、植民地になったり、奴隷にされたり、占領や移民や戦争があったり、別々の場所で暮らしていた人たちが強制的に一緒にさせられたりするような出来事に彩られた家族史を持つ人たちは、遠くから見たときに鮮明なパターンには、容易には当てはまらない。

それでも、モネの絵の一部を「空」と言うように、われわれは人間集団の一部分を、「ヨーロッパ人を祖先に持つ（ヨーロピアン・アンセストリー）」人たちと言う。あるいはもう少し絞り込んで、「北ヨーロッパ人を祖先に持つ」人たちと言うこともあるし、さらに絞り込んで、「イギリス白人を祖先に持つ」人たちと言うこともある。

人間のあいだの遺伝的祖先のパターンが「フルオン・モネ」なら、人種の区別はむしろモンドリアンの絵に似ている——鮮やかな原色で、くっきりと境界線が引かれた作品だ。人種のカテゴリーは離散的で、カテゴリー同士に重なりはない。アメリカの人口調査が始まったのは一七九〇年だが、二〇〇〇年になるまで、人種はひとつしか選択できなかった。また、人種のカテゴリーは本質的にヒエラルキー的だ。なぜなら、人間を人種というカテゴリーにはめ込むプロセスは、権力、富、そして物理的空間〔白人専用施設など〕にアクセスできる者を制限するためのものだからだ。オードリー・スメドリーとブライアン・スメドリーは、人種に関する人類学的、歴史的な展望をまとめた論文の中で次のように述べた。「人種は、人々と、人々の社会的地位および社会的行動を本質化して［生物学的な基礎があるものとして］、ステレオタイプ化するものである」[9]。

誤解のないように言っておくと、私は、人種と祖先は完全に独立だと言っているのではない。人種集団の遺伝的祖先が集団ごとに違うのは当然であり、しかもその［人種集団と遺伝的祖先との］対応関係は、人種という分類方法の社会史と法制史によってかたちづくられたものだ。たとえば、アメリカでは、人種隔離政策（「白人専用」の学校、水のみ場、車両、プール、その他の空間を作るなど）の法律を施行するために、誰が白人で誰がそうでないかを明確に定義する必要があった。二十世紀初頭、アメリカ南部のいくつかの州は、「血の一滴」ルールによって、人々を人種に分類する法律を成立させた――ある人の血統に白人ではない者がひとりでもいれば、その人は、アメリカの人種的ヒエラルキーの最上層には入れなくなったのだ。一九二四年に成立したヴァージニアの人種純血保全法には次のようにある。「コーカシアン以外の血が一滴も入らない」者を白人とする、と。「血の一滴」ルールは、「ハイポディセント」ルール（人種混合の結婚から生まれた子は、社会階級がより低い人種に属する親の人種カテゴリーに分類されるというルール）の、もっとも厳格なバージョンである。

人間を人種に分類するためにハイポディセント・ルールが使われてきた社会史および法制史があるため、今日のアメリカでは、自らを白人とする人たちが非ヨーロッパ系の遺伝的祖先を多少とも持っている可能性はきわめて低い。ある研究によると、白人と自認する人たちのうち、多少ともアフリカ系の祖先を持つ者は〇・三パーセントにすぎないという。一方、アフリカから来た人たちは、力ずくでアメリカに連れて来られて奴隷にされ、その子孫は「黒人」に分類された。そのため、社会的に黒人と分類されている人たちはほぼ全員が（ある研究によれば九十九・七パーセントが)、少なくともある程度は「アフリカ系」の遺伝的祖先を持つ。[10]

このように、ヨーロッパ系の遺伝的祖先を持つことと、人種として白人に分類されることとは、ほぼ一対一に対応しているし、アフリカ系の遺伝的祖先を多少とも持つことと、人種として黒人に分類されることとは、ほぼ一対一に対応している。しかしそれでもなお、人種を遺伝的祖先の同義語と考えるのは間違いだろう。それには四つの理由がある。

第一に、人々を人種のカテゴリーに分類するときは、人々のあいだのさまざまな違いのうち、一部分だけを取り上げ、その他はないことにする。そんな人種の区別の仕方は、文化的、歴史的な偶然の結果にすぎない。たとえば、二十世紀初頭の優生学的な思想家たちの仕事に目を向ければ、彼らが頭を悩ませた「人種」問題は、今日の目には衝撃的なまでに奇妙なものに見えるだろう。たとえば、プリンストン大学の心理学教授で、初期に知能テストを唱道したカール・ブリガムによる「人種問題」という文章を読んでみればいい。ブリガムは、ヨーロッパ各国からやって来る移民たちが、北欧人種、アルプス人種、地中海人種の「血」をどれだけ持っているかを知ろうとしていたのだ。[11] ヨーロッパから次々にやって来る移民たち――イタリア人、アイルランド人、ユダヤ人――は、当初、アメリカで支配的な「白人」の一部とはみなされていなかった。[12] 人種の定義は、社会的な偶然でしかありえない。なぜなら、人種は(祖先とは異なり)そもそもの初めから、誰が、空間と社会的権力へのアクセス権を持つかを構造化するためのヒエラルキー的な概念だからである。

第二に、人々を人種という社会的なカテゴリーに分類するやり方と、祖先から受け継いだ遺伝的差異とのあいだには、いかなる直接的な対応関係もない。とくに、アフリカ系の祖先を持つ集団は遺伝的多様性が驚くほど高く、アフリカ系の集団同士のあいだの違いが、ヨーロッパ系と東アジア系のあいだの違いよりも大きいことさえある。それにもかかわらず、アメリカでは、アフリカ系の人たちは全員、「黒人」というひとつのカテゴリーに入れられる。同様に、南アジア系の人たちは、遺伝的祖先ということでは東アジア系の人たちと区別できるので、その限りにおいて、南アジア系の人たちだけの大陸的超集団を考えるのが普通だ[13]。それにもかかわらず、アメリカの国勢調査局は、アジア系という人種のカテゴリーを、「極東、東南アジア、またはインド亜大陸のいずれかにいた祖先に由来する人々」と定義しているのである[14]。

第三に、人種を自認するグループはすべて、そのグループ内に異なる大陸名のついた祖先を持つ人たちがいるため、ある人物について人種に関する情報しかなかったとすれば、その人物の祖先について確実なことが言える可能性はほぼゼロである。すでに見たように、アメリカで黒人と自認する人たちはほぼ全員が、アフリカ系の祖先（それ自体としてさまざまな成分からなる超カテゴリーである）を多少とも持っているが、それと同時に、アメリカの黒人の九十パーセント以上は、何らかのヨーロッパ系の祖先も持っている[15]。また、アメリカで白人と自認する人が、ヨーロッパ系の祖先を持っているのはほぼ確実だが、その逆は真ではない――ある程度のヨーロッパ系祖先を持つ人たちは、それ以外のほとんどすべての人種カテゴリーに分類されうるのである。

第四に、遺伝的祖先は非常にきめ細かく定量化できるが、そういう細やかな区別を、人種というおなじみの言語で記述するのは不可能である。前に簡単に述べたように、「血の一滴」という社会的ルールのために、白人と自認するアメリカ人がヨーロッパ系以外の遺伝的祖先を持つ可能性はほぼゼロなので、この場合には、自己申告された人種と遺伝的祖先はひとつに収束しそうだ。

しかし、ヨーロッパ系の祖先だけしか持たない集団の内部にさえ、交配を無作為ではなくさせる言語、文化、階級の違いとともに、より細かな地理的違いを反映した遺伝学的構造がなおも存在するのである。

　この構造――それは「クリプティック」構造、つまり隠れた構造である可能性もある――を捉えるために、遺伝学者たちは普通、「主成分分析」と呼ばれる方法を使う。主成分分析は、人々の遺伝的類似性（どれぐらい先祖を共有しているか、反映される）のパターンを分析して、祖先情報を与えてくれる一組の主成分を作る。[16]個々の変数（主成分）は、イエスかノーかではなく、連続的な値をとる（高い値から低い値まで、どんな値でも取ることができる）。祖先情報を持つ主成分を四十以上も扱うこともめずらしくなく、書類上ではかなり均質に見えるグループに絞って調べるときでさえそうなのだ（均質とは、たとえば、その集団に属する人たち全員が「ホワイトブリティッシュ」と自認しているような場合）[17]。このアプローチは、全員がたったひとつの人種カテゴリーに入りそうな集団の各人に対して、細やかな特徴づけをするものだ。祖先情報を与えてくれるそれぞれの主成分を、人種という観点から解釈するのは不可能だろう。

　ドロシー・ロバーツと彼女の同僚たちは、以上のことを考え合わせたうえで、人種と祖先との違いを次のようにまとめた。「祖先（アンセストリー）はプロセスにもとづく概念であり、系譜学上の家族史におけるひとりの人間と他の人間との関係に関する言明である。したがって、祖先は、ひとりの人間が遺伝的に受けついできたものに関するきわめて個人的な知識である。それに対して、人種はパターンにもとづく概念であり、科学者に対しても門外漢に対しても、人間はヒエラルキーになっているという結論に導き、その結論はひとりの人間を、あらかじめ存在する地理的な境界、あるいは社会的に構成されたグループに結びつける」[18]（強調は本書の筆者が付け加えたもの）。

■ なぜGWASにとって祖先（アンセストリー）が重要なのか

かつての科学的レイシストなら、異なる人種に割り振られた人たちでは、頭蓋骨が違うと指摘しただろう。今日の科学的レイシストは、異なる人種には生まれ持った違いがあると主張するために、遺伝的祖先のパターンについて語る可能性が高い。しかし本章でこれまで述べてきたように、遺伝的祖先の科学を間近に見れば、「人種は科学的な検討に堪えるものではなく、この点に関して議論の余地はない」のは明らかなのだ。[19] 遺伝データは、人種の生物学的実在性を「証明」してはいない。むしろ、皮肉にも、社会的に定義された人種グループと遺伝的祖先との違いを理解すれば、現代の「人種科学」が、実はニセ科学だということがわかってくるのだ。次節では、異なる集団間に遺伝的違いがあることが、集団内の個人差に関するGWASの発見を利用して集団間の違いの原因についての結論を引き出そうという、しばしば悪意ある試みをいかにして挫（くじ）くのかを説明しよう。

集団にはさまざまな違いがあるが、第一の違いは、どの遺伝的バリアントが存在するか、そしてそのバリアントはどれぐらいありふれているかに関する違いである。ある集団では稀な遺伝的バリアントが、別の集団ではありふれていることもある。[20] 遺伝的バリアントの四分の三ほどは、ひとつの大陸集団の内部でしか見つかっていないし、亜大陸集団の内部でしか見つかっていないものもある。そして遺伝的多様性がもっとも大きいのは、アフリカ系の祖先を持つ集団だ。そのため、ある集団で、ある特定の表現型にとってもっとも重要なバリアントが、別の集団でもそうだとは限らない。たとえば、ヨーロッパ系の祖先を持つ集団では嚢胞性線維症の七十パーセント以上を引き起こしているが、アフリカ系の祖先を持つ集団では、その同じバリアントが同じ病気を引き起こす割合は三十パーセント以下である。[21] こういう事情があるため、世界の遺伝的多様性をより良く代表するような研究を行えば、ヨーロッパ系の祖先を持つ集団だけに焦点を合わせた研究ではけっして見つからないであろう遺伝的バリアントが見つかる大きな可能性がある。たとえば、エチオピア、タンザニア、ボツワナに暮らすアフリカ人を対象としたある研究では、皮膚の色に影響を及ぼす新たな遺伝的バリアントがいくつか見つかった。皮膚の色は、アフリカ大陸の内部でも地域によって大きく異なり、皮膚の色が薄いサン族の人たちから、皮膚の色がかなり濃い東アフリカのナイル・サハラ系の人たちまで、実にさまざまなのだ。[22]

集団による違いのふたつ目は、ゲノムに見られる連鎖不平衡（LD）のパターンの違いだ。すなわち、遺伝的バリアント同士が相関するパターンが、集団ごとに違うのである。この場合もまた、アフリカ系の祖先を持つ集団はとくに注目に値する。というのは、アフリカ系の集団は、非アフリカ系の集団よりもLDが低いから、そして、アフリカ系の中でも、集団ごとにLDのパターンはさまざまだからである。[23] 思い出してほしいが、GWAS研究はたいてい、DNAのすべての文字を測定するのではなく、SNPsのごく一部だけしか測定しないのだった。そのため、GWASで得られた結果は、測定されたSNPそれ自体との関連によって引き起こされたのかもしれないが、測定されたSNPと連鎖している他の遺伝的バリアントとの関連によって引き起こされたのかもしれない。これは専門的な細かい話のように思えるかもしれないが、悪魔はその専門的細部に宿る——同じ遺伝的バリアントが、さまざまな集団で、まったく同じ結果（アウトカム）［測定された形質］に関連することもないわけではないが、GWAS研究で実際に測定されたSNPsが、その結果を引き起こすバリアントに「タグ付け」されるやり方が集団ごとに異なるため、ある集団に関するGWASで得られた結果を、別の集団にそのまま移行させてはならないのである。

要するに、GWASの結果を、遺伝的祖先が異なる集団、または社会的に定義された人種が異なる集団に、そのまま「移植できる」とは期待できないし、期待すべきではないということだ。あるグループで発見されたことが、別のグループに当てはまると期待することはできず、別のグループを研究すれば別の遺伝子が発見されるかもしれない。そのことはデータにはっきりと表れている。HDLコレステロールから統合失調症まで、さまざまな表現型の集合に目を向ければ、ヨーロッパ系の祖先を持つ集団を分析した結果にもとづくポリジェニックスコアは、他の集団、とくにアフリカ系の祖先を持つ集団で測定された表現型とは、とくに強い関連を示していない。[24] イギリスやウィスコンシンやニュージーランドに住み、ヨーロッパ系の祖先を持ち、白人と自認する人たちについて行われた学歴GWASを使って作ったポリジェニックスコアは、そのサンプル内では、学歴の分散の十パーセント以上を捉えることが示された。しかし、アフリカ系アメリカ人のサンプル、つまりアフリカ系の祖先を全員が多少とも持つと予想される人たちについて、［ヨーロッパ系の学歴GWASで作られたバリアントの重み付けを使って］[25]ポリジェニックスコアを計算しても、学歴とははるかに弱い関連しか示さないのである。嚢胞性線維症や皮膚の色のような、遺伝学的にはよりシンプルな表現型の研究についてすでに見たように、アフリカから来た人々や、アフリカン・ディアスポラの人々［アフリカに由来し、世界各地に散っている人々〕に関する、学歴やその他の社会的、行動的表現型についての未来の遺伝学的研究では、ヨーロッパ系の集団では重要だった遺伝子とは異なる遺伝子が発見されるかもしれない。

■ GWAS研究のヨーロッパ中心主義的バイアス

しかし現状では、ほぼすべてのGWAS研究は、遺伝的祖先がヨーロッパ系だけに限られる人たちを対象としている。二〇一九年の時点で、地球の人口のわずか十六パーセントにすぎないヨーロッパ系の人たちが、GWAS参加者の八十パーセント近くを占めていた。遺伝型を調べるコストは下がっているというのに、この状況は改善されていない。過去五年間に、遺伝型を調査された人数は激増しているにもかかわらず、ヨーロッパ系の祖先を持つ人たちに焦点を合わせた遺伝学研究は高い比率を保っている[26]。

ある祖先グループに関する遺伝学研究の結果を、別の祖先グループにそのまま移植できる、あるいは一般化できるとは考えられないため、今日行われている遺伝学研究のヨーロッパ中心主義は、すでにある健康格差をさらに悪化させる恐れがある[27]。臨床遺伝の研究は、がん、肥満、心臓発作、糖尿病が、将来的に発症するかどうか予測するポリジェニック・リスクスコアを開発しつつある。そういう研究の目標は、リスクの高い人を早期に発見して、早期に効果的な治療を提供することだ。しかし、まさにこれらの慢性疾患こそは、アメリカでは有色の人たち（ピープル・オブ・カラー）に偏って影響を及ぼしている病気なのだ。そのため、ポリジェニックスコアを使うことは、祖先がヨーロッパ系に限られる人たちだけの健康の成り行き（アウトカム）を改善することにより、すでにある健康格差をさらに拡大しかねないのである。

この問題を克服する唯一の方法は、非ヨーロッパ系集団の遺伝学研究に優先的に資金を投入することだ。しかし遺伝学研究は、研究対象が白人に偏っているだけではない。この分野は、研究を行う側も白人に偏っている。そのため、非ヨーロッパ系の集団に関するデータの収集とその解析はジレンマに陥っている。世界中のあらゆる集団を対象にしなければ、遺伝学の知識は、すでに有利な立場にある者をさらに有利にするだけになる恐れがある。しかしその一方で、この研究を［非ヨーロッパ系の集団に］拡大すれば、参加者たちをさらなる監視や差別といった不利益を被りやすい状態に置いたまま、その人たちのＤＮＡを、疎外された集団から白人により白人のために搾取されるもうひとつの貴重な資源にしてしまうのではないかという、十分な根拠に裏打ちされた抜きがたい懸念があるのだ。かくして、遺伝学研究のヨーロッパ中心主義は、レイシズムのシステムは相互に強め合っていること、そして、どれかひとつのシステムだけを取り出して変化させるのは難しいことを示す一例になっているのである。

■　生態学的誤謬とレイシズムの暗黙の前提

これまでの話から、知能であれ、学歴であれ、犯罪性であれ、その他いかなる行動特性であれ、人種間に「遺伝的」差異があるとする主張はすべて、科学的基礎がないことが明らかになってきたと思う。すでに行われた大規模なＧＷＡＳは、ヨーロッパ系の祖先を持つ集団に関するものなので、遺伝的性質が人生の成り行き（アウトカム）の不平等にどのように結びついているかに関するわれわれの知識はすべて、祖先がヨーロッパ系だけに限られ、白人を自認している可能性が高い人たちの個人差に関するものなのだ。ゲノムの測定方法とその構造化に関するかなり専門的な詳細もあって、遺伝的な関連性は、遺伝的祖先が異なる人たちでも同じだと仮定することはできない。異なる祖先グループの遺伝的特徴を、ポリジェニックスコアを使って「比較」することはできない。そして、同じ人種に割り振られた人たちは、遺伝的祖先も同じだと仮定することはできない。そのため、教育のような複雑な社会的表現型について語るにせよ、身長のような、とくに論争のない身体的表現型について語るにせよ、現代の分子遺伝学研究は、かつての双子研究と同じく、人種間の不平等の原因については何も教えてはくれないのである。

ところが、人種間の遺伝的差異については遺伝学的な「根拠」はいっさいないにもかかわらず、人々はごく普通に、一見するともっともらしい議論を繰り出してくる。もしも、(1) 白人集団内の教育における個人差が遺伝的差異によって生じているのなら、そして (2) アメリカ黒人は平均として教育レベルがより低いのなら、(3) 集団間の違いもまた——少しぐらいは——遺伝子によって生じると考えてよいのでは?

「Xが、あるグループ内で違いを生じさせる」ことから、「Xの平均としての違いが、グループ間に平均としての違いを生じさせる」ことへと飛躍するのは簡単なことのように思われるかもしれない。しかし、統計学的な観点からすると、グループ内の相関がグループ間の差異の原因について何ごとかを教えてくれると仮定することは、けっしてやってはならない愚かな飛躍なのだ。それを「生態学的誤謬(ごびゅう)」と言う。

生態学的誤謬を理解するためには、遺伝学とはまったく関係のない文脈で説明するのが役に立つ。そうすることで、グループ内の個人差をグループ間の差異に結びつけることに私が反対するのは、人種集団間の違いは「遺伝的なものだ」という結論が気に入らないからではないということがわかってもらえるだろう。私は、政治的な動機から特定の主張を強弁しているのではない。そうではなく、ある階層の集合体から別の階層の集合体へと飛躍するときには——遺伝子と人種という、なにかと感情的になりがちなテーマについて語るときだけでなく——つねに当てはまる、統計学的な主張をしているのである。

一九五〇年、社会学者のW・S・ロビンソンは、生態学的誤謬に関する先駆的論文を発表し、その中で二種類の相関を示した。[28]第一の相関は個人レベルのもので、外国で生まれた人たちと、アメリカで生まれた人たちとで、英語の読み書きができない率がどう違うかに関するものだった。これについては正の相関が得られた（〜0.12）——すなわち、外国生まれのアメリカの大人〔この調査では十歳以上〕のほうが、アメリカ生まれの大人よりも、英語の読み書きに困難があったのだ。次にロビンソンは、ひとつの州で、外国生まれの住人の割合と、その同じ州で英語の読み書きができない人の割合との相関、彼が言うところの「生態学的」相関を計算した。するとその結果は、個人レベルの相関と数値が違っていただけでなく、正負まで逆だったのだ（〜−0.5）。一見すると明らかなパラドックスのように思われるこの現象を説明するためには、アメリカに来た移民は、アメリカ生まれの人たちの識字率が高い州に落ち着く傾向があることに気づけばよい。州によって読み書きできる住人の割合はさまざまだが、その理由は、個人レベルの相関を計算したときにわれわれが測定した変数〔外国生まれの住人の割合〕以外にもたくさんあるのだ。

さてここで、われわれはロビンソンが得た情報の一部分だけしか持っていないと想像しよう。

このシナリオでは、外国生まれであることと、英語の読み解きができないこととの、個人レベルの相関が正であることは観察できるが、それが観察できるのはアメリカの一部の州についてだけである。他の州でも個人レベルの相関は同じだろうと考えるのは、一見するともっともらしい推測に思えるが、あくまでも推測にすぎない。また、このシナリオでは、読み書きできる住人の割合が州によって違うことは観察できる。しかし、測定の難しさのために、外国生まれの住人の割合が、どの州でも同じかどうかについてはデータを得ることができない。グループ［州］ごとに、結果（アウトカム）［英語が読み書きできない住人の割合］が異なることは観察できるが、その違いを説明する変数とされているもの［外国生まれの住人の割合］が、グループ［州］ごとにどう違うかは測定できないのだ。

情報がこのように不十分だと、生態学的相関も個人レベルの相関と同じになる、あるいは少なくとも同じ正の相関を持つと、（誤って）決め込んでしまうこともあるだろう。そう決め込んだあなたは、読み書きのできない住人が多い州に着目して、その州には外国生まれの住人が多いはずだと結論する。あなたは念のために、少しだけ留保条件を付けるかもしれない。「とはいえ、ミシシッピ州に移民が多いということだけが、ミシシッピ州はカリフォルニア州より読み書きできない住人が多いことの唯一の理由だとまで言うつもりはない。理由はほかにもあるかもしれない」と。

ただし、もちろん、あなたのその考えはひっくり返ることになる――あなたが読み書きできない人が多いことを観察した州は、実際には、外国生まれの住人が少ないのだ。

不完全な情報と誤った仮定により特徴づけられるこの状況は、ほぼすべての形質――身長であれ、知能テストの得点であれ、学歴であれ――に関する集団間の差異について、われわれが置かれている状況にほかならない。ある祖先グループ（ヨーロッパ系の祖先を持つ人たち）の内部で、たとえば、遺伝的バリアントと学歴のあいだに正の相関があるのは観察することができる。異なる祖先グループのあいだには、教育の成り行き（アウトカム）に違いがあるのも観察することができる。しかし、その現象を説明する変数とされているもの——遺伝子——に、グループ間で違いがあるかどうかについては、信頼性のある測定を行うことができない。ひとつの祖先グループ（ヨーロッパ系の祖先を持つ人たち）の内部では、遺伝子と学歴とのあいだに個人レベルの相関があるのは観察することができる。以上から、ある祖先グループの学歴が低いのは、教育の成り行き（アウトカム）を、より良いものにする遺伝的バリアントが、他の祖先グループよりも稀にしか存在しないからだろうと考えるのは合理的な推測に思えるかもしれない。

　しかし現実にはまったく逆で、他の祖先グループと比べて教育の成り行き（アウトカム）が良くないグループのほうが、教育にとって重要な遺伝子をより普通に持っているということもありうるのだ。個人レベルの相関と生態学的相関は、単に同じものではないというだけではない。一方は他方について情報を与えないのである。ロビンソンの論文が出てから半世紀以上経った今も、生態学的相関に関する彼の論文に示された簡潔な結論は、大きな意味を持ち続けている。「唯一合理的な仮定は、生態学的相関はほぼ間違いなく、それに対応する個人レベルの相関と同じではないということだ」。

　では、人生の成り行き（アウトカム）における人種間の格差は、人種間の遺伝的差異に由来すると、「科学が言っている」という主張はどうだろう？　たしかに、社会的に構成された人種の違いは、遺伝的祖先と系統的に結びついている。また、ヨーロッパ系の祖先を持つ集団内では、社会的に重要な人生の成り行き（アウトカム）の違いに、遺伝的な個人差が関連しているというのもその通りだ。しかし、これらふたつの情報はどちらも、人種間格差の原因については、何の情報も与えてくれないのである。ベイズ統計には、「事前」とされるものがある。それは、人がまだどんな証拠も考慮に入れる前に（つまり事前に）持っている信念――そして、それらの信念をどれだけ確信していないか――を数学的に表したものだ。何の情報もないときに、人は何を知っている――あるいは何を知っていると信じている――のだろうか？　教育のような複雑な人生の成り行き（アウトカム）における集団間の遺伝的差異について考えるとき、われわれが問われているのはまさにそのことだ。そこから一歩進めて、こう問うてみよう。もしも事前の信念が科学的根拠にもとづいていないのなら、その信念は何にもとづいているのだろうか？

　白人がより良い人生を享受しているのは、遺伝学的な理由があるからだという事前の信念は、実にしぶとい。一九六〇年代には、教育心理学者のアーサー・ジェンセンが、黒人の学童の教育がある限度を超えて改善されることはないだろうし、遺伝的性質により課されるその限度のために、黒人の学童は、白人の学童と同じレベルにはけっして到達しないだろうと述べた。[29]一九九〇年代には、ハーンスタインとマレーが、アメリカにおける黒人とヒスパニック系の人たちのＩＱテストの成績が、平均として白人よりも低い理由の一部は、遺伝的な違いのためだという仮説を無分別にも提示した。[30]今日では、いわゆる「人種リアリスト」や「ヒト生物多様性（ヒューマン・バイオダイバーシティ）」のコミュニティーが、「ネイチャー・ジェネティクス」に掲載された論文をコピー・アンド・ペーストしてウェブ上に投稿している。そういう論文が、人種間には、知能テストの成績や、衝動的な振る舞い、そして経済的成功に違いを生じさせる遺伝的差異があるという自分たちの主張を裏づけるものだと信じているからだ。

これらのコミュニティーは、自分たちは単に経験的な「問いを発しているだけ」だと主張する――遺伝的祖先の異なるグループ間に、平均としての人生の成り行き(アウトカム)に違いを生じさせるような遺伝的差異は存在するのだろうか、と。だが、彼らが置いている仮定には正当な科学的根拠がないことがわかってしまえば、その問いは、ある人種グループが他のすべての人種よりも優れているという、レイシズム的な事前の信念に立脚したものだということに気づくことができるのだ。

■アンチレイシズム、そしてポストゲノムの世界における責任

以上、人種間の遺伝的差異をめぐる憶測は、今日の科学に立脚していないという話をしてきた。しかし、明日の科学ならどうだろう？　なんといっても、ヒトの遺伝学は猛烈なスピードで進展している。集団遺伝学の研究者たちは、ＧＷＡＳの結果を使って、人間のさまざまな差異が時間とともにどのように発展してきたかを理解しつつある。[31] 二〇一八年、遺伝学者のデーヴィッド・ライクは「ニューヨーク・タイムズ」紙に意見記事を寄せ、次のような問題について考えなければならないと強く訴えた。「今後、遺伝学研究により、多くの形質が遺伝的多様性の影響を受けていることが示される可能性が高く、また、それらの形質は平均として人間集団により異なっている可能性が高いだろう。その事態に対し、われわれはいかに備えるべきだろうか？　それらの違いを否定することはできないだろう――実際、それを否定するのは反科学的であり、愚かで馬

鹿げたことだろう」[32]。

著述家のサム・ハリスは、二〇二〇年の夏、私が彼のポッドキャストに出演した際に、それと同様の意見を述べた。人種間の知能に「遺伝的」な差異があるという考えは、科学的に支持されていないと私が考える理由を説明すると（本章で説明したのがその理由だ）、ハリスはこう反論した。「（ハーデンの立場は）今後、遺伝学やその他の科学が発展すれば打ち倒されるだろう」し、「人間について、われわれが大切にすべきことを百位まで挙げたとすれば、知能はそのひとつに入るだろう。……その百の事柄すべての平均値が、考えられるすべての人間集団で同じなら奇跡というものだろう。……したがって、私の政治的見解は、われわれはその事実を受け入れる必要があるということだ」[33]。

いくつかの理由により、私はライクとハリスが置いている前提に懐疑的だ。私は、教育のような社会的・行動的な形質に関するグループ間の差異を理解するためには、遺伝学のレベルの分析を使うのがベストだという考えに懐疑的である（分析の「レベル」という考えについては、第八章であらためて取り上げる）。私は、科学的に得られる結果が、奴隷制と抑圧に対する「道徳的弁明」を作り出す白人たちが語る、「検証不能な物語的説明（ジャスト・ソー・ストーリー）」と矛盾しないだろうという考えに懐疑的である。より一般に、私は、ヒトの遺伝学という科学が将来的に明らかにするであろうことを、あたかも予見できるかのように語る者に対しては、それが誰であれ懐疑的である。なぜなら、科学はいつも驚きに満ちていたからだ。

私は、ゲノムのデータを解析して将来的に明らかになることに対し、彼らが事前に置いている仮定には懐疑的だが、ある一点において意見が一致する。それは、人種間の平等を実現することへの道徳的コミットメントが、もしも「人間はあらゆる集団で遺伝的にはまったく同じ」だという考えに立脚しているなら、そんなコミットメントの基盤はいつ崩れてもおかしくはないということだ。たとえば、イブラム・X・ケンディのベストセラー『アンチレイシストであるためには』を考えてみよう。[34] ケンディは、「生物学」〔邦訳の章タイトルは「ぼくたちは生物学的に違うのか?」〕と題する章で、「生物学的アンチレイシスト」は、「人種は生物学的に同等で、**遺伝的な差異はない**という考えを表明している人」だと言う（強調は本書の筆者が付け加えたもの）。

右に述べたように、人種というカテゴリーに、生物学的に正当な根拠はない。しかし、自認する人種が異なる人たちの集団間に、遺伝的な差異はないと主張することは端的に間違いなのだ。本章で説明したように、人種集団ごとに遺伝的祖先は違うため、どの遺伝的バリアントが存在するのか、そしてそれらのバリアントがどれぐらいありふれているかは、人種によって違う。アンチレイシズムと人種間の平等へのコミットメントが、そんな危うい基盤の上に築かれてよいものだろうか？　私がハリスに対して言ったように、「平等であれ、インクルージョン〔誰もが参加しやすい社会を作ること〕であれ、正義であれ、そうしたものを求める権利があるという主張を、……遺伝的差異はないことの上に打ち立てるのは重大な間違い」なのだ。そんなことをすれば、われわれの道徳的なコミットメントは根底から揺らぎ、「ネイチャー・ジェネティクス」に載る次の論文でひっくり返るかもしれない。

もしもわれわれが、ポストゲノム〔ヒトゲノム計画の完了から今日までの時代を指す。今日の遺伝学の考え方は、かつての遺伝子中心主義を、さまざまな点で超えているという事情を指す〕の世界において、アンチレイシズムへのコミットメントを確かなものにしたければ、受け入れがたい科学上の発見に備えるためにはどうするべきかという、ライクの問いについて考える必要があるだろう。最悪のシナリオのように思えても、それについて考えることから逃げてはならない。ヨーロッパ系の祖先を持つ集団は、平均として、学校で良い成績を取るような認知能力を遺伝的に発達させやすいようなかたちで進化してきたことを示す科学的根拠が、来年にも突如として出現したらどうなるだろうか？　われわれはその「事実」をどう吸収するのだろうか？

ライクは、自ら発したその問いかけに対し、「すべての人間を一個の存在として扱い」、「違いによらず、まったく同じだけの自由と機会を与えるべきである」と答えた。グループとしてのアイデンティティーというステレオタイプは避けつつ、すべての人に同じ機会を与えようという目標には、私も賛成する。しかし私は、彼の言うようなステップを踏むだけでは、彼の提起した問題に対処できるほど先まで進むことはできないと思うのだ。「機会均等」という考えは、あまりにもしばしば言い訳の常套手段になってきたし、重大な不平等に立ち向かわずにすませるための方便とされてきた。すべての人を、今このとき、まったく同じ権利を持つものとして扱う機会均等は、過去においてなされた不平等を再生せずにはすまないのである。もしも人種間の平等は「遺伝的性質がどうであろうと実現されるべきである」という立場にコミットするつもりがあるなら、むしろ、「われわれが責任を持って対処しなければならない不平等」と「生物学的差異によって引き起こされる不平等」との、ニセの区別を解体する必要があるだろう。[35*]

遺伝的な原因があれば社会的責任を負わなくてもよいという誤った考えは、サム・ハリスと私のポッドキャストでの対話の終盤になって、彼の発言の中にはっきりと現れた。それは、ジョージ・フロイドとブレオナ・テイラーが警察の手で殺された事件で、ブラック・ライブズ・マターという抗議の声が世界中の都市で鳴り響いた夏のことだった。『ホワイト・フラジリティ』や『人種の話をしよう』[36]のような本が、「ニューヨーク・タイムズ」ベストセラーの一位と二位になったことは、アメリカにおける、警察の行動、住まい、ヘルスケア、教育、富、そして政治権力における人種格差について、全国的な対話が起こっていることを示していた。それについて、ハリスは次のような疑問を投げかけたのだ。

真の問いは、こうした格差すべての原因は何かということだ。アメリカ社会における白人と黒人の違いについてあなたがこうして話している今このとき、政治的な問題は、……白人と黒人の違いを説明するものとしてさまざまな立場の人にとって受け容れ可能な唯一の答えが、白人のレイシズム、システミック・レイシズム〔黒人にとって不利となるシステムが社会構造・社会制度に組み込まれていること〕、制度的レイシズム、奴隷制とジム・クロウから引き継がれた影響だけだということだ。……これはとても不安定な状態だ。なぜなら、今後われわれは、グループ間の違いについて、いろいろなことを見出すだろうからだ。

こういう発言は、二者択一を迫るものだ。白人に道徳的責任があるシステミック・レイシズムか、または、生物学の中でも動かしようのない決定論的側面とされ、誰も責任を負わなくてもよい遺伝的性質かである。フェミニズムの哲学者ケイト・マンは、セクシズムに関する著書の中でこう述べた。「ここには、〝『べし』は『できる』を含意する〟という原理の一バージョンが暗黙のうちに前提されている——しかもその前提は『できない』は『放置してよい』を含意するというレベルにまで弱められている可能性がある」[37]。人種間格差の原因として、遺伝子をレイシズムに対置させるこの前提は、もしも人種間格差の原因が遺伝子ならば、人々は、とくに人種ヒエラルキーの最上位を占める白人は、格差の構造を変えるために何かしなければならないという道徳的責任を感じなくてもよいということを含意するのである。

この考えの核心にある重大な欠陥は、人種グループ間に遺伝的差異があると仮定していることではない。これまで見てきたように、人種は、遺伝的祖先を代表するものとしては粗すぎるが、遺伝的祖先と無関係ではないからだ。遺伝的差異を人生の成り行きの違いに結びつけることもまた、この考えの重大な欠陥ではない。これから本書の中で説明していくように、われわれ自身を形作るにあたって遺伝子が重要だということを示す科学的根拠は無数にあるからだ。しかも、遺伝子が形作るのは、身体的特徴だけではないのである。

この考えの決定的な欠陥は、遺伝に起因する人種間の差異が存在すれば、不平等に対処するというわれわれの社会的責任は問われなくなると前提していることだ。この後に続くいくつかの章で述べるように、遺伝の影響があるということは——その影響が、社会的に定義された人種グループにわたって、どのように分布しているかによらず——社会的な機構によって社会を変化させる見込みがそこから先はゼロになるという明確な境界線を引くものではないし、われわれの社会的責任の「免罪符」にはならないのである。

究極的には、今後、異なる祖先を持つさまざまな集団のゲノム・データが大量に流れ込んでくれば、知能テストのような既存の道具で測定された認知能力など、心理学的形質に関連する遺伝的バリアントがどれだけありふれているかといったことに関する集団間の差異は、むしろきわめて小さいことが示される可能性が高いと私は見ている。しかし、人々の遺伝的差異がどうであれ、社会的に定義された人種集団間に遺伝的差異がどう分布しているかによらず、遺伝的差異が人の形質の発達にどれほど強く影響を及ぼしていようと、その形質が身体的なものであれ心理的なものであれ、そうしたことには関係なく、主にヨーロッパ系の祖先を持つ集団という、全地球的な多様性の中ではほんの小さな一部分にすぎない人たちだけが有利になるような社会ではなく、すべての人のためになるような社会にしていく責任から、われわれは逃れることができない。そして、すべての人のためになるような社会を作るという責任は、われわれが立てる政策の中に生かされなければならない。つまり、われわれが立てる政策には、進化生物学者のテオドシウス・ドブジャンスキーが述べた、次の真理が反映されていなければならない。「遺伝的多様性は、人類のもっとも貴重な資源であり、単調な同一性という理想的状態からの残念な逸脱などではない。……人間に秘められた可能性を充足させないことは、人間の資源の浪費なのだ[38]」。

■まとめと展望

ここで本章の要点をまとめておこう。遺伝的祖先は、人々を各人の系譜に結びつけるものであり、プロセスにもとづく概念である。それに対して、人種は、人々を社会的に構成されたグループに結びつけることによって、ヒエラルキーをなす権力関係を維持しようとするものであり、パターンにもとづく概念である。ＧＷＡＳは、知能、行動、学歴について、「ヨーロッパ系」の祖先だけを持ち、白人が社会的に構成されるアメリカ特有のやり方のために白人と自認する可能性の高い人たちからなるサンプル内の個人差を調べるものである。GWASの結果は、他の祖先を持つ集団には必ずしも一般化できず、祖先の異なる集団を比較するためには使えない。人種集団間であれ、祖先の異なる集団間であれ、知能テストの成績には遺伝にもとづく差異があるという主張に科学的根拠はない。アメリカの黒人が、白人と比べて社会的により劣悪な経験をしているのは遺伝的な理由があるからだという考えは、何世紀にもわたるレイシズムの思想の上に成り立っている。そして、その思想は、人々の差異を、白人を最上位に置く人種のヒエラルキーの観点から見ている。そして、決定的に重要なのは、ある一組の遺伝的特徴を持つ人たちだけを有利な立場に立たせる社会ではなく、すべての人のためになる社会を作ることへのわれわれの責任は、遺伝学の分野でどんな発見があろうと、なくなりはしないということだ。

遺伝学と社会的不平等との関係について論じる際に、以上のことをはっきり念頭に置いておくのは、ときに非常に難しい。その難しさは単なる偶然ではない。その難しさは、社会的ヒエラルキーに正当性を与えるべく、イデオロギーの道具箱に生物学を加えようと、数十年ものあいだ執拗に続いてきたレイシズムの思想の結果なのである。これに続く各章では、個人差を引き起こすものとして遺伝子をまじめに受け止めなければならないと論じていくが、その際には、ときどき本章を見直して、個人差と人種間の差異はなぜ同じものではないのか、そして、遺伝的差異の存在があっても、われわれの社会的責任がなくならないのはなぜかを思い出してもらえればと思う。

本章ではそれとともに、もう少しじっくりと意味を明らかにしていく必要のある重要な問題にも触れた。たとえば、遺伝的な原因は社会的なメカニズムを持ちうるという考え（第七章で扱うテーマ）や、遺伝の影響があっても、社会変化の可能性に乗り越えられない壁ができるわけではないという考え（第八章、第九章で扱うテーマ）などがそれだ。しかし、そういう重要な問題に踏み込む前に、より基本的な、ひとつの問題に向き合う必要がある。遺伝的な原因とは何だろうか？　第三章で述べたように、GWASは、DNAの小さな一部分と、あるひとつの成り行き(アウトカム)との相関関係を求めるものだ。しかしよく言われるように、相関関係は因果関係と同じではない。では、いったいどうすれば、GWASで得られた相関から、遺伝子はある特定の歴史的、文化的な文脈における社会的不平等の原因かもしれないという理解が得られるのだろうか？　この問いに答えるためには、「原因」という言葉の定義を、もう少し精密化しておく必要がある。次章ではその問題に取り組むことにしよう。

第五章　生活機会（ライフチャンス）のくじ

心理学の入門コースを取った学生なら誰でも知っているように、「相関関係は因果関係と同じではない」。どの料理にもウニのペーストを多めに加えるレストランはＹｅｌｐで比較的高評価を得るかもしれないが、その相関関係は因果関係とはいえず、どの料理にもウニを加えることが人々のレストランでの食事をより楽しいものにしているとは限らない。同様に、ゲノムワイド関連解析で、祖先がヨーロッパ系で特定の遺伝的バリアントを持つ子どもたちのほうが学校の成績が良いことがわかったが、では、それらの遺伝的バリアントは人々の教育の成り行き（アウトカム）の原因なのだろうか？

　これは、一見したときに思うよりも複雑な問題だ。なぜなら、この問いに答えるためには、「原因とは何か？」という、いっそう大きな問題に取り組まなければならないからだ。本章で詳しく述べるように、「原因」の定義はひとつではない。考えている問題が「遺伝は原因になりうるか？」ならなおのこと、人々が「原因」という言葉に与える定義はころころと変わりやすい。どちらの方面に考えを進めるかによって、原因であってほしいものは快く受け入れ、それ以外のものは排除するため、人々が原因に与える定義もそれに応じて膨らんだり縮んだりするのだ。遺伝子が、所得や教育、健康やウェルビーイングにおける社会的不平等の原因だと主張するためには、原因とは何なのか——そして何ではないのか——を、はっきりさせておく必要がある。

■ ルーマニアの里子実験

一九六六年、ルーマニアの共産主義政権は、四十五歳未満であるか、または子どもの人数が五人未満である女性の中絶を禁止した。[1] 望んだわけでも、養えるわけでもない子どもを産むよう強いられた多くの女性たちが、生まれた赤ん坊を手放し、その子どもたちは国営の孤児院に収容された。こうして五十万人以上の子どもたちが、国営の施設で育てられることになった——「心の殺戮現場」で育てられた「失われた世代」である。[2] 権威主義的政権が倒れてルーマニアが西側に開かれたとき、この国の孤児院を訪れた人たちは、そこで見た恐ろしい光景に衝撃を受けた。何百人もの子どもたちが、不気味に沈黙したまま、そっけない金属製の幼児用寝台の中でじっとしていたのだ。世話をする者とのあいだに安定した愛着関係を持てないまま、日常的に暴力と辱めを受け、自分以外の人間から感情面と知的な面での必要を満たしてもらえることはけっしてないであろうと絶望した子どもたちは、沈黙の中に引きこもったのだ。

ルーマニアの孤児たちが国営の施設で経験していた極度のネグレクトを見るなり、アメリカの科学者たちの一グループはそこに、人間の心理に関する、ある問題に答えるための絶好の機会を見て取った。十分に良好な環境が与えられなければ心が正常に発達できなくなる、臨界期の窓はあるのだろうか？　この問いに答えるために、二十世紀の半ばには心理学者のハリー・ハーロウが、幼い子ザルを母ザルから引き離すという、残酷で倫理にもとる実験を行った。ハーロウの野蛮な実験は、幼い霊長類が健全に成長するためには、食べものとミルクだけでなく、保護者との身体的な親密さが必要だということを示す、一度聞いたら二度と忘れられない例となった。[3]それから数十年のうちに、イギリスの精神分析家ジョン・ボールビーと、のちにはボールビーの学生だった心理学者メアリー・エインスワースが、ハーロウの洞察を発展させ、彼らが「愛着」と呼ぶものについての理論を作った。[4]幼い霊長類が認知能力と感情面の両方で十分な発達を遂げるためには、世話をする者とのあいだの単なる身体的な近さ以上に、働きかけに応えてくれる温かい関係性が必要だというのだ。

　そんなとき、愛着関係を奪われた一群の子どもたちが見出された。愛着に関する理論は正しいのだろうか？　愛着関係を奪われた環境から救出されれば、子どもたちは回復することができるのだろうか？　介入する時期が早いかどうかは、重要なのだろうか？

　アメリカの科学者グループはこれらの問題に取り組むために、それまでルーマニアにはなかった里親制度を創設した。その後、どの子どもが孤児院に残り、どの子どもが里親のもとに引き取られるかを、文字通りの「くじ引き」で決めた。それは、科学的な問いに答えるために設けられた、生活機会（ライフチャンス）［（life chances）ケアリーバー（養護施設などで育ったのち自立した人々）に対して社会構造が与える選択可能性（オプション）］のくじだった。[5]里親に養育される子どもたちと、施設に残る子どもたちを分けたのは、純然たる無作為性である。研究者たちはこの実験を行うにあたって適切な承認を受けており、少なくともひとつの論文では、この研究が提起する倫理的問題について論じている。しかし、社会的弱者集団を使ったこの実験が、倫理的に受け入れられるものだったかどうかについては、今も論争が続いている。[6]

研究者たちは、両方のグループ——くじに当たった子どもたちと、はずれた子どもたち——について、身体、脳、感情、心、そして人生が分岐していく様子を追跡調査してきた。二〇〇七年、この研究のランドマークとなる論文が、「サイエンス」誌に掲載された。[7] 月齢が五十四カ月になった時点で、無作為に里親制度に割り振られた子どもたちの平均IQは八十一だった。一方、無作為に孤児院に残された子どもたちの平均IQは七十三だった（IQは、集団の平均点が百になるよう設計されており、標準偏差は十五ポイントである。したがって、IQ八十一は、九十パーセントの人たちよりもIQが低いことを意味し、IQ七十三は、九十六パーセントの人たちよりもIQが低いことを意味する）。これは「有意の」差、つまり、偶然に起こったとは考えられない差だった。

結論は明快だった。抱き上げたり、話しかけたり、本を読んでくれたり、外に連れていってくれたりする者がいない孤児院のそっけない幼児用寝台の中で育てられるのではなく、家庭の中で育てられたほうが賢くなるということだ。また、救出される時期も重要だった。平均IQがもっとも高かったのは、幼いうちに孤児院から救出された子どもたちだった。それとは対照的に、里親に引き取られた時点で三十カ月を超えていた者と、孤児院で子ども時代のすべてを過ごした者とでは、平均IQに違いはなかった（三十カ月の子どもはほんとうに幼い。多くの子どもはまだオムツをしている）。

私がこの研究の話をしたのは、環境、とくに人生初期の環境の質が、幼児期における認知能力の発達に影響を及ぼすことを立証したいからだと思われたかもしれない。実際、人生初期の環境は認知に影響する。しかし、私が言いたいのはそこではない。読者には、次の問題に目を向けてほしいのだ。孤児院から救出されて里親の家庭に入ったことは、ＩＱを増大させた原因だったのだろうか？

この研究を行った研究者たちは、たしかにそうだと考えていた。彼らは、論文に次のように書いた。「里親制度による介入の結果としてもたらされた（ＩＱの）違いは、真の介入効果を反映しているとわれわれは確信している」（p.1940、強調は本書の筆者が付け加えたもの）。この研究者たちは、里親制度はより高いＩＱと関連しているとか、より高いＩＱと相関していると言ったのではない。里親による養育は、孤児院での養育に比べて、ＩＱが上がった原因だと主張しているのだ。

社会科学者のあいだでは、因果効果を検証したという彼らの主張は、とくに論争になるようなことではない。多くの者は、適正に行われたこうした実験の結果は、因果関係があるという証拠だと解釈するだろう。そして、われわれ社会科学者がここで「原因」という言葉に違和感を覚えないのは、因果関係とは何かについて、特定の定義が前提とされていることを意味する。原因とは、違いを生じさせるものなのだ。

■ 原因と反事実

一七四八年、スコットランドの哲学者デーヴィッド・ヒューム[8]は、「原因」にひとつの定義を与えたが、実はそれは、ふたつの定義をひとつに合体させたものだった。

原因とは、ある対象に続いて別の対象が生じ、第一の対象と類似したすべての対象に続いて、第二の対象と類似の対象が生じるような、その第一の対象と定義することができる。別の言い方をするなら、第一の対象が存在しなかったなら、第二の対象はけっして存在しなかっただろうということだ［強調はヒューム によるもの］。

ヒュームの定義の前半は、規則性に関係がある――あることが観察されたとき、別のあることがつねに観察されるだろうか？　私が電灯のスイッチを入れれば、照明はほぼ例外なく点灯する。以下では、われわれが原因と考えること（照明のスイッチを入れること）をX、その効果（点灯すること）をYと呼ぶことにしよう。

因果関係を規則性の観点から説明する定義は、それから二世紀にわたり哲学者たちの注意を引いてきたのに対し、ヒュームの定義の後半部分――第一の対象が存在しなかったなら、第二の対象はけっして存在しなかった――は、ほとんど無視されていた。ようやく一九七〇年代になって、哲学者のデーヴィッド・ルイス[9]が、原因の定義として、むしろヒュームの定義の後半部分によく似たものを定式化した。ルイスは、原因とは「違いを生じさせる何かであり、その何かが生じさせた違いは、その何かが起こらなかったならば起こっていたであろうことからの違いでなければならない」と述べたのだ（強調は本書の筆者が付け加えたもの）。

ルイスによる原因の定義で鍵になるのが、「反事実」性だ――Xは起こったが、もしもXが起こらなかったらどうなっていたか、である。里親に引き取られた子どもが、もしも里親に引き取られなかったらどうなっただろうか？　反事実性にもとづく「原因」の定義で、XはYの原因だと述べることは、もしもXが起こらなかったなら、Yが起こる確率は違っていただろうと述べることだ。里親に引き取られたことが、IQがより高いことの原因だと述べることは、もしもある子どもが里親に引き取られなかったなら、その子どものIQはもっと低かった可能性があると述べるに等しい。

ルイスの論文は、哲学の世界では斬新だとして讃えられたかもしれないが、原因とは「違いを生じさせるもの」だという考えは、多かれ少なかれルイスのものとは独立したいくつかの道筋で発展してきた。一例として、ジョン・スチュアート・ミルの定義（一八四三年）を見てみよう。

> もしもある人がある特定の料理を食べて、その結果として死んだとき、つまり、もしもあのときあの料理を食べなかったなら、彼は死ななかっただろうと言えるとき、人々がその料理を彼の死の原因だと言うのは適切だろう[10]（強調は本書の筆者が付け加えたもの）。

ルイスが一九七三年の論文を発表したわずか一年後には、統計学者のドナルド・ルービン[11]が、ルイスのものと驚くほどよく似た言葉遣いで因果関係を定義した。

> 直観的には、ある被験者に対して時刻t_1からt_2までに行われた治療Eを、別の治療Cと比較したときの因果効果とは、その被験者が時刻t_1から治療Eを受けたときにt_2で起こることと、時刻t_1から治療Cを受けたときにt_2で起こることとの違いである。「もしも私が一時間前に、コップ一杯の水を飲むのではなくアスピリンを二錠飲んでいたら、今頃頭痛は消えていただろ

う」（強調は本書の筆者が付け加えたもの）。

■「あのときああなっていたら」を観察する

一九九八年の映画『スライディング・ドア』は、まさに次の問いで幕を開ける。「もしもあのときああなっていたら、と考えたことはないだろうか？」。冒頭近くのあるシーンで、GOOP以前のグウィネス・パルトロウ［GOOPはパルトロウが立ち上げたライフスタイル提案型のブランド。似非科学やスピリチュアルな代替医療を推進しているとの根強い批判がある］演じる主人公は、電車にギリギリのタイミングで滑り込み、順調に家に帰り着いてみると、彼氏が他の女とベッドにいた。それに続くシーンでは、タッチの差でその電車に乗りそびれたグウィネス・パルトロウは彼氏の不貞現場を見ずにすみ、結果として、このろくでなし――映画後半の彼女のセリフによれば、「恥知らず！　ほんとに情けない男」――との残念な関係を続けることになる。映画は、これらふたつの成り行きのあいだを行き来しながら進んでいく――グウィネスが電車にすべり込んでいたら、あるいは、タッチの差でその電車に乗りそびれていたら、どうなるだろうか？

一般に、「反事実」とはまさにそれである。反事実的な言明とは、実際には存在しない世界についての、「もしも」という条件付きの言明だ。そして、まさにその条件付きだということが、「因果推論の根本問題」だとされてきたのである。[12] 同じ人物の別の人生を観察するのは、ほぼ不可能だ。私が、今のこの人生とは別の、『スライディング・ドア』風のオルタナティブな世界に生きる自分を見ることはできない。あの仕事のオファーを受けていたらどうなっていただろうか？　あの結婚の申し込みを受けていたら？

また、われわれが科学者として理解したいと思う、人生における「反事実」的状況を観察することも不可能である。研究者が、ひとりの子どもを孤児院に留め置き、その同じ子どもを里親に委ねて、オルタナティブなふたつの世界に生きるひとりの子どもの人生を比較することはできない。人はひとつの人生を生きるしかない。同じレシピでケーキを焼いても、まったく同じものは二度とできない。XかつNot-Xを経験することはできないのだ。

「因果推論の根本問題」に対処するためにしばしば用いられるのが、Xを経験した人々と、Not-Xを経験した人々との、その後の成り行き（アウトカム）を比較することだ。あなたが孤児院の地獄から救出されてからたどる人生は、もしも私も救出されていたならたどったであろう私の人生について、何ごとかを教えてくれるのではないだろうか?

　この場合の明らかな困難は、たとえあなたと私がふたりとも里親に育てられたとしても、あなたの人生と私の人生は違ったものになるということだ。あなたはあなた、私は私だからである。だとすれば、あなたとわたしの人生のあらゆる違いを取り除き、あなたは経験し、私は経験しなかったひとつの要素だけを残すにはどうすればいいだろうか?

　ルーマニアの孤児院研究のような実験では、この困難に対処するために、誰か一個人の成り行き（アウトカム）を調べるのではなく、人々を複数のグループに分けて、それぞれのグループの平均としての成り行きを比較する。ルーマニアの実験の場合には、六十八人の子どもたちが里親のもとに送られ、六十八人が孤児院に残された。あるひとつのことを共通に経験した——里親に育てられたか、または孤児院で育てられたか——六十八人について平均を取ることにより、人生の成り行きのうちでも個々人によって異なる「雑音」を消し去ろうというのだ。平均を取った後に残ったものはすべて、そのグループに共通する経験によって生じた「信号」である。

　しかし、このやり方がうまくいくのは、同じグループの人たちに共通するもの［たとえば里親に育てられたこと］が、研究者たちの興味の対象である場合だけだ。もしも研究者たちが、たとえば男の子全員を孤児院に残し、女の子全員を里親のもとに送り出していたとしたら、統計的に検出された信号は、里親に育てられたことによって引き起こされたのか、女の子であることによって引き起こされたのかを知るすべはない。学部の一年生がいずれかの時点で、「相関関係は因果関係と同じではない」と教えられるのはこのためだ。たしかに、アイスクリームの販売量は殺人事件の発生率と正の相関を持つが、アイスクリームをたくさん食べることだけが、そういう地域に共通する特徴ではない――気温が上がっていることもまた、そういう地域に共通する特徴なのだ。反事実の世界を覗くために人々のグループを比較するという方法がうまくいくのは、X［原因］を、グループごとに異なるその他あらゆる要素から切り離して取り出せる場合だけなのだ。

　因果変数と想定されるものを、その他あらゆる要素から切り離して取り出す必要があることこそは、実験のデザインにとって、無作為性、すなわちランダムな割り振りを行うことがきわめて重要になる理由だ。人生経験には多くの要素が複雑に絡み合っている。ランダムな割り振りを行うのは、研究者が宇宙に介入して、誰が、何を経験するかを、それ以外のあらゆる人生の特徴と完全に独立に決定し、複雑に絡み合った糸をほどくためなのである。里親に育てられた子どもたちは、家庭で育てられるだけの価値があるから里親のもとに送られたのではないし、身長が高いとか、見た目が可愛らしいとか、お行儀が良いとか、愛情ある家庭をもっとも必要としているといった理由で選ばれたのでもない。子どもたちが里親に育てられたのは、くじに当たったからなのだ。運が子どもたちの人生に強引に割り込んできて、その運が――運であるという、まさにそのことが持つ価値ゆえに――その子どもたちの人生の成り行きに影響を及ぼす、その他あらゆる原因の網の目から切り離されて取り出されたのである。

ルーマニアの孤児院研究で行われた統計分析は、実際にはかなりシンプルなものだった。調べられたのは、里親に引き取られた子どもたちの平均IQと、孤児院に残された子どもたちの平均IQ、そして、これらふたつの平均IQの差が、完全に偶然だけによって生じた場合に予想される値より大きいかどうかである。また、グループ間の差はどれぐらいでなければならないか、里親制度には実際にはIQを上げる効果はないのに、効果があると誤って結論してしまう可能性はどれぐらいあるのか、里親制度には実際にはIQを上げる効果があるのに、効果がないと誤って結論してしまう可能性はどれぐらいあるのかについても論じられた。こうした考察はいずれも、科学にとっては重要なことだ。しかし、ここで論じたいのはこれらの点ではない。ここでの議論にとって重要なのは、参加者が、Xの異なる値（里親制度か、孤児院か）にランダムに割り振られる実験は、XがY（IQの上昇）の原因かどうかを検証するために科学者たちが使ってもよい方法として、一般に認められているということである。この方法が認められているのは、これらのグループ間の比較をすることは、Xのときに起こったことと、Not-Xのときに起こったこととの違いを観測する方法だとみなされているからなのだ。[13*]

あなたの背景知識によっては、以上の話はすべて当たり前のことのように思われたかもしれない。実際、これまで話してきたことの中に、心理学入門の講義の範囲を出ることは何ひとつない。もしも以上の話が当たり前のことのように思われたのなら、それは反事実、もしくは因果関係に関する「潜在アウトカム分析」と呼ばれる枠組みが、科学の実践の中に完全に取り込まれているからなのだ。コンピュータ科学者で、「ジャーナル・オブ・コーザル・インフェランス（因果推論誌）」の創設者にして編集者でもあるジューディア・パールは、反事実的論証は、「科学的思考の基礎」だとまで言っている。[14] ある介入によって子どもたちの学校の成績が良くなるかどうか、薬物治療によって症状が緩和されるかどうか、宣伝をすることで商品の売り上げが伸びるかどうかを問うとき、われわれは、「これらのことは平均としてどれだけの違いを世界に生じさせたか？」と問うているのである。

■ 何が原因ではないか

因果関係の反事実的分析が、医療と社会科学の分野では広く行われていることを考えるなら、それと同じ因果関係の理解を遺伝的原因にも当てはめるのは十分合理的に思われる。デーヴィッド・ルイスの言葉を借りるなら、遺伝的原因とは、「違いを生じさせるものであり、それが作り出す違いは、それがなかったなら起こらなかったであろう違いでなければならない」ということになる。

　大事なことなので、もう一度言っておこう。遺伝子を原因と呼ぶことは――実際、なんであれ、何かを原因と呼ぶことは――その原因が存在しないオルタナティブな世界との比較（X対Not-Xの比較）が行われているということを意味する。「遺伝子がある結果をもたらす」と述べることは、「その遺伝子は違いを生じさせる」と述べることなのだ。[15*]

しかし、この路線でさらに歩を進める前に、反事実の枠組みが因果関係の理解に課す限界を、あらかじめ見きわめておくことは有益だ。ルーマニアの孤児院実験――ランダム化された実験で因果関係を推論する比較的シンプルな例――の文脈で、反事実の枠組みの限界について考えれば、遺伝的な原因に「原因」という言葉を当てはめてもよいといえる事情がよりはっきりと見えてくるだろう。

第一に、里親に育てられたことが、子どもたちのIQが増大した**原因**だと結論したからといって、里親による養育がIQを増大させる**メカニズム**を研究者たちが理解していることにはならない。たとえば、里親の効果のメカニズムには次のようなものがありうる。「子どもの働きかけに豊かに応答しながら、温かく世話してくれる養育者がそばにいることで、生理学的な反応性が低下し、グルココルチコイドが学習と記憶に必要なシナプス結合の発達に干渉しにくくする」。それとはまた別の可能性に次のようなメカニズムがありうる。「里親のほうが、ヨウ素をより多く含む食事を子どもたちに与える可能性が高い」。さらにまた別の話として、次のようなメカニズムもありうる。「子どもの脳は〝体験予期型〟の器官なので、子ども時代のごく初期にたっぷりと言語にさらされないと、大脳皮質に十分なシナプスが形成されない」。

メカニズムに関するこうした話はどれも、より下位のメカニズムに順次分岐し、「どのように」というメカニズムのマトリョーシュカ人形ができあがるかもしれない――脳は、養育者がそばにいてくれるという情報をかくかくしかじかの方法でコードし、グルココルチコイドはかくかくしかじかのやり方で前脳のニューロンに影響を及ぼし、体はかくかくしかじかの反応過程でヨウ素を代謝する、等々。里親制度が認知能力の発達に及ぼす効果をわれわれは**理解**していると述べるためには、これらのメカニズムが「どのように」作用しているかを明らかにする必要がある。しかし、メカニズムの理解にかかわる一連の科学的活動は、因果関係の確立にかかわるそれとは切り離すことができる。普通に科学的な話をするとき、われわれは原因という言葉をまったく違和感なく使っている。その原因を具体的に説明するメカニズムについては、ほとんど何もわかっていなくてもだ。孤児院から救出されたことがＩＱを増加させたとして、いったいどうやって？　それを実際に知る者はいないのである。

第二に、反事実の枠組みの中で何かを原因として認めることは、その原因が効果を決定づけていると主張をすることではない。それはただ単に、その原因はその効果が起こる確率を上げると言っているだけなのだ。通常の科学的実践の場面でも、日常の暮らしの中でも、われわれはごく普通に非決定論的な原因について語る。そして非決定論的な原因について語るとき、われわれはただ単に「相関がある」と言っているのではない。非決定論的な原因について語るとき、その基礎には、ランダムな割り振りのもとで何かを経験することにより、特定の成り行き（アウトカム）を経験する確率は上がるが、必ずその成り行きになると決定づけられるわけではないような実験の結果（アウトカム）が存在する。精神療法と抗うつ剤を組み合わせた治療を施せば、抑うつ状態にある十代の若者が自殺を考えなくなる確率が上がる（しかしその治療は、誰にでも効くわけではない）[16]。エクササイズをすれば、体重が増える確率が下がる（しかしエクササイズをしてもなお、体重を増やさずにいるのが難しい人たちもいる）[17]。妊娠中に葉酸を十分に摂取すれば、赤ん坊が神経管欠損症を持って生まれる確率は下がる（しかしその可能性がゼロになるわけではない）[18]。自殺を考えること、体重が増えること、神経管欠損症の赤ん坊が生まれることはみな、確率的な出来事だ。しかし、こうした確率的なケースについて語るときにも、われわれは原因と結果という言葉を使うことをやめない。原因と結果という言葉でわれわれが語るのは、われわれには人々の機会（チャンス）を変化させる力があるということなのだ。

ルーマニアの孤児たちのIQに話を戻せば、孤児院に残された子どもたちの平均IQは七十三だったが、その中にもバラツキはあった。孤児院に残された子どもたちの中にも、里親制度のために施設から連れ出された子どもたちよりもIQが高い者はいたのである。そこで、ひとつ恣意（しい）的なカットオフ値を定義しよう。IQが七十以上の場合を「正常」とするのだ（このカットオフ値は恣意的なものだが、一定の意味はある。ひとつには、アメリカではこれと同じカットオフ値が、犯罪を断罪されるかどうかの境目になっている）。里親制度に割り振られることは、個々の子どもが「正常な」認知能力を発達させる可能性を増大させるが、それに関して確かなことは何も言えない。子どもの環境のあらゆる面を変化させる――何を食べるか、どこで眠るか、どのように学習するか、誰がその子の世話をするか、その世話をどれだけ愛情込めて一貫して行うかをすべて変える――過激な介入を行ってさえ、それだけでは、その子どもが特定のレベルの認知能力を獲得すると決定づけるには足りないのだ。しかし、このようなごく普通の非決定論性があるからといって、何かが原因として不適格だということにはならないのである。

第三に、決定論的な因果関係がない以上、ある特定の個人に対して、ある成り行き（アウトカム）を引き起こした原因について確信をもって何かを主張することはできない。ルーマニアの孤児院から連れ出されて里親に育てられ、IQが八十二だった子どもを考えよう。その子どものIQには、里親に育てられたことがどれぐらい影響しているだろうか？　その答えは、わからない、である。里親に育てられた子どもたちは、そうでなかった子どもたちに比べて、IQが平均で八ポイント高かったと言うことはできる。しかし、里親に育てられた特定の子どもが、孤児院に残された特定の子どもより、里親に育てられたおかげでIQが上がったと言うことはできない。あるいはまた、ある子どものIQが八十二だったとして、そのうち八ポイントは里親に育てられたおかげで増加したと言うことはできない。

最後に、原因の「移植可能性」は限定的かもしれず、移植可能かどうかがわからないこともある。ルーマニアの里子研究の結果を、施設で育つよりも里親のもとで育つほうが良いという洞察を与えるものとして述べることはできる。しかし、これらの結果は、すべての孤児院、すべての里親制度について、時代と場所を問わず真実なのだろうか？　もしもその研究が、二〇一九年のニュージャージーで行われていたらどうだろう？　十六世紀のフランスで行われたらどうだったろう？

発達心理学者のユリー・ブロンフェンブレンナーは、人々の生活を生命生態学（バイオエコロジー）の観点から見ることを提唱した。[19] 人はみな、同心円状に重なった円環の中心円盤で表され、外側の円環は相互に影響を及ぼし合っている。ある人のすぐ外側を取り巻く円環が、ミクロな文脈［ブロンフェンブレンナー自身の言葉ではマイクロシステム］で、そこにはその人が直接関係するあらゆるもの——家族、友人、学校、近所、日常的に関係する制度——が含まれている。あなたは日常的に、誰と会って話をし、何を目にするだろうか？　どんな空気を吸い、どんな水を飲み、どんな食料を体に取り入れているだろうか？　一番外側の円環が、政治体制、経済、文化というマクロな文脈［マクロシステム］である。その中間には、さまざまな制度（学校や職場など）があって、マクロな文脈と、その人が日常的に関係を持つミクロな文脈とをつないでいる。

ブロンフェンブレンナーの生命生態学的(バイオエコロジカル)モデルは、人間行動の原因の移植可能性について考えるために有用な思考の枠組みを与えてくれそうだ。因果関係に関するある主張が、もはや真実でなくなるためには、これら同心円環のうち、どれがどれぐらい変わらなければならないだろうか？　なお、メカニズムについて知ることは、移植可能性を知るためにも役に立つ。なぜなら、メカニズムがしっかり理解できれば、かつて一度も観察されたことのない条件のもとでも、因果関係の出現を予測できるようになるからだ。「ナトリウム－カリウム・ポンプの作用は、ニューロンが電位を持つ原因である」という主張は移植可能性が高く、ブロンフェンブレンナーの同心円環システムがどう変化しても成り立つだろう。この因果的主張は、古代の狩猟採集民族に対しても、二十一世紀の北朝鮮の人たちに対しても成り立つ真実である。それに対して、「里親に育てられたほうが、子どものＩＱはより高くなる」という因果的主張は、生命生態学的なシステムの同心円環になんらかの置き換えがあれば真実でなくなる可能性が高く、移植可能性は低い。

遺伝的な関連性は、厳密にはどれぐらい離れた時間と場所にまで移植可能なのだろうか？　この問いは、データにもとづいた研究がまさに始まりつつある経験的な問いである。たとえば、ポリジェニックスコアと学歴との関連性は、学校で学ぶことが社会的に今より困難だったかつての女性たちよりも、教育機会にアクセスしやすくなった最近の女性たちのほうが大きいことがわかっている。[20]第八章では、ほかにもこのような例に出会うだろう。しかし当面、移植可能性に限界があるからといって、そのこと自体は、因果関係の存在と両立しないわけではないとだけ述べておこう。

因果関係があると言うためには完全に移植可能でなければならないという主張は、行動遺伝学に対するもっとも根強い批判の火に油を注いできた。進化生物学者のリチャード・レウォンティンは、人間行動の遺伝学という分野そのものに激しく反対して、「歴史的（すなわち、時間と空間に関する）限界」を持つか、あるいは「機能的関係性（すなわちメカニズム）」に関する情報を与えない科学的結果は、「何の役にも立たない」と言い切った。[21]

このスタンスとは対照的なものとして、科学者たちが、「認知行動療法は過食症の症状を緩和するか」や、「公立学校での〝性の健康〟カリキュラムは梅毒の感染率を下げるか」や、「ｉＰｈｏｎｅは十代の若者の自殺を増加させるか」を検証する場合について考えてみよう――これらはいずれも、社会的・歴史的に特異的な現象である。もしも遺伝的原因に焦点を絞り込むのではなく、後ろに引いて広角レンズを使い、これまで典型的には、歴史学、経済学、社会学、政治科学、心理学――すなわち、あらゆる社会科学――の分野で調べられてきた別の種類の原因について考えてみるなら、原因は完全に移植可能でなければならないという主張は、奇妙なものに見えはじめるだろう。それよりはむしろ、移植可能性に幅を持たせて、「雨の火曜日に研究室の中でだけ起こる現象」から、「あらゆる時間とあらゆる場所にいるすべての人間について真実であることが期待できる自然法則」まで、さまざまなグレードがあると考えるほうがはるかに有益だろう。

厚い因果関係と薄い因果関係

普通の社会科学や医学の講義では、われわれはとくに何の違和感もなく、何かを「原因」と呼んでいる。たとえその原因が、（ａ）どんなメカニズムで結果をもたらすかをわれわれが理解していなくても、（ｂ）結果との結びつきが決定論的でなく、確率論的だとしても、（ｃ）異なる時間と空間への移植可能性が不確かだとしても、である。原因を特定したと主張するために必要なのは、あるグループの人たちの平均的な成り行き（アウトカム）は、もしもその人たちが経験したのがＮｏｔ－ＸではなくＸだったら別のものになっていただろうという証拠を示すこと「だけ」なのだ。そして、その人たちが経験したのがＸだったらどうなっていたかをあなたは知っていると主張するための根拠としてもっとも説得力があるのは、人々をＸまたはＮｏｔ－Ｘにランダムに割り振ることである（右で「だけ」とカッコに入れたのは、皮肉なニュアンスを表すためである。人間行動の科学や社会科学を研究している者なら誰でも知るように、因果関係について推論できるために、興味のある変数を、存在しうるさまざまな交絡（こうらく）変数［想定される原因と結果の両方に関連する外部変数］のネットワークから切り離して取り出すことは、それ「だけ」でも、とてつもなく難しいデリケートな操作になる場合が多いのだ）。これを、「薄い」因果関係のモデルと呼ぶことにしよう。[22*]

「薄い」因果関係のモデルと、単一遺伝子病や染色体異常の場合のような、「厚い」因果関係とを対比させてみよう。たとえば、ダウン症候群の場合を考えよう。ダウン症候群は、単一の、決定論的な、移植可能な原因によって定義づけられる。二十一番染色体を、二本ではなく三本持つことが、ダウン症候群の必要にして十分な唯一の原因だ。二十一番染色体を三本持つこととダウン症候群との因果関係は一対一であり、前向き推論も後ろ向き推論も同じように可能である。ダウン症候群の原因は二十一番染色体トリソミーであり、二十一番染色体トリソミーの結果はダウン症候群である。二十一番染色体を三本持つことはダウン症候群になる確率を上げるのではない。

それは、決定論的な条件なのである。そしてこの因果関係は、多かれ少なかれ、トリソミーとダウン症候群の関係は、各人が生まれ落ちた社会的環境によらず等しく成り立つとわれわれが予想しているという意味において、「自然法則」として働く。

学歴同様、複雑な人間の成り行き（アウトカム）に遺伝的原因があるかどうかをめぐって激しい感情が渦巻くのは、人々が――科学者も、一般の人たちも同じく――遺伝子はつねに「厚い」原因として働くはずだと考えているからだ。つまり、遺伝子はつねに、ダウン症候群の場合と同じように働くと考えているのである。社会科学者である私が「遺伝子は行動の原因になる」と言うとき、私は反事実――もしもあなたの遺伝子が違っていたとしたら、あなたの人生は違うものになっていた確率はゼロではない――に関係する確率論的な主張をしているのだ。私は、ある特定のDNAの塩基配列が、ひとりの人間の人生の成り行き（アウトカム）の必要または十分な原因だと主張しているのでも、DNAがあなたの人生のすべてを決定すると主張しているのでも、この反事実が時間と空間を越えて完全に移植可能だと主張しているのでも、あなたの人生は、突き詰めればあなたの遺伝子によって完全に決定されていると言えると主張しているのでもない。それどころか私は、DNAのどの小部分についても、それがどのように働くかを知っているとさえ主張してはいないのだ。

■ ランダムな遺伝子？

以上の話から、もしもXとNot-Xへの割り振りがランダムに行われるなら、XとNot-Xに確率的に関連する成り行き（アウトカム）の違いを観察することが、Xはその成り行きの「薄い」原因であることを示す十分な根拠になると納得してもらえたのではないだろうか。しかし、ある遺伝型と別の遺伝型に人々をランダムに割り振る遺伝学の実験は、まだ（今のところは）行われていない。では、何であれ遺伝子に関することを原因と言うためには、どうすればいいのだろうか？　次章ではこの問題に取り組もう。

第六章　自然によるランダムな割り振り

旧約聖書の「創世記」では、創世の物語が始まるやいなや、別々の職業を選んだ弟と兄が登場する。「アベルは羊を飼う者となり、カインは土を耕す者となった。……主はアベルとその捧げ物に目を留められたが、カインとその捧げ物には目を留められなかった」(創世記4：2-5)。ことの顛末は誰でも知っている。天地創造からわずか一世代にして、弟と兄はそれぞれの労働に対して異なる報いを受け、その不平等が引き起こしたふつふつと沸き立つような恨みが、人類最初の殺人につながったのだ。

この兄弟はなにゆえ異なる人生を歩むことになったのだろうか？　一方は土地を耕す者となり、他方は羊を飼う者となった。一方は犯罪者となり、他方はその被害者となった。前章で説明したように、もしもわれわれの興味が、職業選択や攻撃性を引き起こす環境要因を検証することにあるのなら、実験をしてみればよい。たとえば、たくさんの家族をふたつのグループにランダムに割り振って、一方のグループには、子どもたちが良い幼稚園に通えるように手配してやり、他方のグループには、それぞれ自力でできる範囲の子育てをしてもらう。第一のグループの子どもたちは大人になって、労働市場で異なる選択をするだろうか？　その子どもたちが大人になったとき、凶悪犯罪に手を染める可能性は下がるだろうか？　たとえわれわれがその実験を正しく行ったとしても、幼稚園での経験がどういうメカニズムで攻撃性に影響を及ぼすのかはわからないままだろう。その実験の結果を、どうすれば異なる社会、政治、歴史の文脈に移植できるかもわからないだろう。しかし、良い幼稚園に入ることが、平均として暴力を減らすかどうかについては、なにがしかのことは自信を持って言えるだろう。

環境要因ではなく遺伝的な要因ならどうだろうか？　ゲノムの変化が人生の成り行きに因果効果を持つかどうかを検証するために、ランダムに選んだ一組の子どもたちに、子宮内でゲノム編集を施すという実験を行うのは本質的に不可能だし（今のところは）、そんな実験が倫理に反するのは間違いない。しかし、科学にとって幸いなことに、子どもたちに遺伝子をランダムに割り振るためにわれわれが実験を行う必要はない。なぜなら、自然はすでにわれわれの代わりにそれをやってくれているからだ。

思い出してほしいが、ヒトはどの遺伝子もふたつずつ持っているが、親から子へと受け継がれるのは、そのうちの一方だけなのだった。子どもができるたびに、父親と母親がふたつずつ持っている遺伝子のうち、どちらが子に受け継がれるかがランダムに決まる。つまり、遺伝の仕組みは、前章で説明したルーマニアの孤児院実験とまったく同じなのである。ルーマニアの孤児院実験では、里親に引き取られた子どもと、孤児院に残された子どもとを分けたのは運だった――実験者がくじ引きで決めたのだ。日常的な成り行きの中で、遺伝的バリアント**X**を親から受け継いだ子どもと、同じ親から生まれてバリアント**X**を受け継がなかった子どもを分けるのも運だ。ただし、その運を支配しているのは実験者ではなく、自然それ自体である。

親の遺伝型が一組あるとして、両親を同じくする子どもたちがどの遺伝子を受け継ぐかはランダムに決まる。その結果として、遺伝的に異なるきょうだいを比較することは、遺伝子が人々の人生の成り行きに及ぼす平均としての影響について、因果的な結論を引き出すために役立つのである。あるグループのメンバー全員がバリアントXを受け継ぎ、その人たちのきょうだい全員がバリアントNot-Xを受け継いだとすると、これらふたつのグループの学歴を比較すれば、バリアントXが学歴に及ぼす平均としての因果効果を推定することができる。きょうだいを比較する実験の論理は、薬物療法に関するランダム化比較実験や、環境への介入に関する実験的研究のそれとまったく同じだ。

別の言い方をすれば、もしも遺伝的に異なるきょうだいに、健康、ウェルビーイング、教育において対応する違いがあれば、遺伝子がそうした社会的不平等を引き起こす原因であることの根拠になるということだ。きょうだいの遺伝的差異という自然のくじを利用して、たとえば、抽象的な情報をどれぐらいうまく操作できるか、整理整頓は得意か、衝動傾向はあるか、どこまで上の学校に進むか、どれだけお金を稼ぐか、どのぐらい幸せで満足のいく人生を送るかといったことに、遺伝の影響があるかどうかを調べることができるのだ（ここで、前章で説明した「薄い因果関係」に関する注意事項を思い出してほしい。私は、特定のDNA塩基配列が特定の人の人生の成り行きの、必要または十分な原因になると主張しているのではない。また、DNAが、なんであれ人々の人生に関する事柄を決定しているとか、遺伝的原因はあらゆる社会的・歴史的文脈でまったく同じように作用するとか、あなたの人生を決定づけているのは遺伝子だと主張しているのでもない。そして、いかなるDNAセグメントについても、私はそのセグメントの働き方を知っているとは主張していない）。

そこで本章では、遺伝くじが人々の人生の成り行きに違いを生むかどうかを検証するために、きょうだい、あるいはきょうだい以外の生物学的親戚を比較してきた研究について説明しよう。

■ きょうだい間の遺伝的多様性

私には三つ年下の弟、マイカがいる。私とマイカは、見ればそれとわかるほどよく似たきょうだいだ。同じ茶色の髪と、同じ緑色の瞳を持ち、義母が「ハーデン流のゆっくりした瞬き」と呼ぶ癖がある――誰かにイライラすると、数秒ほど目をつむるのだ。弟はときどき、R言語で書いた関数プログラムを送ってよこす。そんなとき、私は弟に愛されていると感じる。

弟と私はよく似たきょうだいだが、人生の成り行きは違う。私は弟よりも六年長く教育を受け、失業していた期間はなく、弟よりも稼ぎが良く、子どもをふたり産んでいる。弟は今も結婚を継続しており、私の家族や幼馴染の友人たちの近くに住み、私の日常生活についてまわる神経症的傾向とＡＤＨＤの症状からは幸運にもまぬがれ、サッカー場を走りまわっても、いまだに息切れひとつしない。

こうした人生の成り行きのひとつひとつについて、ランダムに生じた遺伝的差異がどれだけ関係しているかを問うこともできよう。しかし、まずは簡単なところで、身長について考えよう。マイカの身長は百七十五センチメートルで、アメリカの平均的な男性より低いのに対し、私の身長は百七十センチメートルで、アメリカの平均的な女性より高い。マイカと私の身長がこうなったのは、異なる遺伝子を受け継いだためなのだろうか？　この問いに対する答えは明らかだろうと思われるかもしれないが、研究者たちがこの問いに答えるために、どんなアプローチを採っているかを見ておくことは有益だ。

この問い――マイカと私の身長が違うのは、異なる遺伝子を受け継いだためなのか？――に対し、多くの科学者はまず、そもそも問いの立て方が間違っていると指摘するだろう。前章で説明したように、身長のような成り行き（アウトカム）は（教育のような、もっと複雑な社会的な成り行きはもちろんのこと）、多くの遺伝子の影響を受けており、それぞれの遺伝子は、身長という表現型に確率的に結びついている。われわれは普通、ある成り行き（アウトカム）が、ある特定の時間と空間に生きる人々のグループに現れる頻度を調べることで確率を観察する。その結果として、遺伝子がひとりの人間の人生に何かを引き起こしたかどうかについては、普通は何も言えない。第二章で話題にしたＮＢＡのバスケット選手で、身長がものすごく高いショーン・ブラッドリーのような極端な場合には、その推論をひとりの人間に適切に当てはめることもできるだろう。しかし一般には、遺伝子をヒトの複雑な表現型に結びつけるために科学者たちが行う研究のデザインでは、遺伝子が平均としての身長差を引き起こすかを検証することはできても、特定の人物がほかの人たちより身長が高いのは遺伝子のためかを検証することはできない。

そこで、問いの立て方を少しだけ変えよう。遺伝子は、平均として人々の身長差を引き起こすだろうか？

これを検証するひとつの方法は、「同祖性」（identity-by-descent：ＩＢＤ）［あるアレル（染色体の一部）が、同じ親（一般には先祖）の同じ染色体から受け継いでいること］を調べることだ。私の母の身体が、のちに私になる卵子を作っていたとき、母の父親に由来する染色体と、母の母親に由来する染色体とが、遺伝物質の一部を交換した。そのため、私が母から受け継いだ染色体は、母方の祖母または祖父のどちらかに由来する部分が交互に組み合わさった私だけのＤＮＡ配列になっている。それと同じプロセスは、母の身体が、のちに弟のマイカになる卵子を作っていたときにも起こった。マイカと私には父親もいるから、それと同じプロセスがさらにもう一度ずつ起こったことになる。

したがって、母に由来するわれわれ（私とマイカ）の染色体の任意の部分に目を向ければ、その部分について、マイカが私と同じＤＮＡセグメントを受け継いでいるなら、その部分について、われわれはＩＢＤ（同祖）だと言う。マイカが私と同じＤＮＡセグメントを受け継いでいる可能性は五分五分である。われわれにはふたりの親がいて、染色体はどれも二本ずつあるから、任意のＤＮＡセグメントについて、マイカと私は事実上クローンのこともある――父に由来するセグメントと、母に由来するセグメントの両方で、ＩＢＤになっている場合だ。あるいは、父に由来するセグメントと母に由来するセグメントで、マイカと私がそれぞれ別のものを受け継ぎ、そのセグメントについては、ほとんど関係がないということもありうる。あるいはまた、一方の親に由来するセグメントはＩＢＤだが、他方の親に由来するセグメントはそうではないということもある。

弟は、本書のために23andMeで遺伝型を調べることに同意してくれた（いかにも年下のきょうだいらしく、マイカはさっそく、二百ドルを送金アプリで振り込んでくれと言ってきた）。便利なことに、23andMeは、マイカと私に共通するＤＮＡセグメントとそうではないセグメントを自動的にグラフ化してくれる〈図６・１〉。それを見ると、たとえば十一番染色体では、われわれ

共有するＤＮＡ
44.6 %
3321cMs

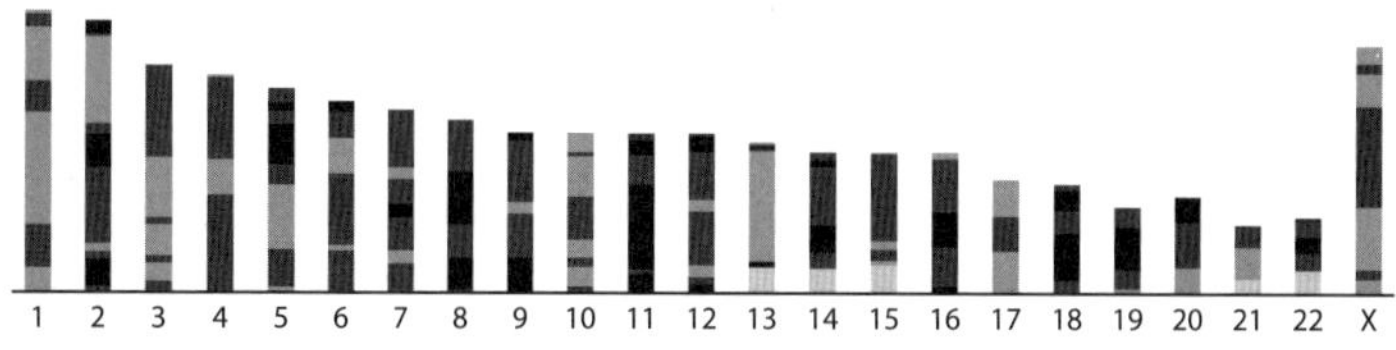

〈図 6・1〉 両親を同じくするきょうだい間の、23 本の染色体の同祖部分。筆者の 23andMe® プロフィールの画像より。筆者と弟は、3321 センチモルガン（cMs）のＤＮＡ配列を共有しており、ゲノムの 44.6%に相当する。

われはほとんど一卵性双生児だ。一方、十三番染色体では、かろうじて関係があるという程度である。

　マイカと私は、平均としてＤＮＡセグメントの五十パーセントを共有していると期待される。しかし、それはあくまでも平均での話だ。コインを千回投げれば、そのうちの五十パーセント、つまり五百回は表が出ると期待される。しかし現実には、五百一回表が出るかもしれないし、五百四十五回出ることだってあるだろう。コイン投げと同じく、生殖は確率論的なプロセスだ。親を同じくするきょうだいはＤＮＡセグメントの五十パーセントを共有していると期待されるが、現実には、期待値よりわずかに多いこともあれば、わずかに少ないこともある。マイカと私が共有するセグメントの割合は期待値よりもわずかに少なく、四十四・六パーセントである。

　二〇〇六年、遺伝統計学者のピーター・フィッセルと彼の同僚たちは、きょうだい間のＤＮＡセグメント共有率にはランダムなばらつきがあることを利用した研究を行った。共有率は、五十パーセントのまわりで上下する。[1] フィッセルらは、ふたり一組のきょうだいについて、「センチモルガン」（cMと表される）と呼ばれる長さにゲノムを分割し、きょうだいが実際に共有する1cMのセグメントの数を調べた（ちなみに、マイカと私は三千三百二十一cMを共有している）。フィッセルらが調べたきょうだいたちは、平均すると四十九・八パーセントのDNAセグメントを共有していた。これは理論的に予想される五十パーセントに驚くほど近い。しかし、任意の一組の共有率にはばらつきがありうる。実際にこの調査では、同祖性による共有率には三十七パーセントから六十二パーセントまでの幅があった。

次にフィッセルらは、異なる遺伝型をより多く受け継いだきょうだいのペアのほうが、身長差は大きいだろうかという問いを立てた。前章で説明したように、この問い――遺伝子は人々の身長に違いを生じさせるだろうか？――は、根本的には因果的な問いである。そしてこの問いに対する答えは、おそらくは読者も予想されたように、イエスだった。

もちろん、きょうだいの身長差には、遺伝的なもの以外にも理由はある（私の弟は、一九八九年のほぼ一年を通して、ライスクリスピー以外のものを食べようとしなかった。あの食生活は、彼の成長を妨げたに違いない）。異なる遺伝子をより多く受け継いだきょうだいのペアのほうが身長差は大きいかもしれないが、遺伝的に引き起こされた身長差は、それ以外の要因による身長差に比べれば微々たるものかもしれない。そこで、遺伝子の相対的な効果を見るためには、次のような比を取ればよい。「異なる遺伝子を受け継いだことで生じるきょうだい間の身長差」÷「人々の一般的身長差」である。この比には、〔英語では〕あたかも日常用語のように聞こえる名前がついている――身長の「遺伝率（ヘリタビリティ）」だ。身長に関するこの研究では、身長の遺伝率は約八十パーセントと結論された。つまり、身長の全分散の約八十パーセントは、異なる遺伝子を受け継いだために生じているのである。

■ 遺伝率とは、遺伝が生み出す違いの大きさのこと

ここで、前章と本章で積み上げてきた議論を振り返っておこう。なぜなら、われわれは「茹でガエル」さながらに、とくに異論のない前提から出発して、いつのまにか大いに異論のある前提にたどり着いたからである。私は前章の話を、とくに異論のない次の前提から始めた。「XまたはNot-Xにランダムに割り振られた被験者グループの、平均としての成り行き(アウトカム)を比較することは、Xの平均としての因果効果を検証することである」。次に私は、きょうだいは、両親の遺伝子に条件づけられてはいるが、遺伝的バリアントはランダムに割り振られていると指摘した。したがって、遺伝的に異なるきょうだいを比較することは、そのバリアントの因果効果を検証することだ——それは、自然それ自体が行うランダム化比較実験なのである。遺伝の場合、因果関係の有無に関する問いは、反事実的依存性［(counterfactual dependence) デーヴィッド・ルイスによる概念で、遺伝の場合について簡単に言えば、反事実的条件が成り立つ場合に、「ある人の人生の成り行き」は、「その人の遺伝型」に因果的に依存するということ。第五章の原註9を参照のこと］の言葉を使って次のように述べることができる。もしもある人物の遺伝型が今と違っていたら、その人の人生の成り行きは今と違っていただろうか？

本章では、私はまず、研究者たちは実際にどのようにして因果関係の検証に取り組んでいるかを説明した。身長に関するフィッセルの研究は、きょうだい間の遺伝型の違いを利用するものだった。遺伝型に違いの大きいきょうだいのペアでは、身長差も大きいだろうか？　その結果は、遺伝率という、どこか聞き慣れた——少なくとも、聞き慣れているような気がする——統計学の

言葉で表すことができる。

こうしてわれわれは、一部の読者からは間違いなく異論が出るに違いない次の結論に達した。遺伝率の推定値——すなわち、人生の成り行きの違いのうち、遺伝型の違いに起因する違いはどれぐらいを占めるかを定量化したもの——は、遺伝子が人生の成り行きに因果効果を持つかどうかの基準になる。

遺伝学の概念の中で、遺伝率ほど混乱を引き起こしてきた概念はおそらくないだろう。遺伝率という言葉は専門用語であるにもかかわらず、不幸にして、［英語では］日常用語のような響きを持っている。「遺伝率（heritability）」という言葉のルーツをたどれば、DNAに関する知識が得られる何千年も前にさかのぼる。heresは、「相続人」を意味するラテン語の男性名詞で、亡くなった人の財産や社会階級を相続する法的資格を持つ人を指す言葉だ。貴族社会は、富、階級、爵位、権力、特権が、世代から世代へと伝えられる「世襲（hereditary）」の社会である。そして「遺産（inheritance）」は、親から子へと伝えられる資産だ。そんなわけで、われわれが遺伝率という言葉を耳にすれば、「遺産」のメカニズムについて、何千年ものあいだ積み上げられてきた文化的なお荷物を背負わずにいるのはほぼ不可能なのである。遺産の目的は、社会的ヒエラルキーを忠実に再現することにある。遺産とは要するに、親から子へと途切れることなく続いていく何かなのだ。

しかし、第二章で論じたように、ヒトは「純系」ではない。遺伝性（ヘリタブル）のある形質は、親から子へと、そっくりそのまま引き継がれるのだろうと考えるのは間違いだ。なぜならその捉え方は、遺伝的なばらつきの半分は、親きょうだいの中に存在するという事実を無視しているからである。

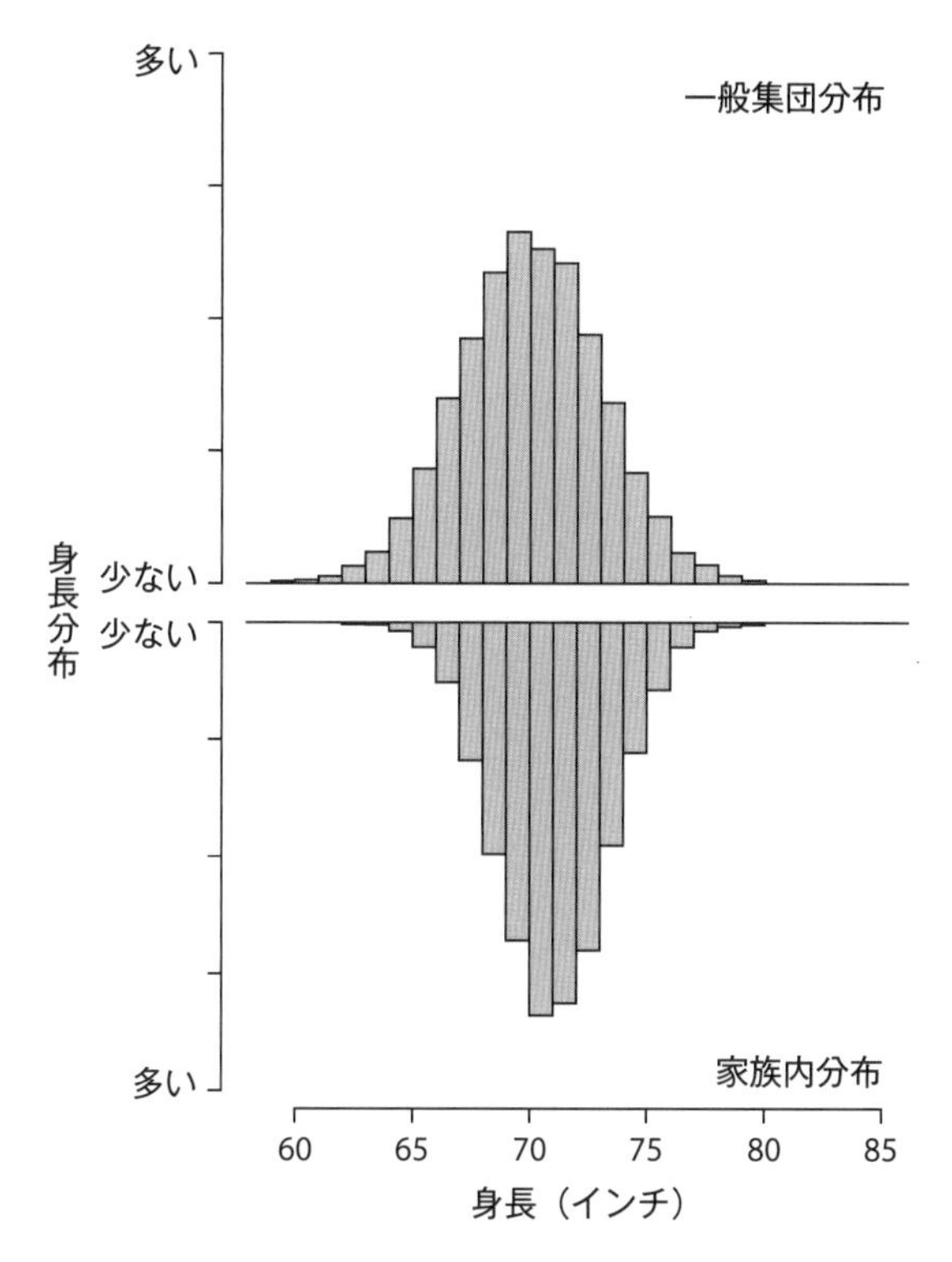

〈図 6･2〉 一般の集団で期待される身長分布（上）と、一対の両親から生まれる可能性のある子どもの集団に期待される身長分布（下）。一般の集団分布は、平均が 70 インチ、標準偏差が 3 インチの場合。家族内分布、すなわち、一組の親から生まれる可能性のある子どもの身長分布は遺伝率 0.8 の場合。

私はどの遺伝子もふたつずつ持っている。そして私の中にあるこの遺伝的多様性が、私の子どもたちの遺伝的違いとして現れるのだ。

　身長の例で話を続けると、身長の遺伝率が八十パーセントだということは、**研究対象になっている**集団内の（これは本章の最後でもう一度取り上げる重要なポイントだ）身長差のかなりの部分は、人々のあいだの遺伝的差異から生じているということを意味している。しかし、身長の違いを引き起こす遺伝的差異は、家族間だけでなく、家族内にも存在する。もしも集団内の成人男性の身長が、標準偏差が三インチで、平均値が七十インチ［約百七十八センチメートル］だとすると、その集団の身長分布は〈図6・2〉の上部のように見えるだろう。この分布と、平均身長より少し背が高い父親（七十一インチ）から生まれる可能性のある男子に予想される身長分布（〈図6・2〉の下部）を比較してみよう。こちらの分布のほうが、幅はいくらか狭くなっている——つまり、少しだけ背が高い親から生まれる可能性のある子どもたちでは、背が非常に低くなる可能性は小さい。しかしその場合でも、身長が非常に低い子どもが生まれる可能性は、けっしてゼロではない。

　このように、高い遺伝率が観察されたからといって、人々のあいだの不平等が世代を超えて続いていくということにはならない。背の高い親が、それほど背の高くない子どもを持つこともある。それどころか、遺伝率が高いということは、同じ親から生まれた子どもたちの人生の成り行きが、大きく違ったものになるということなのだ。遺伝率は、遺伝的に異なる人たちが、表現型の違いを示すかどうかを表す量である。そしてきょうだいは、遺伝的に異なる人たちなのだ。

■ 不平等の七つのドメインと、その遺伝率

すでに論じたように、きょうだいが共有する同祖セグメント率は、身長の遺伝率を推定するために利用することができる。このアプローチを採るためには、人々のDNAを測定できなければならないが、遺伝率という概念そのものは、DNAを測定するテクノロジーが開発される前からあった。二十世紀を通して——そして二十一世紀の今日に至るも——遺伝率を推定するために広く使われている方法は、一卵性双生児と二卵性双生児を比較することなのだ。

双子や三つ子についての報道では、生まれるとすぐに引き離されて別々の家庭で育てられたケースに注目されることが多い[2]——たとえば、ドキュメンタリー映画『同じ遺伝子の3人の他人』[3]に描かれた三つ子の男の子たちも、その点にフォーカスされていた。しかし実際の双子研究は、生みの親によって同じ家庭で育てられた双子に関するものが多い。そこで以下では、「別々に育てられた」と断らない限り、双子といえば、同じ家庭で育てられた双子だと思ってほしい。このタイプの双子研究の基本的な考え方は、おそらくみなさんもご存知だろう。何組かの一卵性双生児を考えよう——『ハリー・ポッター』のウィーズリー兄弟や、Ｆａｃｅｂｏｏｋの権利を主張してマーク・ザッカーバーグを訴えたウィンクレヴィー（キャメロンとタイラーのウィンクルボス兄弟）を想像すればいいだろう。どの一組の一卵性双生児も、一個の受精卵として人生を歩みはじめたが、発生の初期に起こった細胞分裂のきまぐれのせいで、一個の受精卵が二個の受精卵になった。一卵性双生児といえども、必ずしも遺伝的に百パーセント同じというわけではない。発生の初期には遺伝子が突然変異を起こすが、受精卵がふたつに分かれた後に起こった突然変異

は、一卵性双生児のペアのあいだの遺伝的差異になるからだ。遺伝的な違いは、ひとりの人物の体の異なる部分ごとに特定の遺伝子にスイッチが入るかどうか、そしてスイッチが入るのであれば、いつ入るか——が違うことはありうるし、実際に違う。

しかしそうした違いがあっても、一卵性双生児は、人類の歴史が始まって以来、人々を魅了して褒め称えられたり、気味が悪いとして恐れられたりしてきた。今日もなお、一卵性双生児は、自然が行う実験の中でももっとも心引かれるもののひとつだ。あなたと厳密に同じ場所で人生を歩みはじめた別の人間がいるとしたら？　それどころか、あなたではないその人物は、はじめの数時間ほどはあなただったのだ。

一方、二卵性双生児の始まりにはそれほどの面白みはない。二卵性双生児は普通のきょうだいと同じことで、ペアのそれぞれが自分だけのＤＮＡ配列を持っている。普通のきょうだいとの唯一の違いは、一度の月経周期で二個の卵子が放出され、一度の妊娠でふたつの胎児ができたことだけだ。

「生まれるとすぐに引き離されて」、別々の家庭にもらわれていかなかった双子はすべて、一卵性か二卵性かによらず、人生初期の社会環境、とくに社会科学の重要な変数である郵便番号、世帯所得、学区などが同じだ。そのため、双子は同じような育ち方をすると予想される。そこで、双子研究にとって重要な問いは次のことだ。一卵性双生児は二卵性双生児と比べて、どれだけよく似ているだろうか？

同じ家庭で育てられた双子はすべて、親の欠点や、地域の条件、学校については同じ経験をす

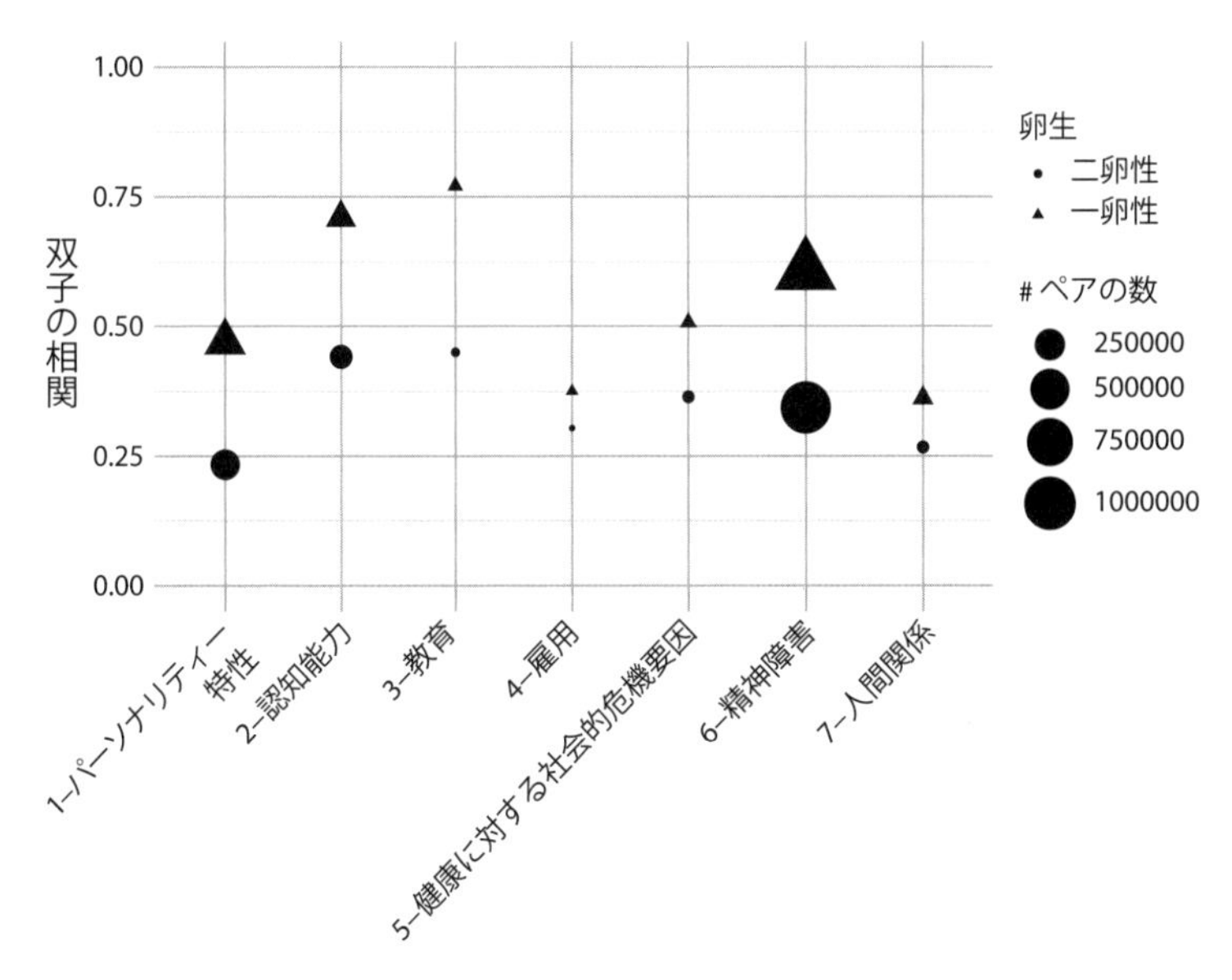

〈図6・3〉 不平等の七つのドメインに関する一卵性と二卵性の双生児それぞれの相関。

る。しかし一卵性双生児は、より多くを共有している。一卵性双生児は、(ほとんど)すべての遺伝コードを共有している。あるいは別の言い方をすれば、二卵性双生児は一卵性双生児と比べて共有するものが少ない。二卵性双生児は一卵性双生児と比べて、ペアのあいだの遺伝的な違いが大きいのだ。本章のはじめのほうで取り上げた、きょうだい間の身長差に関する研究の場合と同じく、遺伝子が人生の成り行きに及ぼす因果的な影響を検証しようとするとき、鍵となる問いは次のことだ。遺伝的な違いがより大きい人たちは(一卵性双生児と比べて二卵性双生児は)、表現型の違いもより大きいのだろうか? ある特定の形質、たとえば身長について、二卵性双生児のペアのあいだの違いのほうが、一卵性双生児のペアのあいだの違いよりも大きければ大きいほど、その形質の遺伝率は高い。

二〇一五年のこと、「ネイチャー・ジェネティクス」誌に、五十年に及ぶ双子研究――二百万人以上の双子のペアに関する一万七千以上の形質についての、二千篇以上の論文――を総括する研究論文が掲載された。[4] その論文から、人生の七つのドメインに関するデータを引き出してグラフにしたのが、〈図6・3〉である。


最初のふたつのドメインは「パーソナリティー特性」と「認知能力」で、人間の心理的側面に関するものだ。これらふたつが重要なのは、三番目のドメイン「教育」の成り行き（アウトカム）ともっとも強く相関している心理特性だからである。[5] そして「教育」は、四番目のドメイン「雇用」、すなわち労働市場における成功を決定づける大きな要因だ。失業および低収入の両方、またはいずれか一方に当てはまる人々は、五番目のドメイン「健康に対する社会的危機要因」で、汚染や暴力事件の発生率が高い貧しい地域に暮らしているといった困難を経験している。最後のふたつのドメインは「精神障害」と「人間関係」で、前者は、うつ病やアルコール依存症になるリスクなどが関係しており、後者は、結婚、離婚、孤独を感じているか、友だちによく会うかなどが関係している。

〈図6・3〉の●のサイズからわかるように、双子研究で蓄積されたデータは膨大な量にのぼり、精神疾患に関する双子研究では、百万組以上の双子についてデータが得られている。そして、グラフの●と▲の距離からわかるように、どのドメインでも、二卵性双生児は一卵性双生児よりも違いが大きい。そして、二卵性双生児の相関と一卵性双生児の相関のあいだの距離が大きければ大きいほど、そのドメインの遺伝率は高い。

このグラフからわかるように、不平等に関するこれら七つのドメイン――パーソナリティー、

新潮社

新刊案内

2023 10 月刊

君が手にするはずだった黄金について

小川 哲
●10月18日発売
●1760円

才能に焦がれる作家が、自身を主人公に描くのは、承認欲求のなれの果て――。いま最も注目を集める直木賞作家が描く話題の最新作！

355311-3

カーテンコール

筒井康隆
●11月1日発売
●1870円

著者曰く「これがおそらくわが最後の作品集になるだろう」。巨匠が紡いだ、痙攣的笑いから限りなき感涙まで25もの傑作掌篇小説集！

314536-3

こびこび日記

岸 政彦

24-6

2023年10月新刊

■新潮選書

小林秀雄の謎を解く

『考へるヒント』の精神史

苅部 直
●10月25日発売
●1980円

モーツァルト論から徳川思想史へ――批評の達人はなぜ転換したのか。ベストセラー随筆集を大胆に解体し、人文知の可能性を拓く、超刺激的論考。

603902-7

■新潮選書

嫉妬と階級の『源氏物語』

603903-4

認知能力、教育、雇用、健康に対する社会的危機要因、精神障害、人間関係――は、いずれもかなりの遺伝性があり、ばらつきの四分の一から半分ほどは、親から受け継いだDNA塩基配列の違いによって説明される。双子研究の五十年の歴史を経て、百万組の双子に関する調査から導かれた圧倒的な結論は、人々が異なる遺伝子を受け継ぐと、その人生は違ったものになるということなのだ。

よくある反論――普遍性がないものは無益？

これを書いている今でさえ、私の頭の中では、よくある反論が鳴り響いている。「遺伝率の推定値は、特定の集団に固有の指標にすぎない」。つまり、たとえ測定された特定のグループの内部では、これら不平等の七つのドメインに遺伝性があるとしても、これらの遺伝率は、あらゆる時間と場所と集団に当てはまる不変の自然法則ではないというのだ。GWAS研究の場合と同様、双子研究でも、調査対象となった人々には、明らかなヨーロッパ中心主義のバイアスがかかっている――調査されたのは、二十世紀および二十一世紀の初頭に、ミネソタ、コロラド、テキサス、ウィスコンシン、ヴァージニア、オランダ、ノルウェー、デンマーク、フィンランド、スウェーデン、イギリス、オーストラリアに住んでいた白人の成人である。もしも異なる時代と場所に生き、異なる社会構造を経験したさまざまな集団が調査されていたなら、あるいは将来的に調査されるなら、人生の成り行きに関する遺伝率は違ったものになるかもしれない。ひとつだけ例を挙げれば、もしも私が一九八二年ではなく一七八二年に生まれていたら、大学には行かせてもらえなかっただろうし、ましてや博士号を取得するまで勉強させてはもらえなかっただろう。学歴を得るための環境機会が変われば、私がたまたま受け継いだ遺伝子の重要性も変わるだろう。以降の章では、これと類似するいくつもの経験的事例を挙げて、異なる社会と歴史的な文脈では、遺伝率はどのように変わるかを論じよう。

遺伝率は集団によって違ったものになりうる（そして実際に違う）ことが、行動遺伝学に批判的な人にとっては大問題だったし、それは今も変わらない。そういう人たちは、遺伝率という概念や推定値はすべて捨て去るべきだと主張してきた。生物学者のリチャード・レウォンティンは、一九七四年に次のように述べた。「役に立ちもしない量を推定するためにより良い方法を探し続けるという研究は、きっぱりとやめてしまったらどうだろう」[6]。二〇〇四年には心理学者のリチャード・ラーナーがこう嘆いた。「なぜわれわれは、行動遺伝学という死体を掘り起こしては埋め戻すということを繰り返さなければならないのか？」[7]。二〇一一年には経済学者のチャールズ・マンスキーがこう問うた。「なぜ遺伝率の研究は、これほどしぶとく生き延びているのか？……研究は続いているが、なぜ続くのか私には理解できない」[8]。

しかしわれわれは、時間と場所に特異的だからという理由で、不平等に関する他の集団統計を軽んじたりはしない。たとえば、収入格差の目安になるジニ係数を考えよう。すべての人が同じ収入を得ている国では、ジニ係数は0である。ひとりの人物がすべての金を得て、その他の人たちは何も持たない国では、ジニ係数は1である。ある形質の遺伝率がひとつに決まっているわけではないように、ある国家のジニ係数もひとつに決まっているわけではない――ジニ係数は、経済的、政治的な変化にともなって、時とともに変化する。もしも誰かが、歴史的な時代におけるある特定の時期に、ある特定の社会に生きる人々が経験している不平等を記述するためにジニ係数を使ったとして、われわれはその情報を、集団に特異的だというただそれだけの理由で、あっさり捨て去ったりはしないだろう。

遺伝率とポリジェニックスコアは、ジニ係数に似ている——ジニ係数は特定の時代と地域にしか当てはまらないが、それでも興味深くて価値ある指標であることに変わりはない[9*]。遺伝率の推定値がたとえ特定の集団にしか当てはまらないとしても、その集団については、人生の成り行きの不平等のうち、遺伝くじの結果(アウトカム)によって引き起こされている部分はどれぐらいかを表す重要な指標であることに変わりはないのだ。遺伝率など捨ててしまえという声があるにもかかわらず、遺伝率の研究は今後も続いていくだろうと私は考えるし、私がそう考えるのには十分な理由がある。遺伝率の研究が続くのは、その研究が、人々の遺伝子、つまり人々にはどうしようもない誕生時の偶然が、われわれが現に生きているこの社会で、われわれが大切に思う重要な事柄——人々の教育、所得、ウェルビーイング、健康——に違いを生じさせるのかどうかという問いに答えようとすることだからなのだ[10*]。

■ 遺伝率の行方不明事件

ハーンスタインとマレーの『ベルカーブ』の余波の中、双子研究で置かれている前提が詳しく検討されることになった。実際、政治的動機があろうがなかろうが、双子研究の前提には精査するだけの理由があるのだ。双子研究では多くの前提が置かれており、その中には信憑性が高そうには思えないものも多い。たとえば、一卵性双生児は、一卵性だというただそれだけの理由で、同じ扱いを受けたりはしないとする「等環境仮説」もそのひとつだ。靴下から髪のリボンまで、そっくり同じ格好をさせられた双子を一度でも見たことがある人なら、この仮説には少々無理があると思うのではないだろうか。[*11] より一般に、遺伝子と環境は、測定したり統計的に説明したりするのが難しいやり方で複雑に絡み合っているため、双子研究は、正しくは環境の影響とされるべきものを、遺伝子の影響にしてしまっているのではないかという根強い疑惑があるのだ。

初期のGWASで得られた結果は、双子研究は根本的に何かがおかしいという疑念の火に油を注いだ。第三章で説明したように、百万人以上を含む学歴GWASでもっとも高い相関を示したいくつかの遺伝的バリアントでさえ、たかだか数週間ほど長く学校に行くことに相当する効果しかなく、人々がどれだけ上の学校にまで進むかという学歴のばらつきのうち、わずか一パーセントほどを説明するにすぎない。[12] 同定されたすべての遺伝子をポリジェニックスコアにまとめれば、学歴の偏差の十三パーセントほどを説明することができる。これは、他の社会科学的変数の効果量と比べて、けっして見劣りしない数字だ（たとえば、世帯所得が説明するのは、ばらつきの十一パーセントである）。[13] それでも、学歴のばらつきの約四十パーセントは遺伝子によるという双子研究の推定と比べれば、十三パーセントというのはあまりにも小さい。[14]

GWASで見つかった遺伝子により説明される分散と、双子研究で推定された遺伝率とのこのギャップは、「遺伝率の行方不明」問題と呼ばれてきた〈図6・4〉。

しかし、「遺伝率の行方不明」という現象を利用して双子研究の結論をあっさり捨ててしまう前に、GWASとポリジェニックスコアによる研究は、遺伝子の効果を過小評価していると考え

Heritability estimates from measured DNA studies might be too low

- DNA studies don't have enough people to reliably estimate the small effects of genes?
- DNA studies don't measure every genetic variant, and unmeasured variants might have big(ger) effects?

Heritability estimates from twin studies might be too high

- Genes and environments are correlated in ways that are difficult to measure and account for?
- Identical twins might be treated more similarly than fraternal twins?

〈図 6・4〉 遺伝率の行方不明事件

⬅ＤＮＡを測定するタイプの研究から得られた遺伝率の推定値は低すぎるのかもしれない

・ＤＮＡ研究は、遺伝子の小さな効果を高い信頼性で推定するためには、調べる人数が足りない？

・ＤＮＡ研究はすべての遺伝子を測定しているわけでなく、測定されなかったバリアントが大きな（比較的大きな）効果を持つ？

➡双子研究から得られた遺伝率の推定値は高すぎるのかもしれない

・遺伝子と環境には、測定したり説明したりするのが難しい複雑な相関がある？

・一卵性双生児は、二卵性双生児よりも同じ扱いを受けている？

るだけの理由があったことを思い出そう。過小評価を疑う理由は、少なくともふたつある。[15] 第一に、これらの方法は、遺伝的バリアントをすべて測定しているのではなく、大きな効果を持つ遺伝的バリアントで、とくに稀なものを測定しそこなっているのかもしれない。第二に、百万人以上もの参加者を含むＧＷＡＳでさえ、非常に小さいけれどもゼロではない効果を持つ遺伝子を検出するためには、まだ人数が足りないのかもしれない。

もしも双子研究で得られた遺伝率の推定値が大きすぎ、ＧＷＡＳ研究で得られた遺伝的効果の推定値が小さすぎるのなら、親から受け継いだＤＮＡの多様性が、教育のような人生の成り行きに及ぼす影響に対する最善の推定値はどれぐらいなのだろう？　遺伝統計学者のアレックス・ヤングが言うように、究極的には、「遺伝率の行方不明問題のもっとも深い解決は、因果関係のある遺伝的バリアントをすべて特定し、それらが全体として形質のばらつきをどれだけ説明するかを調べることでもたらされるだろう」[16]。

しかし、人間のどんな表現型についてであれ、因果関係のある遺伝的バリアントのすべてを特定するレベルにわれわれが到達していないのは明らかだし、教育に関係する複雑な表現型となればなおさらだ。それができるようになるまでのあいだ、遺伝率のゴルディロックス風（大きすぎず、小さすぎず）の推定値を得るひとつの可能性は、本章のはじめのところで説明した、きょうだいに関する回帰分析の方法を用いるもので、きょうだいのペアが共有する同祖セグメント率のランダムな変動を利用する。この方法は、きょうだいとは別の生物学的親族を利用するものに拡張することができ、その場合には、関連性不均衡回帰（relatedness disequilibrium regression：ＲＤＲ）の方法と呼ばれている。[17]

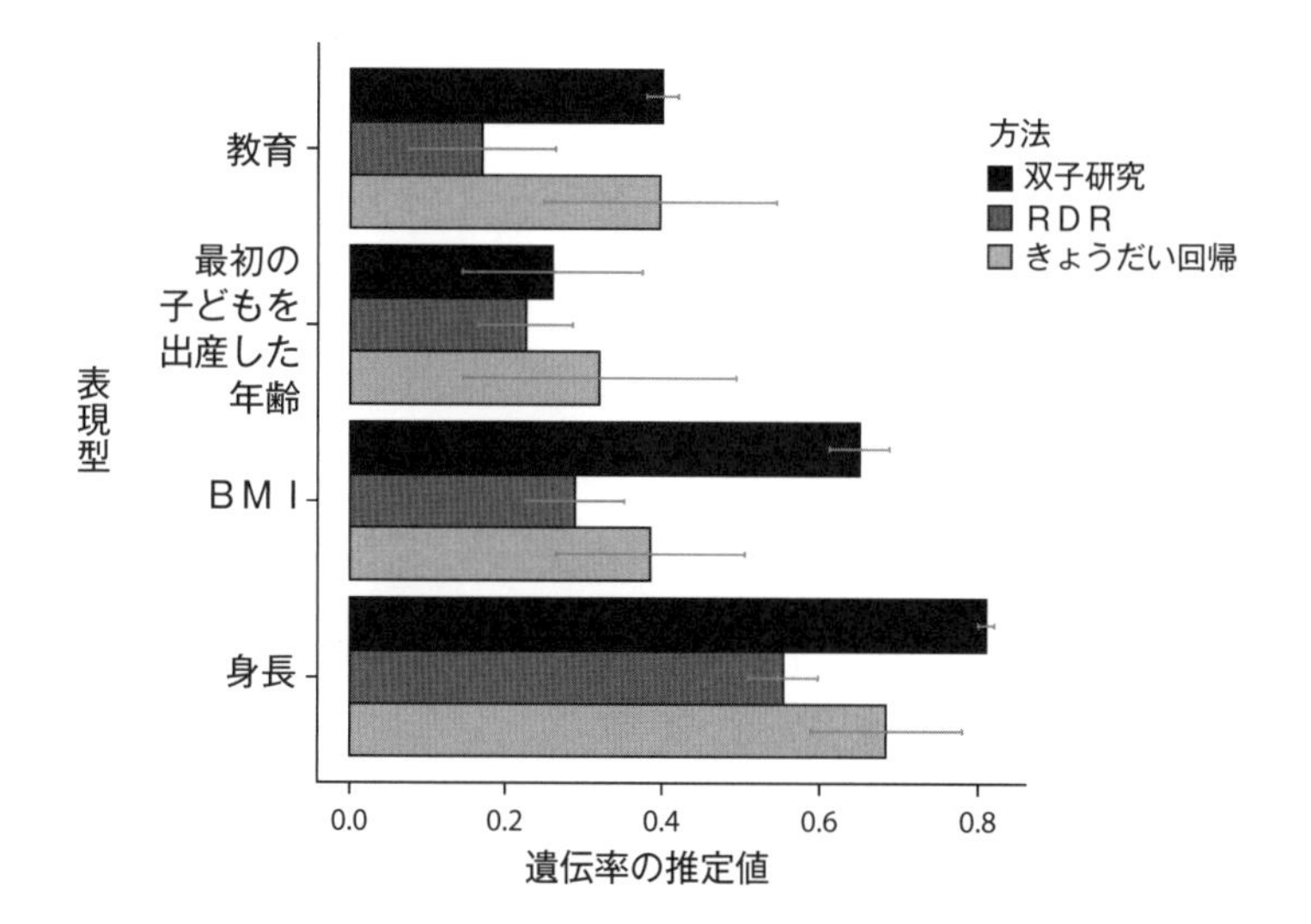

〈図 6·5〉 人の四つの表現型に対する、三つの異なる方法から得られた遺伝率の推定値。

「教育」＝学歴（公式の教育を受けた年数）。

「最初の子どもを出産した年齢」＝女性が最初の子どもを出産した年齢。

「ＢＭＩ」＝ボディマス指数。

「身長」＝大人になったときの身長。

「双子研究」＝一緒に育てられた一卵性双生児の類似性と、一緒に育てられた二卵性双生児の類似性を比較することによって遺伝率を推定する。

「ＲＤＲ（関連性不均衡回帰）」＝きょうだい回帰の方法を他の親戚に拡張するもので、ペアの関連性は、親の関連性で条件付けられる。

「きょうだい回帰」＝同祖セグメントの共有率が大きいきょうだいペア間のランダムなばらつきを評価することで遺伝率を推定する。

エラーバーは標準誤差を表す。

〈図6・5〉では、人生の成り行きのうち、（1）身長、（2）BMI、（3）女性が最初の子どもを出産した年齢、（4）学歴の四つについて、きょうだい回帰分析と、関連性不均衡回帰（RDR）、双子研究という三つの方法で得られた遺伝率の推定値を示した。教育については、人々の成り行きのばらつきのうち、遺伝子によって説明されるのは四十パーセントなのか十七パーセントに近いのかについてはあいまいさが残る。しかし、思い出してほしいが、アメリカで白人を自認する人々の学歴のばらつきのうち世帯所得によって説明される割合は、たった十一パーセントなのだった。[18] これら三つの方法による推定値を比較してわかるのは、何かと論争になる双子研究の前提を捨てたとしても、学歴の遺伝率はそれでもまだゼロではないということだ。遺伝子は教育の成り行きに違いを生む。そして、学歴の成り行き（アウトカム）における違いを説明する変数としての遺伝的差異は、最低でも世帯所得と同じぐらいには重要なのである。

■ ポリジェニックスコアの家族内研究

双子やきょうだいを使った遺伝率の研究は、全体としてのゲノムが人々の人生の成り行きに及ぼす総合的な効果について何ごとかを教えてくれる。しかしこのタイプの研究は、その効果を引き起こしているのが、どの遺伝的バリアントかは教えてくれない。それとは対照的に、GWAS研究の目標は、特定の遺伝的バリアントを突き止めることだ。しかし、典型的なGWAS研究は、異なる家族に属する人たちを比較するため、たまたま遺伝的差異と相関しているだけの環境効果を拾ってしまう可能性はつねにある。これらふたつのアプローチを融合させるひとつの方法は、

GWASの結果を使ってポリジェニックスコアを構築し、その後、そうして得られたポリジェニックスコアを、同じ家族に属する人たちのサンプルを使って検証することだ。遺伝くじの結果がひとつの世代［親子、またはきょうだい］に現れる様子に目を向けるとき、そこに見て取れる遺伝的差異はランダムに割り振られたものであって、家族間研究にはつきものの、遺伝的祖先の違いや、地理的・文化的な違いの影響からは切り離されている。そのため、家族内研究のアプローチは、自然によるランダム化比較実験を利用して、ポリジェニックスコアで捉えられた特定の遺伝子が人生の成り行きに違いを生むかどうかを検証する方法になるのである。

研究者たちが遺伝くじの効果を調べるために利用してきた家族内研究には、次の三つのタイプがある。（１）きょうだいを比較するもの、（２）養子と実子を比較するもの、そして（３）親子三人［父母とその子ども］を比較するものだ。

実験のデザインとしてもっとも明快なのは、きょうだいを比較するものだろう。ポリジェニックスコアが異なるきょうだいは、人生の成り行きも異なるだろうか？　この路線で行われたある研究では、イギリスの二卵性双生児二千組が、十二歳から二十一歳まで追跡された。[19] それぞれの参加者について、身長、ボディマス指数（ＢＭＩ）、自己評価としての健康状態、ＡＤＨＤの症状、精神病の既往歴、神経症的傾向、知能テストの得点、ＧＣＳＥの得点による学業成績が測定された（ＧＣＳＥは、イギリスの中等教育修了一般資格。アメリカのＳＡＴに相当する全国統一標準テストで、十六歳の頃に受ける）。こうして研究者たちは、ポリジェニックスコアの違いが大きいきょうだいほど、人生の成り行きの違いも大きいかどうかを検証することができた。

その結果、遺伝的差異がもっとも大きかった双子では、実際の身長差は約九センチだった。Ｂ

MIは三ポイントの差で、これは身長百七十センチメートルの女性で体重が九キログラム増えることに相当する。GCSEの得点は、標準偏差で〇・五の違いがあった。

このイギリスの双子研究は、双子たちが二十一歳になるまで追跡調査したが、もちろん人生はその後も長く続いていく。「本物の」大人になって、結婚したりローンを組んだりするようになったらどうなるだろうか？

この問いに取り組んだのが、第二章で簡単に話した、コロンビア大学の社会遺伝学者ダン・ベルスキーと彼の同僚たちによる研究だ。[20] ベルスキーらは、学歴GWASから得られたポリジェニックスコアを使って、きょうだいふたりのうち、ポリジェニックスコアが高いほうは低いほうに比べて、より高い教育を受け、より名望ある職に就き、仕事を引退する時点ではより富裕だったことを見出した。きょうだい間の遺伝的差異は、完全にランダムな「メンデルくじ」の結果（アウトカム）だから、ベルスキーらの研究は、ヒトの遺伝的特徴は、教育と富に違いを生じさせることを裏づける、もっとも説得力のある根拠のひとつとなっている（もちろん、社会科学でランダム化比較実験を行った結果として得られる因果推論の多くと同じく、この場合も、遺伝的効果がいかにして生じるかまではわからない。ただ単に、効果はあると言えるだけである――この話題は次章であらためて取り上げよう）。

遺伝くじを研究するために養子を使うというアイディアは、UKバイオバンク［二〇〇六年に始まったイギリスの大規模バイオバンク研究で、中高年のボランティア約五十万人を追跡している。二〇一二年以降、研究者は申請をすればデータベースを使えるようになった］のデータを使った、ある独創的な研究の目玉だった。[21] 養子を育てているのは、当然ながら、生物学的な親ではない。養子の遺伝的性質は、親の遺伝的性質とは関係がない――したがって、養子の遺伝的性質は、親の遺伝的性質と相関のある、祖先、地理、社会的地位、文化などの複雑なネットワークからはおおむね切り離されている。ローザ・チーズマンと彼女の同僚たちは、イギリスで六千人以上を対象とする研究を行い、養子のポリジェニックスコアはたしかに学歴と関連していること、しかしその関連性は実子の場合より弱いことを示した。この研究は、遺伝子は学歴に「直接的」効果を及ぼすことの根拠になる一方で、なぜ生物学的な親に育てられた子どもは〔養子と比べて〕、ポリジェニックスコアが人生の成り行きとより強く相関するのかという問題を提起する（この問題は第九章であらためて取り上げよう）。

家族内実験のデザインの最後のタイプは、生物学的な両親とその子どもという三人組のDNAを測定するものだ。親のゲノムはふたつの部分に分けることができる――子どもに伝えられた遺伝子と、伝えられなかった遺伝子だ。この場合もまた、どの遺伝子が子どもに伝えられ、どの遺伝子が伝えられないかはランダムに決まる。それは遺伝くじの結果なのだ。したがって、子どもに伝えられた遺伝子は、伝えられなかった遺伝子と比べて、子どもの人生の成り行きとどれぐらい強く関連しているかを調べれば、遺伝子の因果効果を検証することができる。子どもに伝えられた遺伝子と伝えられなかった遺伝子はどちらも、両親の遺伝的祖先、環境、地理、文化と相関しているが、子どもに伝えられた遺伝子だけが、生物学的に（ランダムに）受け継がれたわけだ。

この方法を採用した研究の中でもっとも注目されたのが、アイスランドで行われたものだ[22]。遺伝型を調べられた二万人以上の人たちと、その両親を調査した研究者たちは、きょうだいを比較する研究と、養子〔と実子を比較する〕研究の両方と同様の結果を得た。ポリジェニックスコアと学歴との関連は、家族内での比較では小さくなるが――しかしゼロにはならないということだ。こうして、三つの方法で得られた結果が、それぞれ別の角度から同じ結論に達した。遺伝くじの結果は、学歴に対して因果効果を及ぼすということだ。

さて、五十年に及ぶ双子研究から得られた結果と、ここ数年ほどのあいだに行われたDNAを測定するタイプの研究から得られた結果を合わせると、次の結論は避けようがない。遺伝的差異は社会的不平等を引き起こすということだ――そこには学歴の成り行きに起こる不平等も含まれるが、それだけでなく、BMIのような身体的健康に関係する不平等や、ADHDやその他の心理学的な成り行きに起こる不平等、そして最初の子どもを産んだ年齢のような生殖能力に関係する成り行きに起こる不平等も含まれる。

一九六二年、進化生物学者のテオドシウス・ドブジャンスキー[23]はこう書いた。「人々には、能力、活力、健康、性格やその他、社会的に重要な形質において違いがある。そしてこれらあらゆる形質の偏差は、部分的には遺伝によって条件づけられていることを示す、決定的とは言えないまでも十分な証拠が得られている。注意してほしいのは、［遺伝によって］条件づけられるというのは、ひとつに決まっているとか、あらかじめ決まっているという意味ではないということだ」。ドブジャンスキーは正しかった。そして、彼がこう述べてからの数十年間に蓄積された科学的根拠は、彼のこの言葉をさらに決定的なものにするのに役立っている。

ドブジャンスキーやその他の人たちにとっては半世紀前にすでに明らかだったこの事実をめぐって論争するために、かくも多くのエネルギーが無駄に費やされているのは残念なことである。なぜなら、どの遺伝子が社会的不平等の原因になるかを明らかにするのは、研究のもっとも簡単な部分だろうからだ。難しいのは、遺伝子はいかにして社会的不平等を引き起こすのかということだ。次章ではこの問題に取り組もう。

第七章　遺伝子はいかにして社会的不平等を引き起こすのか

一九九八年のこと、私は成績優秀者に与えられる奨学金（メリット・スカラシップ）を得て、サウスカロライナ州にあるファーマン大学で学べることになった。この大学は、もとはバプテスト系キリスト教の小さなリベラルアーツ・カレッジで、私はその奨学金で、一学期間のロンドン留学を含め、四年間の授業料と諸費用をすべて賄うことができた。ファーマン大学の現在の授業料は、年間約五万ドルである。私はそれを一セントたりとも払わずにすんだのだ。高校時代の私は（今もそうだが）スポーツはいっさいやらなかったし、課外活動についても特筆すべきことは何もなかった。大きな困難を克服したわけでも、混乱や不運を乗り越えたわけでもない。私にとって唯一功績（メリット）と言えるのは、アメリカの高校生の通過儀礼ともいうべき大学進学適性試験（ＳＡＴ）で、ほぼ満点の成績を取ったことだけだ。

第六章で説明したように、遺伝子が人の学歴に因果的な影響を及ぼすということはまず確信してよい。また、第五章で説明したように、因果関係について何か言うことは、原因と結果を結びつけるメカニズムについて何か言うことではない。ルーマニアの孤児たちを救い出したことが、いかにしてその子どもたちのＩＱを上げたのかはわからないのと同じく、遺伝子がいかにして教育における成功に影響を及ぼすのかについても、われわれは多くを知らないのである。

しかし、教育システムがいかにして機能しているのかについてなら、われわれはそれなりに多くを知っている。私が大学に入学するまでの道のりを考えてみよう。私の両親はともに大学教育を受けており、娘である私も大学に行くものと思っているのは明らかだった。また両親は、大学に入るまでにやらなければならないことも、ある程度は知っていた。私はまた別種の社会関係資本（ソーシャル・キャピタル）を利用することができた。たとえば、友人のひとりは、その前年にファーマン大学に行っていたし、高校の進学カウンセラーは、私に入学できそうな大学を提案してくれた。大学の制度ということで言えば、ファーマン大学は――他の多くの小規模なリベラルアーツ・カレッジと同様――優秀な学生を引き寄せるために、「成績優秀者向けの（メリット）」奨学制度を用意している。そんな制度を持っていれば、「USニュース」誌の大学ランキング〔一九八三年に始まり、アメリカではもっとも一般的で、毎年話題にもなる全米大学ランキング〕の順位が上がり、授業料を全額支払う潜在的学生にとって、その大学がより魅力的に見えるようになるのだ。

「遺伝」が、教育のような複雑な成り行き（アウトカム）に影響を及ぼすメカニズムにはどんなものがありうるだろうかと人々が想像してみるとき、まず念頭に浮かぶのは、こうした社会的プロセス――親の期待、有益な社会的ネットワークの利用、商品化された教育市場における制度的競争――ではない。その代わりに人々は、遺伝的原因には、皮膚の内側で起こっている完全に生物学的なメカニズムがあるに違いないという結論にあっさり飛びついてしまう。

しかし、「いかにして」という問いに答えようとすれば、分子と細胞のあいだの相互作用だけでなく、人々と社会制度のあいだの相互作用を研究する必要がある。私が本章で目指すのは、

「いかにして」についてわれわれが知っていること——あるいは少なくとも、知っていると考えていること——を説明することだ。とくに、ゲノムと「教育の成功」［(educational success) 主に学歴がその目安になる］とをつなぐものに焦点を合わせよう。その理由はふたつある。ひとつは、私の研究グループがかなり包括的な仕事をしてきた領域がまさにそこだから。そしてもうひとつは、これまでたびたび述べてきたように、教育は、他の不平等を構造化する中心的要素だからである。

重要なことなので繰り返し言うが、第四章で詳しく説明したように、私が本書の中で述べることが当てはまるのは、グループ内の個人差を理解しようとする場合である。ここで取り上げる研究の道具（主には双子研究とポリジェニックスコア解析）は、グループ間の平均としての違いの原因については何も教えてくれない。

■赤毛の子どもたちと、オルタナティブな可能世界

一九七二年、社会学者のクリストファー・サンディ・ジェンクスは、遺伝的効果の社会的なメカニズムについて、もっとも永続的な影響力を振るうことになる思考実験のひとつを提案した。[1]

たとえば、ある国が、赤毛の子どもが学校に通うことを禁止したとすれば、髪を赤くする遺伝子は、識字能力を低下させると言うことができる。……この状況で、赤毛の人たちの識字能力の低さを遺伝子のせいにするのは、多くの人にとって馬鹿げたことに思われるだろう。しかし、まさにそれこそは、遺伝率を推定するために従来行われてきたことなのである。

ジェンクスは正しかった。遺伝率の推定は、遺伝子がある表現型を引き起こすかどうかに関する情報を与えてくれる。しかしそのための実験のデザインは、遺伝型と表現型とを結びつけるメカニズムに関する情報を与えるものではなく、関係するメカニズムは、「生物学的」だと直観的に思えるようなものではないかもしれない。

　赤毛の子どもたちに関するジェンクスの思考実験は、遺伝学の議論におけるひとつのミームになった。この思考実験がこれほど長く引用され続けるのは、私の見るところ、次の三つの考えを直観的に捉えているからだ――（1）因果の鎖、（2）解析の階層、そして（3）オルタナティブな可能世界である。これら三つはいずれも、少し詳しく説明しておくだけの価値がある。

　第一の「因果の鎖」について言えば、赤毛の子どもたちに関するこの例は、遺伝子と表現型をつなぐ「因果の鎖」は長くてもよいことを明らかにした。[2*] *MC1R*［メラノコルチン1受容体］遺伝子のあるバリアントはフェオメラニンという色素の生産を促進する情報をコードしており、この色素があると、髪の毛が鮮やかな赤色になる。そして、髪が赤いという表現型の特徴は、特定の文化的、歴史的背景のもとでは、他の人たちから社会的偏見をもって見られ、その偏見が、赤毛の子どもたちを学校に行かせないという社会政策の基礎になる。

　第二に、因果の鎖はいくつもの「解析の階層」にまたがっていてもよい。科学的探求を整理するための方法のひとつに、研究している対象を、いくつもの層が重なったレイヤーケーキのようなものと考えてみるというものがある。それぞれの層に含まれる対象は、ひとつ上の層に含まれる対象の構成要素になっている。[3] クォークのような原子以下の粒子は、原子の構成要素である。

ひとりひとりの人間は、社会の構成要素である〈図7・1〉。赤毛の子どもたちに関するジェンクスの思考実験は、因果の鎖は複数の「解析の階層」にまたがっていてもよいことを明らかにした。*MC1R*遺伝子は、DNA分子の構成要素である。この遺伝子は細胞内で、フェオメラニンという色素を作る。「赤毛」は個人に関する記述であり、赤毛の子どもたちが学校に行くことを禁ずるという判断は社会的な現象である。

「赤毛の人たちの識字能力の低さを遺伝子のせいにするのは、多くの人にとって馬鹿げたことに思われるだろう」と述べたとき、ジェンクスは、この現象を記述して理解するためにはどの階層で解析を行うのがベストかについて、ひとつの主張をしたのである。彼の考えでは、学校に行くことを分子の階層の現象として捉えるのは、たとえ因果の鎖の一部分はDNA分子に関係しているとしても、馬鹿げたことなのだ。[4]

第三に、ジェンクスの赤毛の子どもたちの例では、遺伝子と識字率とをつなぐ因果の鎖が断ち切られた「オルタナティブな可能世界」が存在することは容易にわかる。赤毛の子どもの例を聞けば、髪の色によらず、すべての子どもが学校に行けるオルタナティブな社会がすぐに思い浮かぶ。社会政策を変えさえすれば、子どもたちの遺伝子を操作したり、遺伝子の産物に直接手を加えたりしなくても、遺伝型と表現型をつなぐ因果の鎖を断ち切ることができるだろう。教育への「遺伝的」な効果を抑えるために、胎児のDNAを編集したり、子どもたちの生物学的特質［髪の色］を変える薬物を投与したりする必要はないのだ。

赤毛の子どもたちの例を、たとえば、*HTT*遺伝子とハンチントン病の関係と対比させてみよう。第一の違いは、*HTT*遺伝子とハンチントン病とをつなぐ因果の鎖は比較的短く、すべての

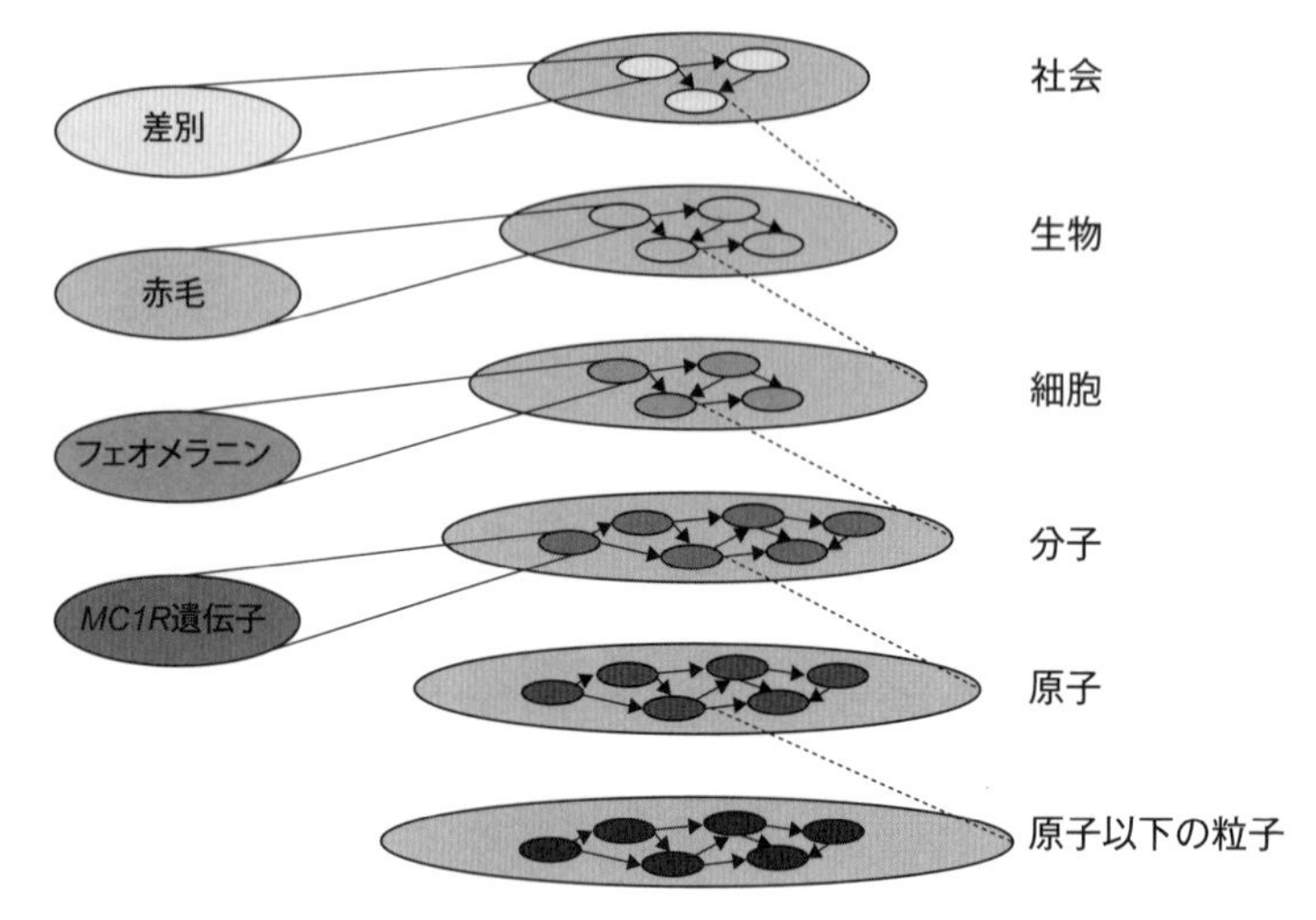

〈図 7・1〉 科学的解析の階層

鎖の輪を説明するために踏まなければならないステップ数は多くないことだ。第二の違いは、*HTT*遺伝子とハンチントン病をつなぐ因果の鎖の輪はすべて、明らかに「生物学的」な解析の階層にあるということ、つまり、因果の鎖を説明するためには、細胞内の分子の働きを説明すればよいということだ。そして第三の違いは、*HTT*遺伝子がハンチントン病を引き起こさないような、オルタナティブな可能世界を思い描くのは難しく、*HTT*遺伝子からハンチントン病に至る因果の鎖を断ち切るために実際に想像できる可能性は、その人の生物学的特徴のなんらかの側面を直接的に操作すること、たとえば、遺伝子編集や薬理学的な手段に訴えることだということである。

また、ハンチントン病のケースのような厳密な生物学的決定論でもなく、赤毛に関するジェンクスの仮想的ケースのような明らかな社会制度依存性があるのでもない、別のタイプの因果の鎖を想像することもできる。たとえば、ＡＤＨＤを持つ子どもたちの学習機能を改善するためには、神経刺激薬を使う（細胞内の分子を変化させる）こともできるし、要求された作業をやり遂げればご褒美がもらえるといった、行動療法のアプローチを採ることもできるし（個人の行動を変化させる）、教室の中で席を工夫するという方法もある（社会の側を変化させる）。ＡＤＨＤは、純粋に生物学的なものでもなければ、純粋に社会的なものでもない。それは、ある人の神経生物学的特性と、特定の社会的文脈において期待される行動とが交差する部分に生じる、経験と行動のパターンなのだ。

遺伝率解析や、家族内でのポリジェニックスコア解析は、それら単独では、学歴を低くさせる遺伝子がどんなメカニズムで働いているのか——「赤毛の子どもは学校に行けない」遺伝子のようになのか、あるいはむしろ*HTT*遺伝子のようになのか——について何も教えてはくれない。たとえ遺伝子は社会的不平等に因果効果を持つとわかっていても、その効果のメカニズムについては重要な問題がいくつも未解決のまま残されている。その因果の鎖はどれぐらい長いのだろうか？　その鎖はどんな輪で構成されているのか？　その因果の鎖はいくつの階層にまたがっているのか？　そして、社会政策について論じるうえで、おそらくもっとも重要だろうと思われるのは次の問いだ。その因果の鎖を断ち切ったり、あるいは強化したりするためには、どんな方法が一番良いのだろうか？

優生学の父フランシス・ゴルトンが十九世紀に著した『受け継がれる素質』[5]を嚆矢とし、保守的な論者チャールズ・マレーの『人間の多様性』[6]のような本によって今日まで続く優生学の観点に立つ思想家たちは、これらの問いには明らかな一組の答えがあるとほのめかしてきた。答えのひとつは、遺伝学と社会的不平等をつなぐ因果の鎖は短く、その鎖の輪は主に知能の発達だということ。ふたつ目は、遺伝学と社会的不平等とをつなぐ因果の鎖を理解するためには、知能は社会的な文脈の中で発達するのではなく、人の脳の生まれながらの特性であることを認め、細胞と生物学の階層で解析するのがベストだということ。そして三つ目は、この鎖が断ち切られているオルタナティブな可能世界はディストピアでしかありえず、国家が人々の家庭生活に強権をもって介入しているか、あるいは遺伝子工学が広く普及しているような世界だというものだ。要するに、優生学的な定式化によれば、遺伝子はハンチントン病を引き起こすのと同じように社会階級を作り、そのメカニズムは普遍的で、直観的にも生物学的で、そのメカニズムを修正するのは（不可能ではないにせよ）難しいというのである。

遺伝学と社会的不平等をつなぐ因果の鎖を、短くて、生物学的で、普遍的なものとして概念化することは、不平等に立ち向かおうという政治的意志を萎えさせる。哲学者のケイト・マンが述べたように、社会的不平等を「自然化」することは、それらの不平等は「不可避であるかのように見せかけ、抵抗するのは無益であると説く」ことなのだ。[7]「政府は不平等を是正すべきだ」と述べることは、変化は可能だと主張することなのに対し、厳格な遺伝子決定論は、変化は起こせないと主張することだ――できないことを気にしても仕方がないではないか、と。また、遺伝子と社会的不平等との関係を理解するためには、社会はどのように組織化されるべきかという階層で考えるのではなく、細胞生物学の階層で考えるのがベストだとすることは、生まれながらに優れた人たちがいるという優生主義の思想と呼応する。一九六〇年代に進化生物学者のテオドシウス・ドブジャンスキーが述べたように、「保守派のお気に入りの議論はいつも決まって、人の社会的経済的な立場は、生まれながらの能力を反映しているにすぎないというものだ」[8]。

遺伝子と社会的不平等をつなぐメカニズムに関する、イデオロギーに動機づけられたその論点は、科学そのものを覆い隠しかねない。人間の優越性に関する優生主義的思想も、赤毛の子どもたちに関する思考実験も、結局のところ、経験的知識の代用にはならないのだ。では、実のところわれわれは、遺伝子と社会的不平等、とくに教育の成り行き(アウトカム)における不平等をつなぐメカニズムについて、何を知っているのだろうか？[*9]

この分野は急速に進展しているが、遺伝的性質を教育における不平等に結びつけるメカニズムについて、当面、次の五つのことは言えそうだ。

1　教育に関係する遺伝子は、毛髪や皮膚や肝臓や膵臓ではなく、脳の中で活性化している。

2　遺伝子を教育に結びつけるメカニズムは、子どもが生まれる前、発生のごく初期に働きはじめる。

3　遺伝が教育の成功に及ぼす影響は、標準テストによって測定されるタイプの知能の発達と関係がある。

4　しかし関係しているのは知能だけではない。遺伝が教育の成功に及ぼす影響は、いわゆる「非認知的」スキルの発達とも関係している。

5　遺伝が影響を及ぼすメカニズムを理解するためには、人々と社会制度との相互作用を理解する必要がある。

以下、この五つについて順に詳しく見ていこう。

■どこに？——教育に関連する遺伝子は、脳に影響を及ぼす

第三章で述べたように、学歴についてであれ、その他いかなる表現型についてであれ、GWASから得られる結果は、データとしてはそれほど多くない——具体的には、SNPsのリストと、それらが研究対象の成り行き（アウトカム）とどれぐらい強く関連しているかを示す数値である。そんなリストだけでは、メカニズムについてたいしたことはわからない。しかし、ユダヤ教の聖典である『トーラー』の薄い本文に注釈をつけて分厚い『タルムード』にする学者たちのように、「バイオアノテーション」解析は、GWASで得られた最小限の結果に、ゲノム生物学と細胞生物学の知識にもとづく注釈をつけていく。それぞれのSNPsは、遺伝子の地図のしかるべき位置に対応づけられ、それぞれの遺伝子は、遺伝子の機能とタンパク質のような産物に対応づけられ、遺伝子の産物は、細胞や組織の内部にある生物学的システムに対応づけられる。

バイオアノテーションの道具箱に入っている重要な道具のひとつに、ある成り行き（アウトカム）に関連する遺伝子は、体の特定の組織や細胞に、選択的に発現するかどうかを検証するというものがある。あなたの体のすべての細胞は同じDNAコードを持っているが、細胞ごとに必要とするものが違うため、細胞はそれぞれ特徴的な遺伝子発現のパターンで遺伝子のスイッチを入れたり切ったりする。GWASの結果が得られれば、バイオアノテーション解析を行う人たちは、学歴、主観的なウェルビーイング、肥満のような形質ともっとも強く関連している遺伝子は、あなたの体のど

の部分で発現する可能性が高いかを検証することができる。

遺伝子の発現に関するこのタイプの研究から、ひとつ重要な洞察が得られた。学歴に関連する遺伝子は、脳において選択的に発現しているということ、そして、脳の中でもとくにニューロンにおいて選択的に発現しているということだ。学歴ともっとも関連性の高いいくつかの遺伝子に絞って調べたところ、それらの遺伝子は、ニューロン同士がコミュニケーションをとるうえで決定的に重要なプロセスに関与していることがわかった。たとえば、ニューロンからニューロンに情報を伝えるために必要な神経伝達物質を分泌するプロセスや、新しい情報に応答したり、古い情報を使わないようにしたりするために不可欠なニューロン結合の可塑性を支えるプロセス、そしてニューロンの電位に必要なイオンチャネルのメンテナンスに関係するプロセスなどである。遺伝子の発現という観点から見た脳の重要性は、学歴以外にも、社会的不平等に関連するあらゆる表現型――たとえば、主観的なウェルビーイングや、うつ病、アルコールの摂取、喫煙、肥満、所得など――にも認められる。

赤毛の子どもたちに関するジェンクスの例に戻ると、学歴の遺伝率は、遺伝的に引き起こされた外見の違い――遺伝に起因し、周囲の人たちから異なる反応を引き出すもの――を拾ってもよかったはずだ。しかしもしそうなら、学歴に関連する遺伝子は、身体の中の、脳以外の場所で発現していることになる。だがそれは、われわれが見ているものではない。人が教育において成功する見込みを高めるか低めるかするために遺伝子が何をしているにせよ、遺伝子はそれを、毛髪や肝臓や皮膚や骨の中でではなく、人々の脳の中で行っているのだ。

■ いつ？――遺伝の影響は、発生のごく初期に始まる

バイオアノテーション解析で利用できるもうひとつの情報に、ある成り行き（アウトカム）に関連する遺伝子がいつ発現するかという時期に関するものがある。人の一生の中で、遺伝子が活性化している時期は遺伝子ごとに異なる。たとえば、成長に関係する遺伝子は、体が急速に大きくなる時期には働いていなければならないが、大人の体ができてしまえば、それほど必要ではなくなる。このタイプの解析から、学歴に関連する遺伝子のいくつかは、子どもの脳と神経系が形成されつつある発生のごく初期、まだ子どもが胎内にいるときに、選択的に発現していることが明らかになった。[10]

遺伝子がいつ働きはじめるかを理解するためのもうひとつの戦略として、異なる年齢で測定された双子のデータを解析するというものがある。たとえば、私は同僚たちと共同で、十カ月および二歳という、人生のごく早い時期に認知能力を測定されていた双子の資料を調べた[11]［双子のデータが用いられるのは、遺伝率を算出するためには双子のデータが必要だから（第六章参照）。この研究では、七百五十組の双子のデータが用いられ、そのうち二十五パーセントは一卵性双生児、残りが二卵性だった］。幼い子どもの認知能力を検証するために、聞いた音をそのまま真似するとか、三個の立方体をコップに入れるとか、紐を引っ張って鈴を鳴らすといった課題が与えられた。その結果、十カ月の時点では、測定された認知能力に目立った遺伝の影響はなかったが、二歳の時点では遺伝の影響が現れていた。

別の研究では、学歴ＧＷＡＳから作られたポリジェニックスコアを使って、この指数と相関しているのはどんな表現型か、そしてその相関は、発達のどの時点で現れるかが調べられた。その研究から、教育ポリジェニックスコアは、子どもたちが三歳になる前に話しはじめたかどうかと、五歳の時点でのＩＱと相関することが示された。[12]したがって、ポリジェニックスコア解析からは

次のことが示唆される。遺伝子が教育の不平等に影響を及ぼすために何をやっているにせよ、遺伝子はそれを、人生の早い時期にやっているということ、そしてその影響は就学前には現れるということだ。この結果は、バイオアノテーションおよび双子研究で観察されていることと矛盾しない。

■ 何に?——遺伝の影響は、基本的認知能力に関与する

私がテキサス大学で同僚たちと運営している双子研究では、「実行機能」として知られる一組の認知能力を測定している。子どもたちは数時間のあいだに十二種類のテストを受ける〈図7・2〉。

「実行機能（executive functions）」という言葉は複数形だが、実行機能に関するどれかひとつのテストで成績が良かった子どもは、ほかのどのテストでも良い成績を収める傾向がある。テストの成績に見られるこの正の相関が示唆するのは、すべてのテストの成績を統計的に集計して、「一般実行機能」と呼ばれる総合的な評点にできるということだ。一般実行機能が高い子どもたちほど、注意を向ける先を制御するのがうまく、作業を中止するのが苦にならず、ルールを容易に切り替える。そういう子どもたちはまた、情報をリアルタイムで更新し、少量の情報を自分のワーキングメモリ［認知心理学では、作業や動作に必要な情報を一時的に記憶して処理する能力を指す。読書や計算、会話など、日常生活及び学習を支える重要な機能である］に保存しておくこともできる。

一般実行機能はふたつの点で私を魅了する。ひとつは、この機能が、ほぼ百パーセントの遺伝率を示すことだ[13]。つまり、全員が学校に行っている子どもたちのグループ内に見られる一般実行

機能の違いはほぼすべて、遺伝的な違いによると考えられるのである。八歳から十五歳までの数百組の双子について実行機能を調べたわれわれの研究では、測定誤差（ランダムな要因によってテストの成績がわずかに変動する傾向）の修正後、一卵性双生児の一般実行機能は厳密に等しいと言えるほど同じだった。二卵性双生児では、〇・五の相関があった。二卵性双生児は遺伝的バリアントの半数を共有している。つまり、二卵性双生児は半分だけ同じなのだ。ほぼ百パーセントという遺伝率は、どんな行動特性であれ、めったにあることではなく、子ども時代に測定されたものではとくにそうだ。一般実行機能は、目の色や身長と同じぐらい遺伝性があり、ＢＭＩや思春期に入る年齢よりも遺伝性が高いのである。*14

一般実行機能が私を魅了するふたつ目の理由は、ほぼ完全な遺伝性を持つこの形質が、州が義務づける学力テストで生徒たちがどれぐらいの成績を収めるかを、驚くほど高い精度で予測するからだ。アメリカのどこの公立校とも同じように、テキサス州の生徒たちも、初等教育の三年生以降毎年、年度末には算数と読み方のスキルを調べるための標準テストを受ける。われわれの研究に参加した子どもたちについては、学校から成績証明書を送ってもらえるため、実行機能テストの成績が、学校での重要な試験〔(high-stakes test) 日常の学習進度を見るためのlow-stakes testに対し、人生の成り行きに大きな影響を持つ入学試験や資格試験など、選抜的な性格を持つ試験〕の成績を、どれぐらい予測するかを調べることができる。実際に調べてみると、一般実行機能テストの成績は、重要な試験の成績と、〇・四から〇・五の相関を持つことがわかった。

これはひとつの研究にすぎないが、ほかにも多くの研究から、より一般的なパターンが浮かび上がっている。双子研究はだいぶ前から、基本的な認知能力には遺伝の影響があることを示す根拠を見出してきた。[15] 基本的な認知能力――普通は高度に制御された研究室の環境下で測定される

切り替え：
あるルールに従って作業をこなせるようになったのち、ルールを変更する。たとえば、色で対象を合わせられるようになったのち、形で合わせるようにする。

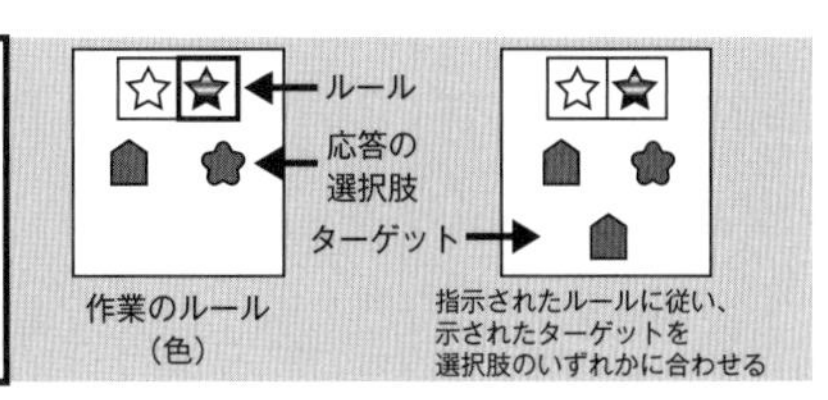

更新：
古い情報を新しい情報と置き換える。たとえば現在示されている記号は、ひとつ前（またはふたつ前）の記号と合っているかどうかを答える。

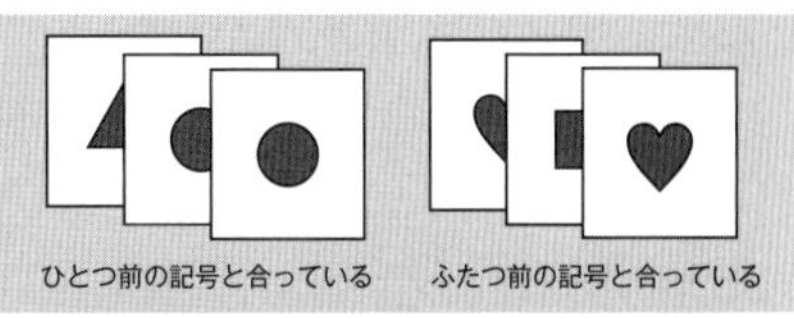

禁止：
あるタスクをこなせるようになったのち、そのタスクを禁止する指示に従う。たとえば、矢印の向きにボタンを押すというタスクでは、音が聞こえたらボタンを押すのをやめる。

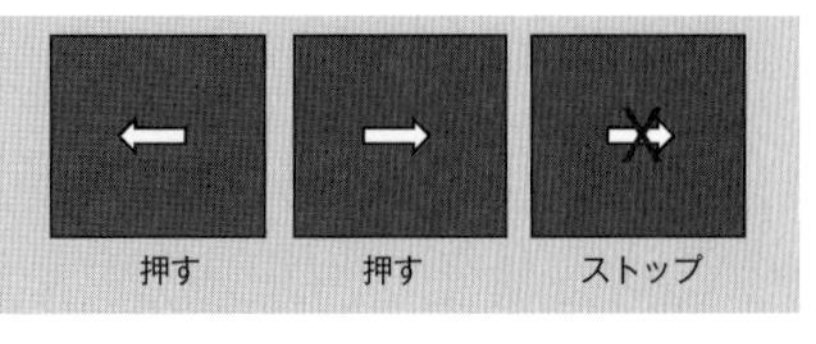

〈図 7・2〉子どもたちの実行機能テストの例

——が高ければ高いほど、初等学校であれば州が課す学力テスト、大学や大学院であれば関門となる入学試験など、ありとあらゆる種類の試験で、より良い成績を収めるであろうことが予想されるのである。

　このパターンは、遺伝の影響を調べるために、双子ではなくポリジェニックスコアを使った研究の結果にもはっきりと見て取れる。前節で述べたように、大人を対象として学歴GWAS研究を行い、その結果を使ってポリジェニックスコアを作ると、そのポリジェニックスコアは、五歳という早い時点でのIQテストの成績と関連するのだった。教育ポリジェニックスコアはまた、十歳の時点での読み方の能力や、十三歳の時点でのIQテストの成績、そして十七歳の時点での大学入学試験の成績とも関連している。

　学校教育のあらゆる段階で、記憶力が良く、注意を向ける対象を容易に変更できて、頭の中で抽象的な情報を操作できる人たちは、実際にテストの成績が良いということだ。そして、ある人がテストで良い成績を収めるかどうかは、次の段階の学校に進むかどうかを決める大きな要因なのである。

■ ふたたび、何に？——遺伝が影響を及ぼすのは知能だけではない

ドストエフスキーが言うように、「知的に振る舞うためには、知能以上のものが必要だ」[16]。ジャーナリストのポール・タフは、ベストセラーとなった著書『子どもはいかにして成功するか：グリット、好奇心、性格の隠れた力』の中で、「成功する子と失敗する子がいるのは」、前者には「忍耐力、好奇心、良心、楽観性、自制心」といった「性格」特性があるからだと論じた[17]。ノーベル経済学賞を受賞したジェームズ・ヘックマンも、同様のリストを挙げる。「人生において成功するためには、動機、忍耐力、粘り強さも重要だ」と[18]。これらの形質は、しばしば社会情動的スキル、より一般には「非認知的」スキルと呼ばれている。

これらの形質を「非認知的」だというのは間違いのもとだろう。自分の行動を制御したり、対人関係をうまく処理したりすることは、脳の働きに依拠した表現型であり、高い認知能力を必要とすることは明らかだからである。とはいえ、「非認知的」の最初に付いた「非」は、動機、行動、情動に深く関係するこれらの形質が、何ではないかを強調するためには役に立つ——これらの形質は、認知能力や学業成績を測定するための標準テストの成績、つまりは学力と同じではないということだ。

非認知的スキルに関する心理学的研究は、右に挙げた『子どもはいかにして成功するか』や、アンジェラ・ダックワースの『グリット：情熱と忍耐の力』〔邦訳『やりぬく力 GRIT 人生のあらゆる成功を決める「究極の能力」を身につける』〕（ともに「ニューヨーク・タイムズ」のベストセラー・リスト入りを果たした）、あるいはマインドセットに関するキャロル・ドウェック博士のTEDトーク（一千二百万回再生）によって広く世間に知られるようになった。[19]「グリット」や「成長のマインドセット」といった言葉は、一般の人たちの語彙に入り込み、遺伝がそうしたスキルの発達に果たす役割についての推測が矢継ぎ早に打ち出されている。そのペースたるや、科学の進展のペースを大きく上まわるほどだ。コメンテーターたちは我先にと、非認知的スキルを遺伝的性質に対抗するものと位置づける。たとえばタフはこう書いた。「若者たちが成功を収めるためには、こうした性格特性がきわめて重要」で、これらの特性は「幸運によって転がり込むものでも、良い遺伝子のおかげで得られるものでもない」[20]。ジョナ・レーラーもまた（彼の仕事は剽窃と捏造のため、今では信用を失っている）「グリットの重要性」に関する記事を「Ｗｉｒｅｄ」誌に寄せ、グリットは遺伝の影響力に対抗するものだとして、次のように述べた。「才能は、その内在性ばかりが強調されすぎている――遺伝子が、何か特定の才能を与えてくれるのではない。実は才能とは、熟慮された訓練のことなのだ」[21]。

大衆が非認知的スキルに熱いまなざしを向ける理由のひとつは、こうしたスキルが、認知能力に関する会話を毎度混乱に突き落とす、遺伝の影響を免れていると想定されているからだろう。だがその想定は間違っている。非認知的スキルが発達する道筋は、遺伝から教育の成り行きへと続く道筋の一部らしいのだ。それを裏づける根拠は、三つの方面から得られている。

第一の方面は、双子の非認知的スキルを調べる研究だ。私がテキサス大学で同僚たちと行っている双子研究では、学校やその後の人生で成功を収めるために重要だと考えられる形質を幅広く捉えるために、多くの目安をデザインした〈図7・3〉。それらの目安の中には、グリット、成長のマインドセット、知的好奇心、習熟嗜好性、自己概念、試験へのモチベーションなど、過去数十年間に社会心理学と教育心理学が世に放った「大ヒット」も含まれている。われわれが扱っている双子のサンプルでは、非認知的スキルには中程度の遺伝性があり（六十パーセント前後）、この遺伝率は、多くの研究グループがIQについて得ている値（五十パーセントから八十パーセント）と同程度である。

第二の方面は、ポリジェニックスコアを使う研究だ。研究者たちは、学歴GWASから作ったポリジェニックスコアが、子ども時代と思春期に、認知テストの成績以外のどんな表現型と相関するかを調べた。その結果、「教育」ポリジェニックスコアは、次のような形質と相関することがわかった[22]。

・九歳の時点で、子どもたちがどれぐらい対人関係スキル（「友好的で、自信があり、協力的で、コミュニケーションが得意」）を身につけているか
・十一歳の時点で、学校をどれぐらい無断欠席するか
・十二歳の時点で、教師からADHDの兆候があると言われる可能性がどれぐらいあるか
・十五歳の時点で、いずれは社会的地位の高い職業、たとえば医者や技術者になりたいと思うか
・子ども時代と成人後を通して、新しい経験をすることに抵抗がなく、前向きであるか

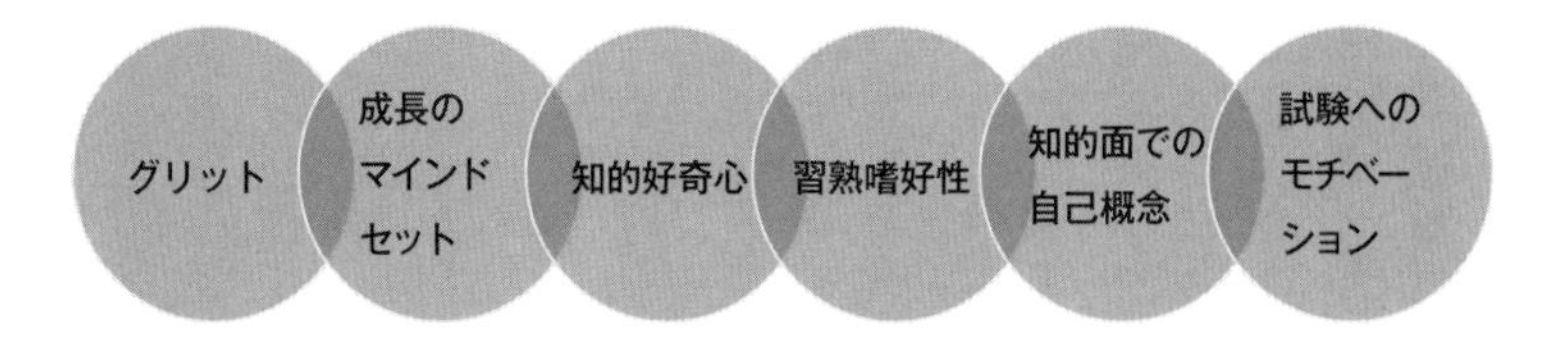

グリット：長期的目標に立ち向かうための情熱と忍耐
成長のマインドセット：知能は変わりうるという信念
知的好奇心：難しい問題や新しい問題を考えたいという願望
習熟嗜好性：学習のために学習しようという動機
知的面での自己概念：自分は頭が良くて学習する能力があるという信念
試験へのモチベーション：試験に向かって頑張ること

〈図7・3〉さまざまなタイプの非認知的スキル

非認知的スキルの遺伝的性質を明らかにした研究路線の三つ目は、学歴はそれぞれに違うが、認知能力のテストの成績は同じぐらいの人たちを調べる研究だ。このアプローチでは、次の問いを立てることができる。学歴から認知能力を差し引いたら、何が残るだろうか？　同僚たちと私はこの戦略を借りてGWASに当てはめ、認知能力テストとの関連性を差し引いたうえで、人々がどれだけ上の学校まで進むか（学歴が高くなるか）と関連するSNPsを調べた。[23] こうして引き算して得られたGWASの結果で説明されるのは、学歴のばらつきのうち、「非認知的」な部分である。

これらGWASの結果について初期に行われたフォローアップ研究では、「非認知的スキル」のポリジェニックスコアが異なるきょうだいが比較され、われわれのGWASは、教育における成功と因果的に関係のある遺伝子を実際に拾っていることがわかった。[24] さらにわれわれはこれらGWASの結果を使って、他のさまざまな形質との「遺伝的相関」と呼ばれるものを計算した。遺伝的相関解析は、ふたつの異なる形質について行われたGWASの結果を使い、それぞれの形質に影響を及ぼす遺伝子のあいだの関係の強さを推定するものだ。[25]

その結果、より高い学歴と関連する非認知的スキルの遺伝的性質は、実にさまざまなものと関連していることが明らかになった。[26] パーソナリティーのドメインで、非認知的スキルの遺伝的性質がもっとも強く関連していたのは、「経験に対して心を開いていること」と呼ばれる形質だった――それは、好奇心が旺盛で、学習意欲が強く、新しい経験に対して心を開いていることにより特徴づけられる形質である。非認知的スキルの遺伝的性質はまた、楽しみを先延ばしにできる能力とも相関があった――その能力を測定するためには、大きいけれども後にならなければ得られないごほうびを、小さいけれどもすぐに得られるごほうびよりも重視するかどうかが調べられた。非認知的スキルの遺伝的性質はそのほかにも、高齢出産や、一般にリスクを取らない傾向があることとも相関があった。全体として、われわれの研究結果が示唆するのは、非認知的スキルは、実は複数のスキルだということだ。多くの形質や行動が相互に関連しながら、より上の学校にまで進むことに寄与しているのである。

意外な発見もいくつかあった。非認知的スキルと相関するSNPsは、統合失調症、双極性障害、神経性無食欲症、強迫神経症などを含む、いくつかの精神障害に対するリスクの高さと相関していたのである。この結果は、現在の学校教育システムで、より上の学校に進むことと関連する遺伝的バリアントを、本来的に「良いもの」とみなしてはならないと警告するものだ。ひとつの遺伝的バリアントは、より上の学校に行く可能性をほんの少しだけ大きくするかもしれないが、その同じバリアントが、統合失調症やその他重篤な精神障害を発症するリスクを高めているかもしれないのである。

全体として、これら三つの方面の研究が示すのは、非認知的スキルは、不平等に関連する形質に遺伝が及ぼす影響の意味を明らかにする魔法の切り札にはなら**ない**ということだ。むしろ、遺伝型が最終学歴と相関する理由の一部は、動機、好奇心、対人スキル、忍耐強さといった形質そのものが遺伝の影響を受けているからであり、それらの形質が、学校でより大きな成功を収めるために役立つからなのである。

■誰が？――遺伝の影響には、親や周囲の人たちとの相互作用が関係している

遺伝子を学歴に結びつけるメカニズムについて現時点でわかっている五つのうち二番目に挙げた、「いつ？」の項で説明したように、遺伝の影響は、人生のごく早い時期にはっきり現れる。学歴ＧＷＡＳで突き止められた遺伝子は、早くも胎児期に発現し、五歳ではＩＱテストの成績と関連する。それと同時に、直観に反するパターンも見つかった。遺伝の影響、とくに遺伝が認知能力に及ぼす影響は、時とともに強まるのである。あるメタアナリシス（別個の数多くの研究から得たデータを合わせて総括するタイプの研究）によると、遺伝が認知能力に及ぼす影響は、誕生から子ども時代の終わりの十歳頃までに急速に大きくなる。[27] 整理整頓ができることや、新しい経験に心を開いていることなど、パーソナリティー特性への遺伝の影響もやはり時間とともに増大するが、こちらはより長期的で、三十歳ぐらいまで増大し続ける。

子どもたちは、時とともに環境経験を蓄積していくというのに、なぜ遺伝の影響が時とともに

強まるのだろうか？　一見すると逆説的に思えるこの現象を理解するためのカギは、社会環境との相互作用は、遺伝的性質を心理的・社会的な成り行きと結びつける因果の鎖の、重要な一部分だと気づくことにある。[28] 知能、好奇心、動機づけ、自制心といった特性は、人の神経系に「内在」する性質、あるいは「持って生まれた」性質として、何もないところからひょっこり現れるのではない。実はそうしたパーソナリティー特性は、その人の人生にかかわりを持つ人たちとの双方向的なやり取りを介して、時とともに展開していくものなのだ。

　われわれがこのアイディアについてごく初期に行った研究のひとつでは、四歳の双子とその親を調べた。[29] 育児行動は、親たち（たいていは母親）が袋ふたつ分のおもちゃを使用して子どもとかかわる様子を、十分間録画することで測定された。訓練を受けた検査スタッフは、親が子どもに与える認知刺激のレベルを評価するよう指示されていた。親は子どもに対し、言語面および概念面での発達を助けるようなことを教えようとするだろうか？　子どもの発達段階に合ったやり方で、子どもの興味関心を見守るような教え方をするだろうか？

　この研究から、主にふたつの結果が得られた。ひとつは、二歳の時点でより高度な認知機能を持っていた子どもたちは、四歳の時点で、親の育児行動を統制（コントロール）［比較を公正にするため、基準を合わせる操作。この場合は、親ひとりひとりの育児行動特性を差し引いたうえで、子どもの特性に応じて生じた育児行動の違いを見るために行われる］してもなお、親からより多くの認知的刺激を受けていたということだ。そしてもうひとつは、二歳の時点でより多くの認知的刺激を与えられていると、四歳の時点では、その子どもの認知機能スキルを統制してもなお、読み方のスキルがより高かったということである。この研究は、因果の鎖の中でも早い段階の部分に関する洞察を与えてくれる。二歳の時点で、聞いた音を繰り返したり、おもちゃを分類したりする能力が高い子どもは、聞いた音を反復したりしない子どもとは、親から受け取る反応が異なる。そして親が与える認知的刺激は、四歳の時点で、子どもの読み方の能力に違いを生じさせる。聞いた音を繰り返す能力においてはじめに遺伝的に有利であることが、その後に子どもが受ける育児行動を介して、因果の鎖の下流に伝えられるのだ。

双子ではなく、ポリジェニックスコアを用いる別の研究では、子どもたちの幼年期の家庭環境についていくつかの側面を詳しく調べ、どの面が、親の遺伝的性質と関連しているかが検証された。親の遺伝的性質は、親の教育ポリジェニックスコアを使って測定された[30]。聞き取り調査員が家庭訪問をして、親がどれだけ温かい愛情を子どもに注いでいるか、家がどれだけ安全で片づいているか、あるいはどれだけ混乱して散らかっているか、そして、親がどれだけ認知的刺激を与えているかを測定した。これらの項目のうち、親の遺伝的性質と子どもの学歴の両方と関連があったのは、もちろん、親がどれだけ認知的刺激を子どもに与えているかだけだった――この場合の認知的刺激は、おもちゃやパズルや本が手近にあってすぐに利用できるかどうか、親と一緒に動物園や美術館、博物館などに行くなどの活動をしているかどうかで測定された。

子どもの発達にとって社会環境との相互作用が重要なのは、子ども時代の初期だけではない。同僚たちと私は、一九九四年から一九九五年にかけて高校生だったアメリカ人約三千人のサンプルを使った研究を行った[31]。このサンプルが興味深いのは、参加者たちが、遺伝型を調べるためのDNAと、高校時代の成績資料の両方を提供してくれたおかげで、彼らがたどる教育上の経路を年ごとに追跡できたからだ。DNAと成績という二種類の情報を組み合わせることで、アメリカの高校の習熟度別クラス編成が、生徒間の遺伝的差異と最終的な教育の成り行きとを結びつける因果の鎖の一部になる様子を見ることができたのである。

参加者たちが高校に入学した時点では、ほとんどの生徒は履修する数学を選ぶことができた。生徒たちは、いくつかの要因に応じて――八年生［高校入学の前年］のときにどの数学を履修したか、数学がどれぐらい好きで興味があるか、教師やスクールカウンセラーがその生徒をどのように見ているか、大学に入るためにはどの科目を履修している必要があるかを親はどの程度理解しているかに応じて――代数（アメリカでは九年生［ハイスクール初年度］が履修するもっとも一般的な数学）のクラスに入るか、プレ代数のような補習的なクラスに入るか、あるいは幾何学のような「より高度な」クラスに入った。

研究者を対象に、高校数学の学力について話をしたときのこと、私は聴衆に向かって、高校で微積分を履修した人は手を挙げてくださいと言った。すると、その場にいたほぼ全員が手を挙げた。ＳＴＥＭ［科学・技術・工学・数学］の分野で最終的に博士号を取得した人たちのほとんどは、高校時代にかなり進んだレベルの数学を履修していたのだ。

しかし実際には、高校で微積分を学ぶ人は少ない。二〇一八年には、高校二年生で微積分のクラスに入った生徒は十五パーセントだったが、一九九〇年代にその比率はさらに少なかった――当時、数学は二年間履修しさえすれば高校を卒業できたのだ[32]。われわれが研究に用いた参加者たちのサンプルでは、九年生で幾何学のクラスに入った生徒の四十四パーセントは、最終的に［アメリカで一般的な四年制高校の最終年度で］微積分を履修したのに対し、九年生で代数を履修した生徒では、最終的に微積分を履修したのはわずか四パーセントだった。十四歳でどの数学のクラスに入るかを決めた時点で、より高度なクラスを選択すれば、将来ＳＴＥＭの分野で決定的に重要になる数学のスキルを身につけられる見込みが十八倍にもなるということを、生徒たちはおそらく知らなかっただろう。

アメリカでは、赤毛の子どもが学校に行くのを禁じられることはないが、実際上、九年生のときに幾何学を履修しない生徒は高校で微積分を学ぶ機会を失い、代数2を履修しない生徒は高校を卒業できないか（多くのアメリカの州でそういう結果になっている）、またはフラッグシップ公立大学［各州でトップの名門州立大学］に入学できないのだ。

〈図7・4〉には、遺伝子の関数として、高校の数学を生徒たちが履修していく流れを示した。縦軸は数学の難易度で、上に向かうほど難しくなり、基本／補習のクラスから微積分のクラスまである。横軸には、高校（中等教育）の四年間と、その後の最終的な学歴を示す。年度ごとに変わる川の幅は、そのクラスを履修する生徒の人数を表している。そして川の色の濃さは、学歴GWASから導かれた、生徒たちのポリジェニックスコアを表す。

この図からわかるように、生徒たちは、遺伝の影響を受けた特性にもとづいて異なる学習機会に振り分けられ、高校のはじめの時点で、教育における遺伝的階層化が始まる——ポリジェニックスコアの値を表す川の色は、幾何学を履修した生徒のほうが、プレ代数を履修した生徒よりも濃いことに注意しよう。このことから、履修教科の選択は、それ以前の教科選択に依存するという、注目すべき経路依存性が明らかになる。同時に、ポリジェニックスコアが低い生徒たちは、年次ごとに数学を履修しなくなる可能性が高く、高校生活が進むうちに、遺伝的階層化が進んでいく。

ここで「メカニズム」という言葉について再考しておくべきだろう。大学は、入学志望者のDNAを見ることはできない。しかし、志望者の高校の成績表なら見ることができる。そして高校

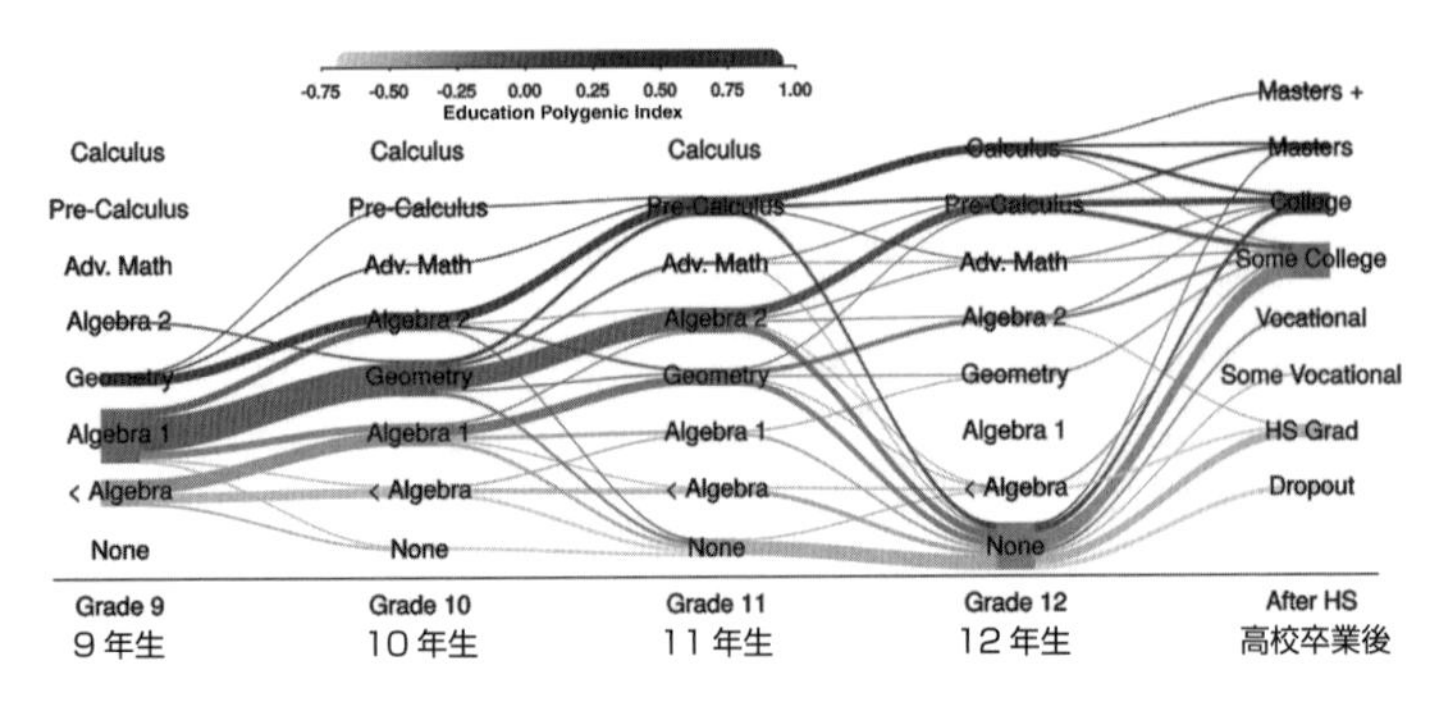

〈図 7・4〉 高校数学を生徒たちが履修していく流れを、学歴ポリジェニックスコアに対応して示した。線の幅は高校数学の各クラスを履修する生徒の数を表す。線の色の濃さは、そのクラスを履修した生徒たちの、教育ポリジェニックスコアの平均値を表している。ポリジェニックスコアの値は、標準偏差を単位として測ったもの。データは、1990 年代半ばにアメリカの高校に学んだ生徒への、「青年の健康に関する全米調査」で、ヨーロッパ系の遺伝的祖先を持つとされた生徒たちに関するもの。

の成績表には、大学入学に必要な代数2を履修しているかどうかといった情報が含まれている。もしも高校の習熟度別クラス編成が、大学の入学選考部が注目する数学のクラスをどれだけ履修するか（あるいは履修しないか）と、生徒の遺伝型とを相関させることに帰着するなら、高校の習熟度別クラス編成と大学入学のプロセスは、遺伝が影響を及ぼすメカニズムになる。教育制度が、生徒を履修するクラスに割り振り、生徒を進級させ、生徒の入学を［大学が］許可するそのやり方が、目に見えないDNAを、目に見える学問的な資格証明にするのである。

■ 赤毛の子どもたち再考

ジェンクスが赤毛の子どもたちの思考実験を最初に提案した一九七〇年代には、遺伝子が、学業成績、知能、所得、精神病理、健康、ウェルビーイングに影響を及ぼすことが明らかになりつつあった。とはいえ、ジェンクスが正しくも指摘したように、遺伝子が影響を及ぼすメカニズムについては、当時はまだほとんど何もわかっていなかった。しかしありがたいことに、その後の五十年でかなりのことが明らかになった。たとえば、学歴のような複雑な表現型には、何千、何万という遺伝的バリアントが関係していることもそのひとつだ。それら多くの遺伝子は、ニューロンをはじめとする脳の細胞内で起こるプロセスを介して影響を及ぼすが、その差異の具体的なプロセスについてはまだよくわかっていない。細胞レベルの遺伝子の影響は、胎児の発生過程ですでに表れており、遺伝子が個々人に及ぼす影響は、早くから語彙が豊富であることや、実行機能の高さ、非認知的スキルに優れているなどの観点から、子ども時代にはすでに明らかだ。こうしたスキルで有利な立場にある子どもは、親や教育者から異なる応答を受ける。また、有利な子どもほど、家庭内で多くの認知的刺激を受け、学校ではやりがいのある進んだ課題を与えられる[11]。家庭と学校で受ける刺激の両方が、初期の有利な立場をさらに強化する。こうしたプロセスが全体として、長い時間をかけて、生徒をテスト漬けにする学校教育システムの文脈の中で作用しているのである。

では、赤毛の子どもたちの例が含意する、もうひとつの問いのほうはどうだろう。これらの因果の鎖が打ち壊されるのは、どのオルタナティブな可能世界だろうか？　そしてわれわれは、そのオルタナティブな可能世界で暮らしたいと思うだろうか？　これらの問いが、われわれを本書の後半に連れて行ってくれる。

前半が終わったところで、これまでの話をまとめておこう。読者のみなさんに、つぎの三つのことを納得してもらえたなら嬉しく思う。ひとつは、遺伝学研究は、遺伝子が複雑な人間の成り行き（アウトカム）に及ぼす影響を推定するためにたくさんの方法を開発してきたということだ。その中には、家族のメンバーに対して用いる方法や、測定されたＤＮＡを用いる方法、その両方を組み合わせる方法がある。ふたつ目は、そうした遺伝学研究にもとづく圧倒的なコンセンサスは、人々のあいだの遺伝的差異は、学校教育で誰が成功を収めるかを決める重要な要素になり、教育における成功は、他のさまざまな不平等を構造化するカギになるということだ。そして三つ目は、こうした遺伝学研究の基礎にある生物学的メカニズムについては、まだほとんど何もわかっていないが、遺伝の影響を教育の成功に結びつける心理的・社会的な鎖の輪を理解することに関しては進展があるということだ。では、遺伝学研究から得られたこれらの洞察を、われわれはどのように利用すればよいのだろうか？　これらの洞察を、政策と教育実践、そして、メリトクラシー［能力主義］に関する神話を再検討するために、どう生かせばよいのだろう？

第Ⅱ部　平等をまじめに受け止める

第八章　オルタナティブな可能世界

遺伝学研究の究極の望みは、一組のオルタナティブな可能世界に関する、次の問いに答えることだ。「あなたが、ある時代の、ある場所に生まれ育つとして、異なる遺伝子を受け継いでいたらどうだったろうか?」。前章で取り上げたクリストファー・サンディ・ジェンクスによる赤毛の子どもたちに関する思考実験は、別の一組のオルタナティブな可能世界に関する、それとはまた別の問いを投げかける。「あなたの遺伝型は同じだが、社会的、歴史的文脈が違っていたらどうだったろうか?」。

これは単なる思考実験にとどまらない。一九八九年にベルリンの壁が崩壊したとき、フィリップ・コーリンガー――第三章に登場したレモンチキンが好きな経済学者――は十四歳だった。彼はそれまで東ベルリンに暮らしていたが、壁が崩れたことで、彼のような東ドイツの生徒たちの前に、異なる教育機会のある新たな世界が広がった。政府は倒れ、国境は消え、経済は変わり、法律が成立し、政策決定者たちは考えを変えた。異なる社会が新たに思い描かれ、新しい社会が作られていった。

フランシス・ゴルトン以来、優生学推進派の思想家たちは、間違った情報のキャンペーンを着実に推し進め、新たな社会を思い描いても無駄だと人々に信じさせることに成功してきた。彼らのプロパガンダは次のようなものだった。「もしも人生の成り行きの差異が、人々の遺伝的差異によって引き起こされているなら、社会を変える唯一の方法は、人々の遺伝子を編集することであり、世界を変えることではない」。そしてまさにそれこそは、一九六〇年代末に発表されて一大センセーションを巻き起こした、心理学者アート・ジェンセンによる論文のテーゼだった。ジェンセンはこう問うた。「IQと学力はどの程度高めることができるだろうか?」。そしてジェンセンは、学力の遺伝率に関する初期の研究を使って、この問いに対して否定的な答えを与えたのだ。[1]

それから数十年ほど時間を早送りにすると、それと同じ遺伝主義的悲観論を大声で唱え続けているのが、著述家のチャールズ・マレーである。マレーは『人間の多様性』という著書の中でこう論じた。「パーソナリティー、能力、社会行動に対する外部からの介入の効果には、本来的な制約がある」[2]。なぜなら、人間のそういう側面には遺伝の影響があるからだ、とマレーは言うのだ。その観点からすると、人々は遺伝的に決定された「設定値」を持って生まれ、環境にできるのは、その設定値のまわりにわずかばかりのゆらぎを生じさせることだけとなる。社会を変化させたところで、遺伝的設定値のまわりの小さなゆらぎの部分に影響を及ぼすことができるだけで、設定値そのものは動かせない、と。

しかし、社会変化によって可能になることに対するこの遺伝主義的悲観論は、遺伝的原因と環境的介入との関係についての根本的な誤解にもとづいている。経済学者のアート・ゴールドバーガーが一九七〇年代の末に述べたように、あなたの視力の弱さが遺伝的なものだとしても、眼鏡はまったく同じように役に立つ。[3] 眼鏡は、視力の弱さのうち、環境に起因する部分だけを矯正するのではない。眼鏡は、遺伝によるものか環境によるものかによらず、視力の弱さを補うものなのだ。眼鏡はそうして視力を補うことにより、近視に関連する諸々の遺伝子と、日常生活に困らないだけの視力を持つこととをつなぐ外的介入の役割を果たすのである。

この眼鏡の例は、より一般的な論点に対して示唆に富んでいる。ひとつの「もしも……だったら?」――「他の条件はすべて同じだとして、異なる遺伝子の組み合わせを両親から受け継いでいたらどうだったろうか?」――に対する答えは、別の「もしも……だったら?」――「遺伝型はまったく同じだとして、社会的・経済的な世界が違っていたらどうだったろうか?」――に対する答えについて、何にせよ直接的なヒントを与えてはくれない。[4*] コーリンガーが今とは異なる遺伝的バリアントの組み合わせを親から受け継いでいたとしたら、彼が博士号を取得する確率は違っていただろうか? この問いに対する答えはイエスだ。われわれはそのことを、ポリジェニックスコアが異なるきょうだいを比較する研究や、双子とDNAの測定情報を使う遺伝率の研究から知っている。しかし、教育の成り行き(アウトカム)に遺伝的な原因があるとしても、もしもベルリンの壁が崩れなかったなら、コーリンガーが博士号を取得する確率は違っていたのではないだろうか? この問いに対する答えも、やはりイエスなのである。ある表現型に遺伝性があるからといって、その表現型が社会変化の影響を受けないという保証にはならないのだ。

残念ながら、社会を変化させても遺伝の影響は克服できないとする間違った考えは、不平等を自然化しようとする人たちだけでなく、イデオロギー的、政治的に、それと反対の立場に立つ人たちにも支持されている。この皮肉な成り行きについて、テオドシウス・ドブジャンスキーは一九六二年に次のように述べた（ドブジャンスキーはロシア生まれの進化生物学者で、第二次世界大戦後には、スターリンによる遺伝学研究の弾圧に警鐘を鳴らした人物である）。「奇妙なことに、リベラルの中には、筋金入りの保守派の意見にほぼ同意するようになった人たちがいる。もしも人々に遺伝的多様性があることが示されれば、社会、経済、教育を変えることで人々の運命をより良いものにしようという試みは不毛で、おそらくは『自然に反する』ことでさえあるということになるだろうというのだ[5]」。

ドブジャンスキーが遺伝学へのそんな反応を奇妙だというのは、今日の目で見ても驚くほど先見的だ。たとえば、人類学者アグスティン・フエンテスの発言を考えてみればよい。フエンテスは、ドキュメンタリー映画『危険な考え[6]』のために行われたインタビューの中で、こう述べたのだ。「産業界のリーダーとしての責務をうまく果たしている人の能力は……何らかのかたちでDNAに書き込まれていると信じるなら、あなたには何の責任もないし、ものごとは今のままでよいことになる」。フエンテスは、われわれはより平等主義的な社会にするために努力する道徳的責任があると考えている。そこで彼は、社会的不平等が「何らかのかたちでDNAに書き込まれている」という考えを拒否する。その考えが、社会変化を実現させようという努力や、社会変化のために投資することの妨げになるのではないかと懸念するからだ。

だが、そのふたつは両立しうる。「遺伝的性質は社会の階層化の原因になりうる」と、「社会の組織的力に立ち向かうことで、社会変化を引き起こせる」は両立可能なのだ。そのことがはっきり理解できてしまえば、行動遺伝学をめぐる論争のほとんどは消滅し、より興味深い――そしてはるかに複雑な――ふたつの問題に取り組む余地が生まれるだろう。第一の問題は、ちょうど眼鏡をかけるように、遺伝型と表現型との関係を変える社会的・歴史的文脈が変化した例として、これまでにどんなものがあったかを明らかにすることだ。第二の問題は、政策に目を向け、人々の遺伝的性質と人生の成り行きとの関係はどのようなものであってほしいとわれわれは考えるのかということだ。本章では、このふたつの問題について考えていこう。

■ 高いほうを削って全体を均し、格差を小さくする――最悪の環境が最大の平等を生む

ソ連の崩壊にともなう教育機会の変化を目の当たりにしたのは、当然ながら、コーリンガーやその他東ドイツの子どもたちだけではなかった。バルト海沿岸のエストニアは、第二次世界大戦中から一九九一年までソ連の占領下にあった。その間、生徒たちに自由な選択肢はほとんどなかった。[7] 八年生が終わると、三つの進路のいずれかに割り振られ、その後の進路変更は最低限しか許されなかった。教育課程が終了すると、今度は職場に割り振られ、少なくとも三年間はそこで働き続けなければならなかった。大卒の学位を持っていてもとくに評価されず、大学にはほとんど競争なしに入ることができた。

ソビエト時代が終わって自由に選択できるようになると、教育と職業に競争が生まれた。今日のエストニアは、ＯＥＣＤ（経済協力開発機構）が「平等性と質の高さを併せ持つ、きわめて成功した教育システム」と呼ぶものを持っている。ＯＥＣＤ諸国の他の数少ない国々（フィンランド、ノルウェー、韓国、アイスランドなど）とともに、エストニアは、読み方のテストで平均点以上の成績を挙げ、生徒たちの教育の成り行きに見られるばらつきのうち、家庭の経済・社会的

状態によって説明される部分はほとんどない。[8]

質が高く平等な教育システムを作り上げたのみならず、エストニアは世界最高レベルの国立のバイオバンクのひとつ、エストニア・ゲノムセンターを持っている。このセンターは、健康や遺伝子に関する情報を含め、エストニアの全国民に関する大規模なデータベースを構築してきた。そのサンプルに含まれる人たちの中には、ソビエトの支配下で成人した人もいれば、共産主義が崩壊したのちに成人した人もいる。そこで、二〇一八年にイギリスの遺伝学者たちが次の問いを立てた。社会が変化するとき、遺伝的原因には何が起こるのだろう？

具体的に言うと、そのイギリスの研究者たちは、学歴ＧＷＡＳからポリジェニックスコアを作り、サンプルに含まれる人たちの中で、ソビエトによる占領が終わった時点で十歳未満だった人たち（中等教育のコースにまだ割り振られていなかった人たち）と、同じサンプル内のそれ以外の人たちについて、ポリジェニックスコアと学歴との関係を調べた。その結果、ソ連時代が終わってから教育を受けたグループは、ソ連時代に教育を受けたグループと比べて、学歴ポリジェニックスコアで説明できる学歴の偏差が大きかった。選択も競争もないところで学校に割り振られた場合には、子どもたちの遺伝的な差異と、最終的な教育の成り行きとの結びつきが弱まるのである。

同様の結果は、ポリジェニックスコアと、アメリカ女性の教育機会を拡大することになった社会変化との関連を調べた研究にも、はっきりと現れている。[9] 私の祖母の出生コホート（一九三九〜一九四〇年に生まれた人たち）では、ポリジェニックスコアと学歴との関連は、男性よりも女性のほうが小さい（このコホートの女性たちは、私の母校であるヴァージニア大学がジェンダーによらず学生を受け入れるようになった一九七二年以前に三十代になっていた）。しかし、このジェンダー格差は時とともに縮小した。女性の教育機会が拡大するにつれ、ポリジェニックスコアと女性の教育の成り行きとの関連は大きくなったのだ。私の出生コホート（一九七五～一九八二年に生まれた人たち）の女性では、ポリジェニックスコアは男性のそれと同じぐらい教育と関連している。皮肉にも、遺伝的性質が発揮されることが、ジェンダー平等のしるしになるのだ。

実際、これと同じパターン――選択と競争が見込まれる社会的文脈では、遺伝と教育の成り行きの関連は大きくなる――は、双子研究のデータを解析した結果にもはっきりと見て取れる。ノルウェーで行われた初期の双子研究（一九八五年）では、より多くの子どもたちへの機会拡大を目指した教育改革の恩恵を受けた出生コホートは、それ以前の出生コホートと比べて学歴の遺伝率が高く、とくに男性ではそうだった。[10]

双子の遺伝率をひとつの国の異なる時期について比較することに加え、世代間の社会的流動性が異なるさまざまな国について遺伝率を比較するという方法もある。ここで言う社会的流動性は、親子のあいだで教育年数がどれだけ違うかによって定義される。[11] アメリカは「チャンスの国」だという神話があるが、実はアメリカは、他の多くの国々よりも社会的流動性が低い。たとえば、デンマークは社会的流動性の高い国だ。アメリカやイタリアのように社会的流動性の低い国では、実際に学歴の遺伝率は低いことが明らかになった。この研究は、「遺伝率とは、遺伝が生み出す違いの大きさのこと」という事実を思い出させてくれる――そして遺伝的性質は、家族のメンバーのあいだでさえ違う。上層への移動も下層への移動もほとんどない、子どもが親と同じ年数だけ学校教育を受ける静的な社会では、遺伝くじによって子どもの人生の成り行きに生じる違いは小さい。それとは対照的に、人生の機会が家庭の経済階層や文化資産にあまり依存しない社会では、遺伝子はより大きな違いを生むことができるのだ。

最後に、双子研究が示すところによれば、子どもの認知能力の遺伝率は、貧しい家庭の子どもの場合にもっとも低く、富裕な家庭で育てられた子どもの場合にもっとも高い。とくに、他の国々と比べて、貧困世帯のための社会的セーフティーネットが不十分なアメリカではそうだ。[12] 家庭内に物質的資源がほとんどない子どもたちでは、遺伝子と、知能テストで良い成績を取ることを結ぶ因果の鎖は、完全に断たれていないまでも弱められているのである。

以上の結果は、高いほうを削って全体を均すことにより、格差を小さくするプロセスを例証している。人々は、貧困、性差別、抑圧的な政策のために学び続けることができず、持っている遺伝子が生かされない。遺伝型と学校教育をつなぐ因果の鎖がつながるためには、そもそも通える学校が必要なのだ。そんなわけで、教育への遺伝の影響がもっとも小さい社会は、機会剝奪と差別、または権威主義的社会体制の、どちらか一方、または両方がある、もっとも望ましくない社会だという状況をわれわれはしばしば目にするのである。

悪い環境でよりも良い環境でのほうが遺伝率は高いという結果は、直観に反するかもしれない。しかし、生物学者リチャード・レウォンティンの古典的な思考実験を使えば、直観的にもその結果に納得がいくようになるだろう。[13] ふたつの菜園があるものと想像してほしい。一方の菜園は、養分をたっぷり含む土壌と、降り注ぐ太陽に恵まれ、水も足りているのに対し、他方の菜園は、石ころだらけで日当たりは悪く、土は乾ききっている。さて、これらふたつの菜園に、遺伝的多様性に富んだトウモロコシの種を蒔いたとしよう。資源の豊富な庭では、伸びうる最大の丈にまで伸びるチャンスがすべてのトウモロコシにある。それに加えて、環境に恵まれた菜園では、すべてのトウモロコシに同じ条件が与えられるため、丈の高さに見られる多様性は、主にトウモロコシの種のあいだの遺伝的差異によるものとなるだろう。

レウォンティンの菜園の例は、たとえグループ内の差異は遺伝的差異により生じているとしても、グループ間（たとえば人種グループ間）の差異は、第四章で説明したように、完全に環境要因により生じている可能性を示すために挙げられることが多い[14]。この例はまた、教育における生徒間の「格差をなくす」という話で見過ごされがちな問題も提示している[15]。すべてのトウモロコシに同じ環境を与える資源の豊富な菜園では、平均として、より丈の高いトウモロコシが育つかもしれないが、同時に、トウモロコシの丈のばらつきも大きくなるだろう。同様に、組織的なジェンダー差別や、高額な授業料、厳格な習熟度別クラス編成といった構造的な障壁が取り除かれれば、集団の教育レベルは平均として向上するかもしれないが、それと同時に、人々の遺伝的差異と関連する、教育の成り行き(アウトカム)の不平等は拡大するかもしれない。

■ 平等 vs フェアであること

これまで見たように、経験的な研究によると、抑圧的で貧困な環境では、教育の成り行きの遺伝率は下がり、開かれた資源豊富な環境では遺伝率が上がるのがしばしば観察されている。一部の学者たちはその観察にもとづき、遺伝率が高いのは、実は良いことなのだという考えを打ち出した——遺伝率の高さは、悲惨な環境条件が改善され、社会がひとりひとりをその人らしく扱った結果として、その人なりの遺伝の影響を受けた才能と性質が発揮され、人生の成り行きに影響を及ぼすようになった証拠だというのである。一九七〇年代にはリチャード・ハーンスタインが著書『メリトクラシーにおけるＩＱ』の中で、遺伝率が高いということは、環境のせいで生じる社会的不平等が一部取り除かれたことを示す良い兆候だと述べた。「大人数学級、ろくに本のない図書館、みすぼらしい設備、人口過密なスラム街、十分な訓練を受けていない教師、栄養不足などを取り除いたことにより……遺伝率の増大という付随効果が現れているのだ」というのだ。[16] より最近では、社会科学者のダルトン・コンリーとジェイソン・フレッチャーが同じ論点に立ち返り、遺伝率の高さは、社会の「公平性（フェアネス）を表す尺度」であり、「必要な――しかし十分ではない――機会均等が実現したユートピア的社会の要素」と考えることができると述べた。[17]

この提案、すなわち、人生の成り行き（アウトカム）の遺伝率が高いことは、ユートピア的な社会に必須の要件だという考えを知って、読者の中には釈然としない人もいるだろう。その社会は本当に、われわれが理想とする社会なのだろうか？　貧困と抑圧による人生の成り行きの不平等は取り除かれ、遺伝による人生の成り行きの不平等は残されている世界が、われわれが目指す「遺伝的シャングリラ」なのだろうか？[18]

なぜ、遺伝子と結びついた不平等は、誕生時の社会的環境に根ざす不平等よりも受け入れやすいのだろうか？　本書の中でこれまで一貫して論じてきたように、遺伝も社会的環境も、誕生時に降りかかってきたたまたまの偶然であり、われわれには手の打ちようがないふたつの運のかたちである。

一九八〇年代のはじめに、行動遺伝学を激しく批判した心理学者のレオン・カミンは、人生の成り行きの不平等の中でも遺伝的に引き起こされたものは、環境的に引き起こされたものと比べて多少とも受け入れやすいという直観的理解に抗議した。カミンがそのとき例に挙げたのは、フェニルケトン尿症（ＰＫＵ）だった。ＰＫＵは、たったひとつの遺伝子の変異により引き起こされる稀な病気で、フェニルアラニンというタンパク質の構成要素が代謝できなくなる。治療しないで放置すると、ＰＫＵは知的障害を引き起こす。しかし今日の高所得の国々は、新生児に対してＰＫＵのスクリーニングを実施しており、この病気を持つことがわかった子どもに対しては、フェニルアラニン含有量の低い食事制限を厳格に守る治療が行われている。

　ＰＫＵの食事療法は、先ほど挙げた、眼鏡をかけて近視を矯正するという例と同じことだ。**遺伝的な原因によって生じた問題には、環境的な解決策がありうる**のだ。実際、ＰＫＵは、単純なメカニズムを持つ良く理解された遺伝病であるにもかかわらず、今日なお、環境的な方法だけが唯一の解決策である。ＰＫＵに対する遺伝子治療は実現していない[19]（今のところは）。しかも、ＰＫＵの原因がごく単純なのとは対照的に、知能テストの成績や学歴など、高度にポリジェニックな成り行きに関連する遺伝的構造［（genetic architecture）形質およびその多様性の基礎にあるゲノムの性質］は複雑で、小さな効果と未知のメカニズムを持つ、何千何万という遺伝的バリアントが絡んでいる[20]。さらに問題を複雑にしているのは、知能や学歴に関連しているバリアントの多くが、社会的に大きく異なる評価が与えられている表現型と深くかかわっていることだ。たとえば、学歴の高さと関連するバリアントの多くは、統合失調症のリスクと関連している[21]。保守的な学者の中には、子どもたちのゲノムを編集してＩＱを増大させるといった話をする者がいるが、それは単に、科学的にできないというだけでなく、科学的に馬鹿げた話なのである[22]。

ＰＫＵの例はまた、カミンが指摘したように、環境に由来する不平等ばかり憂慮して、遺伝に由来する不平等を憂慮しないのは馬鹿げていることを示してもいる。[23]

子孫のライフチャンスに長期的影響を及ぼす家系内の遺伝的欠陥があるとして、なぜリベラルはそれを問題視すべきではないのだろうか？「遺伝」要因によって引き起こされた違いは、「環境」要因によって引き起こされた違いと比べて、より正当で、より良いもので、より本質的だとでも言うのだろうか？……「遺伝的」差異は「環境的」差異と比べて、より固定されていてひっくり返せないというのだろうか？　遺伝的に決定された（しかし容易に予防できる）ＰＫＵは喜んで受け入れ、［文化的要因のある］文化－家族性精神遅滞は問題視すべきだというのは、明らかに馬鹿げた話だろう。

カミンの修辞疑問――なぜリベラルは問題視すべきではないのだろうか、いや問題視すべきなのだ――は、政治哲学者ジョン・ロールズの議論そのものだ。ロールズは、環境の運に根ざす不平等を憂慮すべき不公平だと考えるのなら、遺伝的な運に根ざす不平等もまた、憂慮すべき不公平だと考えなければならないと指摘した。[24]

社会的偶発性または自然的偶然のどちらか一方が分配の取り分に及ぼす影響を憂慮しはじめると、他方の影響も憂慮せずにはすまなくなる。道徳的観点からは、両者の影響は同じぐらい偶発的なものに思われるのだ。

人々には手の打ちようがない、それゆえ自己責任とは言えない要因により生じる不平等は憂慮すべきだという考えは、抽象的な哲学の世界だけのものではない。今日その考えは、世界中の教育政策に反映されている。教育の公平さ（エクイティ）に関するＯＥＣＤの定義を見てみよう。[25]

> 公平性とは、すべての生徒が同じ教育の成り行きになることではなく、生徒たちの成り行きの差異が、各人のバックグラウンドや、生徒の力の及ばない経済的・社会的環境とは関係がないことである（強調は本書の筆者が付け加えたもの）。

論理は明快だ。異なる社会階層に生まれ育った生徒たちのあいだのいかなる不平等も、アンフェアだと考えるのである。なぜなら、生徒たちのあいだのその差異は、生徒が選択したものでも、生徒の力の及ぶものでもなく、くじの当たり外れによるものだからだ。

公平性に対するこのビジョンは、アメリカの教育者たちの思考に深く浸透している。[26] 平等と公平の違いを描いて、ミーム的に増殖している一枚のイラストがある〈図８・１〉。身長の異なる三人の人物が、壁の向こうで行われている野球の試合を見ようとしている。「平等」は、全員に同じ高さの台を与えることで、身長差はそのまま残される。それに対して、「公平」は、それぞれの人が壁の向こうを見られるだけの踏み台をもらえることだ。身長が低い人ほど、より高い踏み台（より手厚い支援）をもらう。

教育における公平性は、すべての人を同じに扱うのではなく、（生い立ちの社会的条件や「誕生時の偶然」ゆえに）学校でもっとも苦労しそうな子どもたちに、恵まれた子どもたちには容易に到達できるレベルに到達できるよう、可能なかぎり個人に合わせた支援をすることだと考えられているのである。私の娘のプレ・キンダーガーテン（四歳から五歳の子どもが含まれる）の教室には、フェアという言葉をレインボーカラーのバブルレターで強調し、五歳児にも理解できるような言葉で書かれたポスターが貼ってある。「フェアであることは、誰もが同じだけのものをもらうことではありません。フェアであることは、成功するために必要なものをもらうことなのです」〈図８・２〉。

〈図 8・1〉 平等と公平

　公平性のパースペクティブを擁護する人たちは、アメリカの政治的発言において支配的な、「機会均等」というレトリックに抗議する。誰にでも同じだけの機会を与えるという機会均等には、実はいくつかの定義があるのだが[27]、その中でもっとも直接的な定義は、すべての人を同じに扱うというものだろう。しかし言うまでもなく、遺伝的にもその他の面でも、人々は厳密に同じではない。一メートル五十センチの壁を作り、その壁の向こうを見るために、身長によらずすべての人に十五センチの踏み台を与えるのと同じく、すべての人に同じ条件の教育を与えるシステムでは、ひどく不平等な成り行

〈図8・2〉プレ・キンダーガーテンの教室に貼ってあるポスター。

きになるのは当然だろう。

機会均等では、自然の偶発性に根ざす不平等を再生産することにならざるをえないことから、機会均等にこだわるのはもうやめようと言う人たちもいる。哲学者のトマス・ネーゲルはこう述べた。「〔人々のあいだで差異の大きい特性に関しても〕すべての人を等しく扱うべきだというリベラルの考えに従うなら、自然と過去が生んだ初期の区別を反映した社会秩序、おそらくはその区別を拡大するような社会秩序にならざるをえない。そのため、人々のあいだの違いをメリトクラシー的に捉えつつ、違いによらず人々を平等に扱うべきだとするおなじみの原理に従ったのでは、自然と、〔通常の社会システムが〕人々に押しつけた不平等と戦うにはあまりに無力だとして、[28]〔近年、リベラリズムへの攻撃が強まっている〕」。著述家のフレディー・デボーアは、もっと激しい言葉でこう書いた。「機会均等は陳腐な標語だ。それは計略であり、ごまかしである。機会均等は、進歩的な人々が不平等を祝福するひとつの方法なのだ[29]」。

■ 底辺を向上させる：介入によって公平な社会を作る

ゴールドバーガーの眼鏡の例に戻ると、この思考実験がこれほど長く引用され続けるのは、ひとつには、眼鏡という介入が、より公平な状況を作り出すからだろう。視力の良い人たちに対して、さらに視力を良くするために外科手術を施すのではない。そうではなく、視力の弱い人たちに選択的に資源が振り向けられているのであり、その人たちが日常生活で困らないよう、視力の良い人たちのレベルにできるだけ近づけようとしているのだ。

しかし、少し皮肉な見方をすれば、ゴールドバーガーの例がこれだけ長命なのは、公平な社会を目指す介入の例が、現実の世の中にはあまりにも少ないからかもしれない。とはいえ、そういう例も皆無ではない。とくに近年、検出力の高いＧＷＡＳから作られたポリジェニックスコアが得られるようになったおかげで、もっともリスクの高い人たちに役立つ介入をすることで、平均として成り行きの改善と、遺伝的性質と関連した格差の縮小がともに達成された、より豊かな環境の例が見つかりはじめている。

たとえば、二十世紀半ばにイギリスで行われた教育改革により、人々の健康状態が改善したかどうかを調べた研究がある。その教育改革では、一九五七年九月一日以降に生まれた人は全員、十六歳の誕生日まで学校に行くことを義務づけられた[30]。その日付の直前に生まれた人たちと、直後に生まれた人たちとのあいだに、系統的な差異があるとは考えられない。こうして誕生日にもとづき、一年長く学校に行くよう政府によって強制されたことの効果を調べるという、一種の自然実験［（natural experiment）自然的、経済的、あるいは社会的に生じた状況の変化を利用して、多くの要因が複雑にからまりあった現象から、特定の要因により引き起こされた部分を取り出して調べる方法］が可能になったのだ。

一年長く教育を受けることで、人々の健康は平均として改善された。教育改革を経験した人たちは、成人後のボディマス指数（ＢＭＩ）が小さく、肺機能が高かった。しかし、この教育改革に対し、すべての人が同じように反応したわけではない。教育改革の影響がもっとも大きかったのは、肥満ＧＷＡＳから得られたポリジェニックスコアで測られた太りやすさの遺伝的傾向がもっとも高い人たちだった。もっともリスクの高い人たちに最大の影響を及ぼしたことで、この教育改革は、遺伝的性質に関連する格差を小さくしたのである。教育改革を経験しなかった人たちでは、肥満になる遺伝的リスクがもっとも高い人たちの三分の一は、もっとも低い人たちと比べて、リスクが二十パーセント高かった。教育改革を経験した人たちでは、このギャップが六パーセントに縮まったのだ。

もうひとつの例として、十代の子どもを持つ親たちに「ファミリー・マネジメント」の戦略を教える「ファミリー・チェックアップ」というプログラムがある。このプログラムは、十代の子どもたちの友人関係や居場所を、あまり抑圧的にならないように監視する方法で、妥当な許容範囲を決め（門限など）、それを子どもたちに守らせる方法を親たちに教えるというものだ。[31] アメリカで行われたあるランダム化比較実験では、この介入を受けた家庭と対照群の家庭とを比較した結果、介入により、十代の若者の飲酒および、その後アルコール関連問題を引き起こす割合が、平均として下がることがわかった。あるフォローアップ研究では、アルコール依存症のＧＷＡＳから作られたポリジェニックスコアを使った遺伝データが使われた。対照群の家庭では、ポリジェニックスコアとアルコール関連問題との関連性の強さは、もともとのＧＷＡＳにもとづいて予想された通りだった。つまり、ポリジェニックスコアが高い人たちは、アルコール関連問題を抱える場合が平均として多かったのだ。しかし介入を受けた家庭では、遺伝的な効果はなくなっていた――遺伝的なリスクとアルコール関連問題とのあいだに関連が認められなかったのだ。

最後の例として、前章で説明した、アメリカの高校数学の習熟度別クラス編成と、数学を何年学んだかに関するポリジェニックな関連性に関するわれわれの研究にも、これと似た底上げのパターンが見える。全般に、ポリジェニックスコアが高い生徒ほど、平均として長く数学を学び続ける（このデータは一九九〇年代のもので、当時アメリカのほとんどの州で、数学は［高校四年間のうち］二年か三年勉強すればよかった）。しかし、家族が大卒の学位を持っていることの多い、よりレベルの高い高校では、ポリジェニックスコアが低い生徒でも、数学からドロップアウトしない傾向があった。

なぜそうなるのかは明らかではない。レベルの高い高校では、勉強に苦労している生徒に個人指導で補習を受けさせているのかもしれないし、親が大学教育を受けている家庭では、どの数学のクラスに入るべきかに関する社会的規範が強いだけかもしれない。しかし、ほぼ同じポリジェニックスコアを持つふたりの生徒で、どんな高校に通うかによって数学の成り行きは変わり、とくにポリジェニックスコアが低い場合にはそうなのだ。

これら三つの例から、より一般的な論点が明らかになる。それは、公平性と質の高さは、必ずしも対立しないということだ。これら三つの例のすべてにおいて、良いほうの環境では、遺伝的なリスクがもっとも高い人たち――肥満、アルコール関連問題、数学のドロップアウトの遺伝的リスクが高い人たち――の成り行きが想定以上に改善され、さまざまな遺伝型を持つ人たちの成り行きのギャップが縮小したのである。

■持たざる者が取り残される——持てる者はますます豊かに

だが、介入がつねに公平性を推進するとは限らない。介入は、平均としての成り行きを改善することには成功しても、その一方で、人々のあいだの遺伝的差異を増幅させることもありうる。たとえば、タバコや、その他タバコ関連製品に課税するという介入は、一九六〇年代以降、喫煙者を半減させることに成功してきた。しかし、医療経済学者のジェイソン・フレッチャーやその他の人たちによると、タバコへの課税が喫煙抑制という点でもっとも有効に作用したのは、タバコ依存症になるリスクがもっとも低い人たちだったようなのだ[32]。一方、タバコ依存症になる遺伝的リスクがもっとも高い人たちは徐々に取り残されて、喫煙による健康上の問題を抱え（さらには懲罰的なタバコ料金という経済的コストも負いながら）、壊滅的な悪影響に苦しみ続けてきた[33]。

もともと有利だった人たちが、政策や介入の恩恵をもっとも受けるというこの状況は、「マタイによる福音書」（二十五章二十九節）に現れるイエスの言葉にちなみ、「マタイ効果」と呼ばれている。「だれでも持っている人は更に与えられて豊かになるが、持っていない人は持っているものまでも取り上げられる」。教育学の研究者たちは、子どもたちのテストの成績や、社会・経済的な境遇といった要因との関係でマタイ効果を詳しく調べ、介入すれば必ずそうなるというわけではないものの、介入またはプログラムが万人に開かれている場合には、この効果が広く見られることを見出した[34]。たとえば、サマースクール［夏休みが長期に及ぶアメリカなどでは、学校からの宿題もほとんどないため、子どもたちに有意義な体験や学習をさせるサマースクールが盛んで、親たちはインターネットやパンフレットなどを集めてサマースクール選びに奔走する。高品質のサマースクールは、当然ながら費用も高い］のプログラムの恩恵を受けるのは、貧困家庭の子どもたちよりも中流家庭の子どもたちだ[35]。

■　誰のために？——より大きな透明性を求めて

　本章では、別の社会を作る三つの方法について論じた。ひとつ目は、高いほうを削って全体を均し、より抑圧的で貧しい社会を作るというもの。ふたつ目は、遺伝的にリスクの高い人たちに特別な投資をすることで、成り行きの不平等が最小化された社会を作るというもの。そして三つ目は、恵まれた人たちの成り行きをさらに良いものにする介入とプログラムを行い、ほかの人たちには支援しない（あるいは、恵まれた人たちに対するほどには支援しない）というものだ。
　ひとつ目のオルタナティブな可能世界は、みんなの生活が今よりも悪くなり、暮らしが改善される者はひとりもいない世界で、そんな世界が望ましくないのは明らかだろう。しかし、残るふたつのオルタナティブのどちらを選ぶべきかは、必ずしも明らかではない。
〈図8・3〉には、これらふたつのオルタナティブな環境を模式的に示した。環境に応じて人生の成り行きはさまざまだが、それぞれの環境における成り行きの分布は、平均が異なるだけでなく、広がり（不平等のばらつき）も異なる。この図には、仮想的なふたりの人物——遺伝型A（●）と遺伝型B（▲）——の成り行きも示した。ある遺伝型を持つ人について予想される成り行きが、環境に応じてどう変わるかを描き出すのが「反応基準」だ。[36]
　世界が変われば反応基準が変わるという考えは、ある社会の中で人々がそれぞれどう違うかという問題とは別の問題を浮かび上がらせる。人と人とを比較するのではなく、本章のはじめのほうで大きく取り上げた、「もしも……だったら？」という問いに立ち返り、ひとりの人を比較するのだ。もしも人々の遺伝型は今と厳密に同じで、社会的文脈が今とは違っていたら？　換言すれば、ひとつの世界の中で人と人とを比較するのではなく、オルタナティブな可能世界の中の自分同士を比較するのである。そのとき問われるのは、子どもたちのあいだの成り行きの不平等を最小化するのはどんな世界かではなく、ひとりの人間の成り行きを最大化するのはどんな世界かであるのは明らかだろう。

しかし、われわれは誰の成り行きを優先的に改善するのだろう？　たとえば、数学の新しいカリキュラムとしてふたつの案があるとき、どちらのカリキュラムを選ぶかを考えよう。（a）と（b）ふたつの案のうち、より望ましいのはどちらだろう？

（a）新しいカリキュラムは、とくに遺伝的「リスク」の高い子どもたちのために役立ち、特定の組み合わせの遺伝的バリアントをたまたま受け継いだ子どもたちと、受け継がなかった子どもたちの、教育の成り行きの差を小さくする。

（b）新しいカリキュラムは、いずれにせよもっとも成功する子どもたちのために役立ち、少数の生徒たちに高いレベルの数学を教え込む。

論理的な人たちなら、（a）と（b）について、さまざまな経験的議論ができるだろう。たとえば、各種の費用便益分析もできそうだ。（a）と（b）とで、どれだけの生徒が恩恵を受けるだろうか？　新しいカリキュラムの費用は、ひとり当たりどれぐらいになるだろうか？　基本的な数学力のある人を増やすのと、非常に高いレベルの数学力がある人を増やすのとで、ダウンス

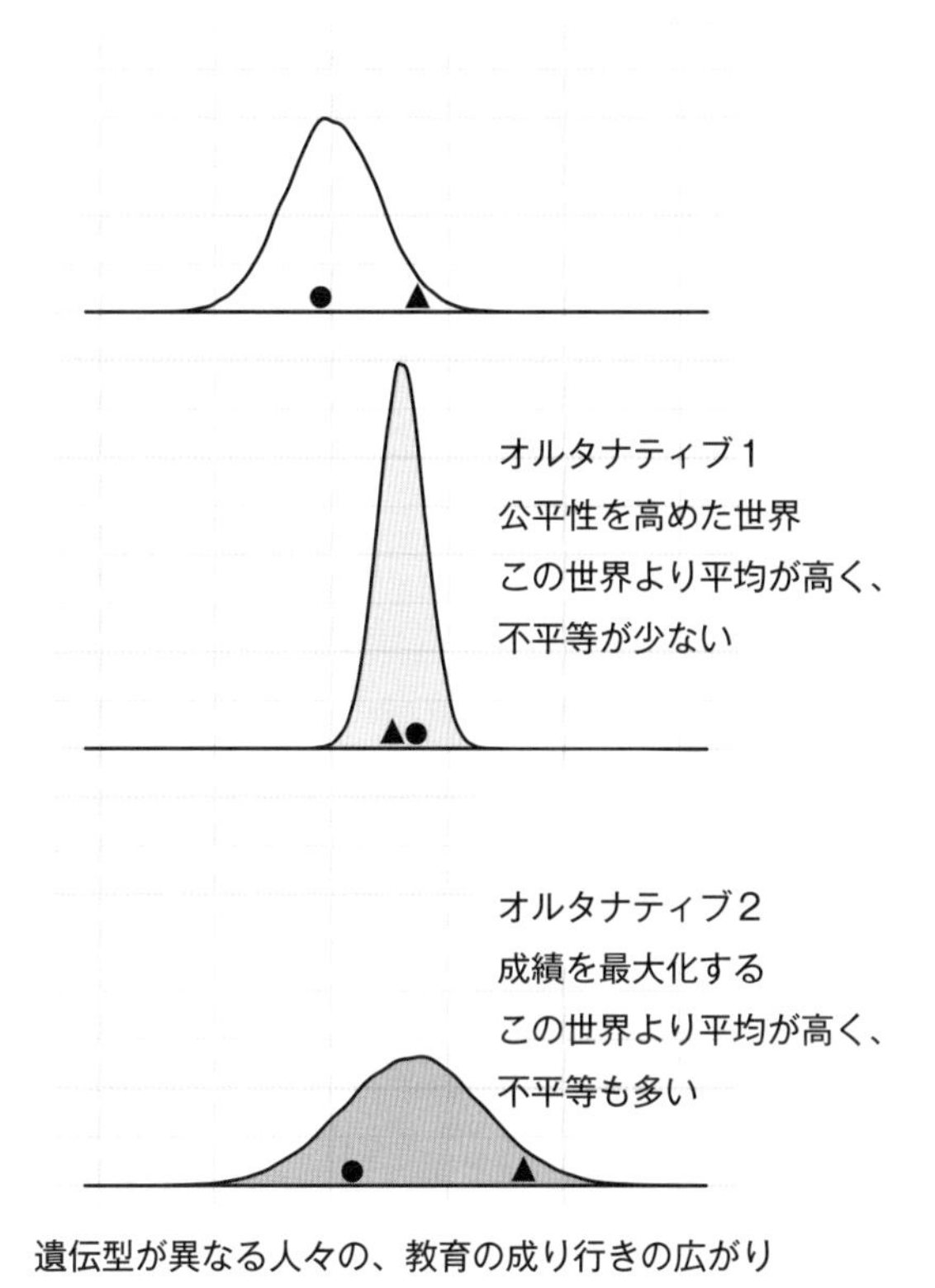

〈図 8・3〉 遺伝型が異なる人たちの教育の成り行きの分布を、３種類の世界について示す。縦軸は成り行きの出現頻度。●と▲は、異なる遺伝型を持つ仮想的なふたりの人物を表す。現実の世界と比べ、公平性の高い環境（オルタナティブ1）では、●の教育の成り行きは改善されるが、▲はほとんど同じなので、結果として不平等は少なくなる。それとは対照的に、成績を最大化した環境（オルタナティブ2）では、▲の教育の成り行きは改善されるが、●は改善されない。そのため不平等は拡大されるが、三つのオルタナティブの中では個人の成り行きの成績がもっとも高い。

トリーム・インパクト（経済的生産性、技術革新、社会的結束、政治参加、等々の観点から見たときの影響）は、どちらがどうなるだろうか？

しかし、こうした経験的な問いに加えて、この選択には、人は何に価値を置くのかという問題も関係してくる。教育の成り行きの平等性——その平等性はそれ自体として追求するだけの価値がある——を改革の目的と位置づけるのか、それとも、教育の成り行きの平等性は、たとえば経済的な成り行きを平等化するといった、他の目的を達成するための手段にすぎないと位置づけるのかなども、考えるべき問題のひとつだ。

だが今のところ、政策決定者や教育者たちは、これらの価値に関する立場を開示する必要もなければ、政策や介入によって実現した効果が、これらの価値を高めるために有効だったかどうかに関するデータを突きつけられることもない。教育と政策に関する研究では、人の遺伝的差異はほとんど見えてこない。なぜなら、この分野の研究者たちは、なんであれ人々の遺伝的性質は測定しようとさえしていないからだ。学歴や心の健康に関する研究となると、遺伝子と介入の相互作用に関するきちんとした研究、たとえば、イギリスの教育改革が遺伝的に肥満のリスクが高い人たちに役立ったことを明らかにした研究のようなものは、皆無と言っていいほど少ないのである。[*37]

介入を開発し、その効果を調べている研究者たちと話をした経験から言うと、彼らは、遺伝情報を自分の研究に取り入れたがらないことが多い。彼らが挙げる理由は実際的なものだ。「お金がかかるのでは？　ＤＮＡを提供してもらおうとすると、研究への参加者が減ってしまうのでは？　低温冷凍庫を備える必要があるのでは？」（その答えはすべて「ノー」だ。遺伝型を判定する費用はたいしたことはなく、ひとり当たり七十五ドル以下である。消費者との直接取引で遺伝情報を調べている会社の成功が証言するように、人々は遺伝学研究に参加することに興味を持っており、むしろ熱心に参加したがることさえある。また、唾液サンプルは室温の環境で何カ月も、いや何年も置いておける)。

しかし、こうした実際的な理由の背景には、もっと深い恐れが潜んでいる——教育や心の健康の成り行きを調べるために単にＤＮＡを集めるという、ただそれだけのことでも、遺伝情報を扱いたがらない研究者たちが嫌悪する、優生学のイデオロギーを認めることになってしまうのではないかと恐れているのだ。瓶から魔神を出してしまうリスクは、どんなメリットをも上まわるのではないだろうか、と。もちろん、研究者たちのその懸念はもっともだ。競争の激しい研究ポストに就く学生を選抜するためにポリジェニックスコアを使うなど、遺伝情報が間違った使い方をされる潜在的リスクはある。第十二章では、遺伝情報が間違った使い方をされるケースや、逆に、優生学と闘うために遺伝情報を使う可能性について、あらためて論じよう。

しかし、臭いものに蓋とばかり遺伝データから目を背けていても、遺伝的差異がなくなるわけではない。教育で苦労する遺伝的リスクがもっとも高い子どもたちを放置するような介入をすることは、研究者がその介入の結果として不平等が拡大するのを観察しようがしまいが、その子どもたちがさらに大きく引き離されていくのを黙認することだ。それどころか、遺伝学に目をつぶることは、既存のさまざまな介入が誰のために役立っているのかを——そして誰のためには役立っていないのかを——知るための、新たな道具を手放すことなのである。

■ 何を公平にするか？――因果の鎖は長い

教育への介入や教育政策は、公平性を促進するようなものになっているのかという問いや、そもそも公平を促進するべきなのかという問いは、学歴の違いは他の多くの不平等と密接に結びついているため、いっそうの重みを持つ。とくにアメリカでは、大卒の学歴を持つ者と持たない者とでは、所得、富、身体の健康、心理的なウェルビーイングに大きな格差があり、しかもその格差はますます拡大しつつある（これについては第一章で述べた）。人生にはこれだけさまざまな不平等があるにもかかわらず、それらに対処する唯一の方法が、誕生時の偶然にそれほど依存せず――そしてその偶然が遺伝的なものか社会経済的なものかによらず――より多くの人たちが大学に行けるようにすることであるかのように言われることがあまりにも多すぎる。

実は、教育の成り行きにおける格差を小さくすることだけが、大学教育を受けていないアメリカ人が直面する経済上、健康上の危機に対処するための方法ではない。私は、教育はそれ自体として追求するに値する良いものだと思っているし、芸術や文学や科学や哲学をさらに数年ほど長く学ぶための真の機会が与えられるなら、人々の人生はより豊かになると信じている。こう述べたうえで言うのだが、教育は受けるに値する良いものだと言わんがために、健康で安全で満足できる人生を送るには、より高い教育を受けるしかないとまで教育を祭り上げる必要はない。経済学者のアン・ケースとアンガス・ディートンが書いたように、「われわれは、大卒の学位を持たない人は経済の役に立たないという基本前提を受け入れない。われわれはまた、学位を持たない人は踏みつけにされてしかるべきだとか、二流市民として扱われるべきだとは、けっして考えない」[38]。

本章の冒頭で述べたように、社会政策によって社会を変えようとすることへの遺伝主義的悲観論は、一世紀以上にわたり、優生学を推進しようとする思想家たちの典型的な論法だった。この悲観論は、人々の特性——認知能力、パーソナリティー、行動——は、DNAによって決定されているとする、誤った遺伝子決定論から生じている。本章で取り上げたいくつもの研究が示すように、遺伝子決定論は誤りだが、根絶すべき誤りはそれだけではない。誤った経済決定論もまた、社会政策によって社会を変えることはできないという遺伝主義的悲観論から生じているのだ。経済決定論は、教育で成功しなかった人たちに情け容赦がなく、そういう人たちは、悪い仕事、低い賃金、貧しい医療（または医療を施さない）が割り当てられてしかるべきだとする。

しかし、別の社会を作る方法を思い描くためには、それほど遠くに目を向ける必要はない。たとえば、アン・ケースとアンガス・ディートンは、大学教育を受けていないアメリカ人がみじめな境遇に置かれるのは、かなりの程度まで、あまりにも金のかかる医療制度のせいだと言う。アメリカの医療制度は、高所得の国々の中でも例外的にひどいものだ[39]。本書の第一部では、人々のあいだの遺伝的差異は、社会的な成り行きや行動上の成り行きに違いを生むが、その遺伝的な因果関係を理解するためには、分子の作用から社会の作用まで何層にもまたがる長くて複雑な因果の鎖の観点に立たなければならないと論じた。因果の鎖が長くて複雑だということは、遺伝型と複雑な表現型との結びつきに介入する機会がたくさんあるということを意味する。医療制度を別のものに変えて、「低技能」労働者の賃金が、雇用主が用意する健康保険の莫大なコストのために目減りしないようにしても、人々のDNAを多少とも変えることにはならないだろう。しかし医療制度を改善すれば、人々のあいだの遺伝的差異を所得の差異に結びつける、長い因果の鎖のひとつの輪が弱まるかもしれない。

さらに言えば、公平性にどの程度の重みを置くかは、鎖の輪ごとに違っていてもよい。たとえば、遺伝子編集を使って、人々のDNA配列そのものを同じにしようとすることは、その侵襲性、費用、悪影響のリスクからしてありえないと判断するかもしれない。また、人々がSTEM分野で博士号を得る可能性を同じにするより、数学に興味があって能力も高い——たとえその興味や能力が、誕生時の社会くじや遺伝くじで「当たり」を引いたおかげだとしても——一部の人たちの生産性を最大化するほうが重要だと判断するかもしれない。そうだとしても、受けた教育のレベルによらず、清潔な水、栄養ある食物、医療、身体的苦痛からの自由を保障されることに関しては、人々を平等にすることが重要だと判断するかもしれない。遺伝くじと社会的不平等とをつなぐ因果の鎖が長いということは、多数ある輪のすべてについて、公平性に関する判断——社会がどのようなものであってほしいかという判断——を下さなければならないということなのだ。

■ 別の種類の人間社会を思い描く

多くの人にとって、生物学的性質と社会行動とのつながりを受け入れるまでには、さまざまな障害がある。その中でも最大の障害は、生物学的性質は進歩主義的な社会変化を妨げるという考えだろう。この考えはたまたま出てきたものではない。本章の冒頭で述べたように、政治的過激派は過去百年間のほとんどを費やして、それが真実だと言い続けてきたのだ。彼らの理屈によれば、遺伝性のある特性は変えることができず、変えようとすることには意味がない、あるいは哲学者ピーター・シンガーの言葉を借りるなら、「非常に異なる人間社会」をイメージすることには意味がないということになる。[40] 私は本章で、なぜ遺伝的原因は社会変化の敵ではないのかを説明するための最初の一歩を踏み出した。しかし平等主義にとって、遺伝的原因の重要性を認め、遺伝学研究の道具を使うことを受け入れなければならない理由はそれだけではないのである。

第九章　「生まれ」を使って「育ち」を理解する

前章では、社会的不平等に遺伝的原因があるからといって、変化を妨げる高い障壁があるということにはならないと論じた。むしろ、環境の変化――ソ連の崩壊のような広範囲に及ぶ政治的変化から、家族セラピーのようなごく身近な個人的変化までさまざまある――には、人々のDNAと人生の成り行きとの関係を変える力があることを示す証拠ならいくらでも見出せる。遺伝的性質と社会的不平等をつなぐ長い因果の鎖は、その長さにしばしば圧倒されながらも甘んじて受け入れなければならない科学者を苛立たせるかもしれないが、因果の鎖が長いということは、親や政策立案者にとっては、種類の異なる介入をする機会がたくさんあるということを意味してもいる。

遺伝の影響が、社会変化の可能性にとってガラスの天井でないなら、社会変化を起こしたい人たちは遺伝学など無視すればよいと言いたくなるかもしれない。実際、私の学問上の同僚たちの多くは、行動遺伝学を、せいぜい良くて自分の仕事には関係がなく、悪くすると社会現象の社会的原因を見出そうとする仕事から目を逸らさせる、有害な学問分野だと思っている。しかしそれは間違いなのだ。本章では、遺伝学は、人々の暮らしを改善しようという努力の敵でもなければ、その努力から目を逸らさせる邪魔者でもなく、その努力にとって必要不可欠な強い味方であり、それを手放せば高い代償を払うことになるのはなぜかを説明していこう。

■ われわれはまだ、なすべきことを知らない

遺伝学は、社会的不平等の「真の」原因を理解することから目を逸らさせるだけだという信念を反映して、生命倫理学者のエリック・パレンスは、遺伝学に多額の資金が投入されていることを嘆き、「サイエンティフィック・アメリカン」誌の記事でこう述べた。「われわれはいまだに、遺伝学という学問分野に過大な希望を託し続けている……遺伝学研究で使われる道具類は……正義にもとる社会条件が引き起こしている健康格差を小さくはしないし、ましてやその格差を消滅させはしないのだ[1]」。

パレンスと同様、遺伝学は社会的不平等の原因の探求から目を逸らさせる、騒がれすぎた学問分野だと考える人たちは、教育、健康、富の不平等に立ち向かうためになすべきことをわれわれはすでに知っているのだから、遺伝学の洞察や道具はいらないと主張することが多い。たとえば教育者のジョン・ワーナーは、私の仕事への反応として、「インサイド・ハイヤー・エデュケーション」［高等教育コミュニティー内の人に向けて、募集、分析、資料、ニュースなどを提供するウェブサイト］で、遺伝学のデータは真の問題からわれわれの目を逸らさせるだけでなく、危険でさえあるとして次のように論じた。「子どもたちの学習にとって最善の環境をわれわれは知り抜いており、これ以上何を知ればよいのかわからないほどだ。……生徒たちのためになすべきことはわかっている……それはなんら謎めいたことではないのだ[2]」。

ワーナーの意見のさらに上を行く例を挙げれば、社会学者のルハ・ベンジャミンはその著書『テクノロジー後の人種』[3]の中で、子どもたちの生活の改善を目指す人たちが直面する問題は、「知識が足りないことではない!」と抗議した。それに続けて彼女は、「われわれの手をすり抜けているのは事実ではなく、正義に対する熱烈なコミットメントなのだ」と言う。彼女の見るところ、環境を理解するために新たなデータ源を研究に組み込みたいと考えている遺伝学者たちは、「不公平のデータフィケーションに加担している」のであり、「次から次へとデータを追い求めることが、すでにわかっていることに対してわれわれが働きかけるのを妨げる壁になるのである」と述べた。

こういう力強い断言を読めば、教育格差や健康格差といった社会問題に立ち向かうためには、有効性がすでに証明され、実施されるのを待っている介入や政策はたくさんあって、あとはわれわれが十分政治的に行動しさえすればよいのだろうと思うかもしれない。だが現実には、教育と行動への介入や社会政策を専門に研究している人たちが繰り返し教えてくれるように、人々の生活を改善しようという善意にもとづく努力は、しばしば何の変化も引き起こせないばかりか、ときには事態を悪化させてさえいるのだ。

教育の世界で、成功した介入の研究がどれほど少ないかを垣間見るためには、米国教育省の研究・評価部門である教育科学研究所(IES)が監修している「何が教育に有効か」というオンライン情報サイトを見ればよい[4]。IESが実施したランダム化比較実験に関する総合報告は、次のように結論している。「これらIESにより行われた研究の結果には、明確なパターンが認められる。評価の対象となった介入の大部分は、学校で普通に行われている実践と比べて、ほとんど、ないしまったく効果がなかったということだ」[5]。同様に、アメリカとイギリスで行われた百四十一件のランダム化比較実験に関する二〇一九年の総合報告によると、対象となった介入の平均の効果量は、標準偏差の十分の一以下（〇・〇六）だった。この結果にもとづき、総合報告の著者たちは、こうなった理由としてひとつの可能性を挙げた。「教育介入の基礎となる研究に信頼性がないということだ。……信頼性のない基礎研究から得られた洞察にもとづく介入は、たとえデザインとして優れ、しかるべく実装されて、適切に検証されたものであっても、効果がない可能性が高い」[6]。

同様に、社会問題への「根拠にもとづく解決策」を見出すことを目指す慈善組織、ローラ&ジョン・アーノルド財団（現在は「アーノルド・ベンチャーズ」）による報告書は、次のように結論した。「真に効果があることが明らかになった介入もわずかながらある。……しかし、そういう介入は、はるかに大きなプールを検証する過程で見つかった例外にすぎない。当初の研究では有望とみられていた介入まで含めて、介入の大半は、効果が小さいか、効果がまったくないことが明らかになった」[7]。介入の研究者であり、テキサス大学での私の同僚のひとりであるデーヴィッド・イェーガーは、これについて次のように述べた。「過去に行われた高校における介入プログラム——教育プログラム、学校の再設計、等々——のほとんどは、生徒たちのその後の成り行きに有意の客観的効果があることが示されていない」[8]。

ほとんどの介入は役に立っていない、あるいは役に立つかどうかを誰も調べてさえいないというこうした結論は、学業成績に関連する介入に関するものだけに留まらない。発達心理学者のラリー・スタインバーグは、十代のアルコールおよび薬物使用、コンドームを使わないセックス、その他、行動上のリスクを削減すべくデザインされた学校用の介入プログラム——アメリカの思春期の子どもたちの九十パーセントは、そんな介入を少なくともひとつは受けているとみられる——の有効性に関する総合報告を行い、次のように結論した。「最良の介入プログラムでさえ、主として思春期の子どもたちの知識を変えることには成功しているものの、行動を変えることには成功していない」。スタインバーグはそれに続けて、失敗はタダではないと述べた。「納税者のほとんどは、役にも立たない、あるいはせいぜい良くて有効性が証明されていないか、または有効性の有無が調べられてさえいないプログラムに、自分たちの金が公的資金として大々的に投入されていると知れば驚くだろうし、怒るのは当然だろう」[9]。

世界をより良いものに変えたいと心から願う介入主義者たちのこうした結論を、われわれは謙虚に受け止めるべきだろう。人々の生活を改善するためになすべきことはすでに知っているなどと言う前に、こうした結論をしっかり検討すべきだし、知識の欠如とデータ不足は、現に問題の一部だと気づくべきだろう。そして、人間の行動を理解すること、ましてや、人間の行動を変えるために介入を行うことは、容易には答えの得られない難しい問題なのだと、あらためて肝に銘じるべきだろう。

■ なぜ社会科学はもっとも難しい（ハーデスト）科学なのか

心理学者のサンジャイ・スリヴァスタヴァは、「ハーデスト・サイエンス」というブログを運営している[10]。このブログタイトルは一種の言葉遊びだ。自然科学（物理学、化学、生物学）は

「ハード」な科学で、人間社会の仕組みと、社会の中での人間行動を研究する「ソフト」な科学（心理学、社会学、経済学、政治科学）よりも純粋で厳密だとみなされるのが普通である。「ネイチャー」誌の、ある編集委員が述べたように、「ソフトという言葉は、軟弱なとか、いい加減な、という意味だろうと解釈されてしまいがちだが、実際には、社会科学は、方法論的にも知的にも、あらゆる学問の中でもっとも難しい学問領域のひとつなのである」[11]。スリヴァスタヴァは、心理学研究について語る自身のブログに「ハーデスト・サイエンス」と命名することで、心理学がいわゆる「ハード」な科学と共有する方法論的特徴（たとえば対照実験を用いること）と、他の社会科学分野と同じく心理学もまたハードな問題に焦点を合わせていることに注意を向けてもらいたいと考えている。たとえば、学校での勉強をやすやすと身につける子どもがいるのはなぜだろう？　勉強についていくのが難しい子どもたちを助けるためには、何を変えればよいのだろう？　有望とみなされていた教育介入が、実際には変化を生まない場合があまりにも多いという事実は、こうした問題は、容易に答えが得られるようなものではないことを教えてくれる。

スリヴァスタヴァはとくに、心理学の問題を解決困難にしているのは、次の三つの様相だという。第一の様相は、人間の行動は、いくつもの解析の層で複雑なシステムに埋め込まれているということだ。脳は複雑なシステムであり、社会もまた複雑なシステムである。われわれはしばしば、こうした複雑なシステムが持つさまざまな特徴のうち、どれか特定のひとつが及ぼす影響を、他のさまざまな影響から切り離して取り出してみたいと考える。もしも x を、そして x だけを変化させたらどうなるだろうか？

これはランダム化比較実験が行える場合（第五章で説明したルーマニアの孤児院実験のような

場合）でさえ難しい問題だが、倫理的な理由や実際的な理由から、ランダム化比較実験を行うことができない場合には、問題の複雑さは劇的に増大する（このすぐ後で、本質的に実験ができない例を挙げよう）。第二の様相は、あらゆる場所と時間で成り立つ自然法則とは異なり、社会の仕組みと、その社会の中で人間が取る行動を支配するルールは、場所と時間により変化するということだ（実際、心理学者やその他の社会科学者が時間と場所によらない因果法則を考え出せないでいることは、生物学者にとってはずっと苛立ちのもとだった）。そして第三の様相は、人間の心理と行動には、定量化しにくい概念が絡んでいるということだ。幸せを測定するためにふさわしい尺度とは何だろうか？　人生の満足度はどう測定すればいいのだろう？　知能はどう測定すればいいだろう？

人間行動と社会構造は複雑なので、たとえ人生に重要な意味を持つような遺伝的差異が人々のあいだになかったとしても、社会科学で良い研究を行うのは容易ではなかっただろう。しかし、遺伝的差異は現に存在する。そして、社会的に重要であるような人間の特徴には遺伝的差異があまねく存在するという事実が、心理学という「ハード」な科学をさらに難しくしているのである。

心理学を難しくしている第一の理由を思い出そう、とスリヴァスタヴァは言う。人間行動は、相互作用する多くの部分からなる複雑なシステムに埋め込まれているにもかかわらず、われわれはしばしば、どれかひとつの部分を他と切り離して取り出すことに興味を持ち、その部分を変化させたらどうなるかを知ろうとする。たとえば、幼い子どもを持つ親が、その子どもの人生の最初の三年間にたくさん話しかけたとしたら——その他の条件はすべて同じだとして——どうなるだろうか？　環境を変化させる多くのレバーのうち、そのひとつのレバーを引くことで、子どもの人生に良い変化を起こすことはできるだろうか？　たとえば、そのレバーを引けば、子どもたちの認知能力がより発達し、学校での成績が上がるだろうか？　こうした問いに答えるのは難しい。なぜなら、幼い子どもにたくさん話しかける親と、それほど話しかけない親とのあいだには、それ以外にも多くの違いがあるからだ。子どもにたくさん話しかける親は、より裕福かもしれないし、仕事のスケジュールがより規則的かもしれないし、子どもを通わせている幼稚園も違うかもしれない。そして、子どもによく話しかける親とそうでない親とでは、ＤＮＡも違うかもしれず、ＤＮＡは子どもたちに受け継がれているのだ。こうしたさまざまな違いが織り込まれているため、親が幼い子どもにたくさん話しかけることと、その子どもたちが学校で良い成績を収めることが相関しているとしても、親が子どもに話しかける量を変えれば、子どもが学校でより良い成績を収めるようになるとは限らないのである。かくしてわれわれは、「相関関係は因果関係と同じではない」という論点に戻ることになる。

　人々のあいだの遺伝的差異は、社会科学者たちが理解して変化させようとしている環境的差異と絡み合っている。しかしその考えを人前で口にすると、敵意を向けられることがある。私が「ニューヨーク・タイムズ」に、教育関連の遺伝学研究は、環境のどの部分をどう変化させればよいかを知るために役立つだろうと書いたとき[12]、社会学者のルハ・ベンジャミンは、次のように述べて私を非難した。「［ハーデンは］優生学の創設者たちならば、よくやったと褒めてくれそうな所業に手を染め、遺伝要因と環境要因との境目を巧妙にぼやかしている」[13]。しかし、遺伝要因と環境要因との「境目がぼやけている」のは、優生学イデオロギーの発明ではない。むしろそれは、人間は自然界と社会との境目に存在しているという事実の副産物なのだ。遺伝要因と環境要因は互いに絡み合っていると述べることは、自然はそうなっていると述べることなのだ。

いわゆる「生まれか育ちか論争」に費やされた一世紀のせいで、人々は遺伝子のことを、ゼロサムゲームで環境と競り合う対抗馬と考えるように条件づけされてしまった。そのゲームでは、少しでも生物学に目を向ければ、その分だけ社会に向ける注意が減ることになる。だが、人々の生活を改善するために介入や社会政策をデザインすることは、「もしも x が――そして x だけが――変わったとしたら、人々の環境に何が起こるだろうか？」と問うことだ。その問いに答えるためには、普通は x と共起する、人々の人生のその他の様相をすべて考慮に入れる必要がある。その様相のリストは非常に長いものになるだろう。そしてその長いリストの中には、人々のDNAも含まれているのだ。

■ 性教育プログラムによる介入は成果を上げているか

具体例を考えるとわかりやすいかもしれない。通常の人間の発達過程で、環境要因と遺伝要因の境界は、どのようにぼやけていくのだろうか？　そして、環境に属する経験の影響を理解するうえで、遺伝学研究はどう役に立つのだろうか？

私の住むテキサス州では、教育法は次のように命じている。「人間のセクシュアリティに関連するいかなる教材も、性行為を慎むことは、もしも徹底して正しく行われるなら、思春期の性行為にともなう心的外傷を予防するための、百パーセント有効な唯一の方法だという点を強調するものでなければならない」[14]。そう、テキサスの学校生徒たちは、未婚の十代の性交渉は心的外傷の原因になると学ぶことを、法律によって定められているのだ。

一見すると、このテーマを扱った発達心理学の文献は、テキサス州の主張を支持しているように見える。早くに性交渉を持った思春期の子どもたちは、学校での成績があまり良くなく、悩みを訴え、うつ病になる率が高く、アルコールやその他のドラッグを使用することになりがちで、非行や犯罪に走る傾向があり、女子の場合には摂食障害になりやすいと報告されている。[15] 平均すると、性的な初体験が早いことは、その後の人生の成り行きが概して良くないことと相関している。テキサス州はこの相関関係にもとづき、因果的な結論に飛びついた。テキサス州のすべての公立学校は十代の若者たちに対し、性交渉を持つことは、うつ病やその他精神障害の原因であり、性交渉を慎むことは、その後の悪い成り行きを予防することになると教えるよう法律で定めたのである。

相関関係から因果関係へと飛躍することは、もちろんいろいろと問題がある。十四歳で初めて性交渉を持った十代の若者は、二十二歳でまだ性的経験をしていない若者とは、それ以外にも非常に多くの違いがある。それらの違いに目を向ければ、人間を特徴づける「遺伝要因と環境要因の境目があいまいにぼやけている」状況が見えてくるだろう。性体験は、その後の人生の成り行きに因果的な影響を持ちうる社会的環境だ（あなたの初体験はいつだったろうか？　もしもその時期がもっと早かったり遅かったりしたら、あなたの人生は今とは違うものになっていただろうか？）。それと同時に性交渉の開始は、子どもを生殖可能な成熟した大人にする、時間のかかる発達過程の一部分であり、成熟のタイミングや成熟していくペースには、性交渉以外にも多くの要因が影響している――そしてそれらの要因の中には、遺伝子も含まれているのだ。人間の生殖能力が成熟するタイミングを早めたり、性的な発達のペースを上げたりする遺伝子が、精神病のリスクを高めることもある。たとえば、ＵＫバイオバンクが実施した、男女両方を含む大規模な研究では、性的初体験の早さと関連する遺伝子は、ＡＤＨＤおよび喫煙のリスクと結びついていることがわかった[16]。

では、早くに性交渉を持った十代の若者は、感情面、行動面で問題を抱える率が高いという観察結果は、どう解釈すべきなのだろうか？　話を簡単にするために、それに対するふたつの説に焦点を合わせよう。ひとつは、性交渉の経験が、その後の心理学的発達に原因として影響を及ぼしうるという説。もうひとつは、十代の若者の生殖能力の発達を早める遺伝子は、精神衛生上の問題を抱えるリスクを高める遺伝子でもあるという説だ。

第五章で論じたように、因果関係に関する仮説を検証する方法のひとつに、ランダム化比較実験がある。ただし、十代の若者が性的初体験をする時期そのものを、直接ランダム化することはできない（「こんにちは。あなたはくじ引きで当たったので、初体験は二十五歳まで待ってもらわないといけません」）。あらゆる性行動を控えさせるようデザインされた性教育プログラムを受けるか否かについてなら、十代の若者をランダム化することはできる。しかし、そういう介入プログラムが、十代の若者の性行動を変えるために実際に役に立つのかどうかについては、何の科学的根拠も得られていないのだ――アメリカはその種の介入プログラムを開発して普及させるために、二十億ドル以上の連邦資金を投入してきたにもかかわらず[17]。あるいは、動物実験で性的初体験の年齢について対照群を作ることはできる。しかし、動物実験の結果がどうであれ、それを人間に一般化できると期待するのは危険だ（ラットが、恋人に理由も告げず音信不通になったりするだろうか？）。こういう難しさは社会科学者にとっては毎度のことだ。われわれは因果関係について仮説を立て（「思春期の性交渉は、心的外傷の原因になる」）、それを検証したいと考えるが、そのための実験をどう行えばよいかは自明ではないのである。

私が大学院生時代に初めて行った実験のひとつは、双子データを使ってこの問題に取り組むというものだった[18]。一卵性双生児は、遺伝子は同じで、かつ、性行動と精神病のリスクに関連する環境変数も同じだ（貧困な地区に住んでいるかどうか、性体験に対する親の態度、クラスメートの中に性体験のある者がどれぐらいいるか、近隣に性の問題について相談できる病院などはあるか、等々）。この場合、重要なのは次の問いである。性的初体験の年齢が異なる一卵性双生児では、精神病理学的なリスクも異なるだろうか？　もしも早くに性的初体験を持つことが、テキサス州の性教育政策が言うように、環境要因として精神病理学的な問題を引き起こしているのなら、双子のペアのうち、早くに性的初体験を持った者は、そうでなかった者よりも、精神病理学的なリスクは平均として高いはずだ。それに対して、早くに性的初体験を持つことが、一組の遺伝的リスクに対する表現型マーカーならば、遺伝的に同じ一卵性双生児たちは、性的初体験が早いか遅いかによらず、精神病理学的なリスクは同じであることが示されるだろう。

アメリカ、スウェーデン、オーストラリアで行われた一連の実験で、私と同僚たちは、まさにその点を問うた[19]。性的初体験の年齢が異なる一卵性双生児では、その後の成り行きも違うだろうか？　結果は、「違わない」だった。性的初体験の時期が早いことと、薬物使用、うつ病、犯罪、行動障害、非行、成人後にリスクの高い性行動をとることとの相関は、研究者たちが一卵性双生児を比較して遺伝的差異を統制（コントロール）すると、すべて消えたのだ。研究結果に見られるこのパターンへの説明としてもっとも有力なのは、性的初体験の年齢は、思春期の子どもたちの精神衛生や行動上の問題と相関してはいるが、その原因ではないというものだ。

この解析は、より一般的な三つの論点を例証している。第一に、環境的な経験——思春期時代のある時期に性的関係を持つか、ある種の育てられ方をするか、ある種の地域に居住しているかなど——は、人生の成り行きと相関はしても、その原因ではないということだ。

第二に、どの環境要因が真に原因なのかに関する誤った理解の上に作られた政策は無駄であり、有害にさえなりうるということだ。この例の場合であれば、たとえテキサス州が十代の若者の性行動の開始時期を遅らせることに成功したとしても、その変化が、若者たちの精神衛生を実際に改善することはない——そして、そういうプログラムに重点を置くことは、本当に役に立つ教育プログラムに投資できる金を、役にも立たないプログラムに費やすことなのだ（十代では性行動を慎むべきだと主張する人たちは、性行動を慎むことにはそれ自体として価値があるのだと論じるかもしれないが、その主張は、性行動を慎むことが思春期の若者たちのウェルビーイングを増大させる手段だという経験的主張とはまったく別の種類の主張であり、政策の正当化としては筋違いだ）。

第三に、遺伝データは——一卵性双生児を比較するものであれ、ポリジェニックスコアが同じである人たちを比較するものであれ——第一の論点を明らかにするのに役立つだけでなく、第二の論点である無駄を省くためにも役立つということだ。遺伝データは、人々のあいだに差異を生むひとつの要因を取り除き、結果として環境を見えやすくするのである。

■ 間違うのもタダではない

もちろん、実際の因果関係を正確に表していないかもしれない相関関係を早合点した解釈にもとづいているのは、性教育政策だけではない。たとえば、有名な「ワードギャップ」を考えてみよう。これは、貧しい家庭の子どもたちが三歳までに聞く言葉の数は、高所得の家庭の子どもたちのそれに比べて少ないという推定のことである。もとのワードギャップ研究は、数年ほど一週間に約一時間［親子の会話の］録音が行われた四十二の家庭のサンプルにもとづき、貧しい家庭の子どもが三歳までに聞く言葉は、富裕な家庭の子どもに比べて三千万語少ないと結論するものだった。[20]

ワードギャップは、大学の研究者ばかりか政策立案者にも大いにもてはやされることになった。二〇一三年にクリントン財団が発表した公共行動キャンペーンには、ワードギャップを埋めることに的を絞り、映画スターがお母さん役を演じるCMを作るという取り組みもあった。この財団は「子どもの語彙の乏しさは、子どもがお腹をすかせているという問題と同じだけの情熱をもって論じられるべきだ」と述べた。[21] 二〇一四年にはバラク・オバマ大統領がそれに続いた。彼は「三千万語」という数字を引いて、ワードギャップを埋めることは、自分にとって「最優先事項」のひとつであり、「すべての人に機会を保障するという、わが国の約束を本気で取り戻そうとするなら」、それを目標として掲げる必要があると宣言した。[22] 同じ頃、「プロヴィデンス・トークス（プロヴィデンス市は話す）」というプログラムが始まった。これは、ブルームバーグ財団[23]から数百万ドルの助成金を受けて、ロードアイランド州プロヴィデンス市が始めた取り組みで、プログラムに参加する親たちに、子どもにどれだけ話しかけるかを追跡するオーディオメータを提供し、もっと子どもに話しかけるためにはどうすればよいかを指導するというものだ。

ワードギャップに関して、人々は、もっとデータが必要だと言う前に、知っているつもりの結論に飛びついてしまった。問題は、われわれは何をすでに知っているのかについて意見はばらばらだということだ。ワードギャップ研究から得られた結論のほぼすべての側面が科学的に論争を呼んでおり、それらの結論に働きかけるべきかどうかについても科学的に議論がある。ワードギャップはそもそも存在しないと言う人たちもいる。なにしろ、最初の研究結果を追試して再現できた研究はごくわずかなのだ。[24] また、異なる集団の子どもたちが聞く言葉の数にはたしかに違いがあると認めつつ、「ギャップ」という言葉を使うことに反対する人たちもいる。中流のアメリカ白人に典型的な言語規範が、他のすべての人が憧れるべき規範なのだろうか? ワードギャップは、単純に文化的差異を問題にしているのではなく、貧困家庭には欠陥があるとして、貧しい人々をアンフェアにも辱める新手のやり口なのかもしれない。

しかしそれだけでなく、ほとんど誰も対処していない、目を剝くばかりの大問題もあるのだ。その問題とは、親と子は遺伝的に結びついているということだ。しかも、大人の学歴や所得、そして職業のステータスに関連している遺伝子と同じものが、子どもがどれぐらい早く話しはじめるか、七歳の時点でどれぐらい上手に文章を読めるかにも関連しているのである――語彙に関するそれらの成り行きは、親が子どもに話しかけた結果とされているものとまったく同じだ。[25] 幼児期の言葉に関する研究には、よくしゃべる親が、やはりよくしゃべる子どもを持つ理由には遺伝もひと役買っているかもしれないという可能性に、ひとこと言及するものさえ驚くほど少ないのである。

「ワードギャップ」介入の有効性については、最終的な結論はまだ出ていない。しかし、この介入の前提は、ひどく危うい基礎の上に立っている。なにしろ、親子のあいだの相関関係を観察しておきながら、その相関関係が表しているのは、親が与える環境の因果効果だと仮定しているのだから。もしもその前提が間違っていたらどうなるのだろう？　子どもの成り行きを改善できそうだという希望のもと、親の行動を変えるためにデザインされた介入に何百万ドルもの金をつぎ込む前に、せめて、親の行動と子どもの成り行きのあいだにみられる相関関係が、親子が遺伝子を共有しているという事実を統制（コントロール）してもなお残るかどうかを確認しておくのが賢明というものだろう。たとえば、養子と養親の場合でも、子どもにより多く話しかける親の子どもは、早くから読み方ができるようになるだろうか？　もしそうでなかったら、幼少期にどれだけ言葉を聞いたかが、子どもが文章を読む能力の成り行きに違いを生む原因だという考えには、大きな疑問符がつくことになる。そしてまた、ワードギャップ介入には、子どもたちの成り行きを改善する効果があることがいずれは証明されるに違いないという考えにも、重大な疑問が投げかけられるだろう。

　政策の決定には、つねにトレードオフがともなう。ワードギャップ介入のようなプログラムに金をつぎ込めば、望ましい結果がもっと出せるかもしれない他のプログラムに金をまわせなくなる。突き詰めて言えば、すべての介入や政策は、この世界の仕組みを記述するモデルに立脚している。「もしも x を変えれば、y が起こるだろう」と教えてくれるのがそのモデルだ。すべての人は遺伝的に同じだとするモデルや、親から受け継ぐのは環境だけだとするモデルは、世界の仕組みを説明するモデルとして間違っている。世界のモデルが間違っているケースが多ければ多いほど、目的を達成する介入や政策をデザインすることには失敗するケースが増えるだろうし、より効果的なものに投資しなかったせいで生じる予期せぬ影響に、より頻繁に直面することになるだろう。

■遺伝を無視するという「暗黙の共謀」

残念ながら、教育、心理学、社会学の各分野で仕事をしている科学者たちは、この問題に取り組むどころか、自分たちには関係のない問題だということにして片づけてしまうことが多い。社会学者のジェレミー・フリースは、この状況を次のようにまとめた。

社会科学の多くの領域には、今なお一種の認識論的「暗黙の共謀」がある。遺伝という交絡変数が推論上の大きな問題になりうるにもかかわらず、自分ではその問題を取り上げず、他の研究者の仕事を評価する場合にも、その点には目をつぶるのだ。もしもわれわれの世界が「あらゆることに遺伝性がある」世界なら、そういうやり方には希望的観測が深く食い込んでいると言わなければならない。[26]

フリースがこれを書いたのは二〇〇八年だったが、今も状況はまったく変わっていない。教育、発達心理学、社会学の学術雑誌を、どれでも一冊手に取ってページを開けば、親の特性と子どもの発達の成り行きには相関があると主張する論文が、次から次へと現れるだろう。親の所得と子どもの脳の構造。母親のうつ病と子どもの知能、等々。そういう論文のひとつひとつに、研究者の時間と公共の金がつぎ込まれているのだが、フリースの言葉に借りれば、そういう論文には「痛烈で、重大で、容易に説明できる欠陥がある」――すなわち、子どもたちの環境的差異は遺伝的差異と絡み合っているにもかかわらず、その絡み合いをほどこうという本格的な努力がいっさい行われていないということだ。

遺伝学を無視するという、多くの社会科学者が関与している暗黙の共謀は、良かれと思ってのことではあれ、究極的には、誤った懸念に駆り立てられているというのが私の考えだ――遺伝の影響があるかもしれないと考えるだけで、社会科学者が嫌悪する生物学的決定論や遺伝子還元主義に陥るのではないかという懸念、遺伝データは情け容赦なく人々を分類し、権利と機会を奪うために利用されるのではないかという懸念である。たしかに、遺伝データが誤った使い方をされることはあるし、そうならないよう対策を講じる必要がある。この問題は、本書の第十二章であらためて取り上げよう。しかし、研究者たちは善意にもとづいてやっているにせよ、社会科学分野で広く行われているその研究のやり方には、大きな代償がともなうのである。

過去数年間に、心理学の分野はいわゆる「再現性の危機」に揺さぶられてきた。最高水準の専門雑誌に発表された華々しい結果の多くが再現できず、間違いである可能性が高いことが明らかになったのだ。心理学者のジョセフ・シモンズと共同研究者たちは、幻の研究結果を大量生産することになった方法論的実践（「P値ハッキング」と呼ばれるもの）について論じた記事の中で次のように述べた。「（P値ハッキングが）良くないことは誰でも知っているが、信号を無視して道を渡るのは良くないのと同じ意味で良くないのだと考えている」。しかし実際には、それは

「銀行強盗を働くのが良くないのと同じ意味で良くないのである」[27]。

P値ハッキングと同じく、人々のあいだの遺伝的差異を無視するという、社会科学のいくつかの領域にみられる暗黙の共謀は、信号を無視して道を渡るのと同じ意味で良くないのではない。研究者たちは、自分の研究にはほとんど関係ないもの（遺伝学的性質）を無視することで、誰にも迷惑をかけずに近道をしているのではない。遺伝学を無視することは、銀行強盗するのと同じ意味で良くないのだ。それは盗みを働くことなのである。重大な間違いのある科学的論文を生み出すために研究し、他の研究者に偽の手がかりを与えているのだから、人々の時間を盗んでいるのだ。納税者や私的な財団の支援政策を、危うい因果の基礎の上に立たせるのだから、人々のお金を盗んでいるのだ。遺伝学をまじめに受け取らないことは、社会をより良いものにできるようになるために社会を理解するという、明確に表明されたわれわれの目標を危うくする科学のやり方なのである。

それとはまた別の危険性もある。遺伝学を無視する社会科学に対するフリースの評価を、もう一度見てみよう。フリースはこう述べた。「特定の領域はきわめて生産的かもしれない――『多くの研究が x を示している』と要約できる論文を大量に生産しているかもしれない。しかしその領域は、外部から一蹴される脆弱性を慢性的に抱えているのである」[28]。フリースが懸念しているのは、社会学の中でも彼の専門領域が、他領域の学者たちから一蹴されることだ。しかし私がいっそう懸念しているのは、社会科学研究そのものが、政治的過激派から一蹴される事態なのである。

社会科学者たちが、人間開発の社会科学的モデルに遺伝学を組み込むことに毎度失敗していると、遺伝学の洞察を、あたかも「禁じられた知識」を収めたパンドラの箱ででもあるかのように描き出す、偽りの物語が広まる余地を生んでしまう。[29] 遺伝的差異に関するデータは、人生の成り行きはDNAの産物にすぎないとする遺伝子決定論を支持するに決まっているから——というのが、その物語の筋書きだ——社会科学者はわざと遺伝的差異に関する研究をやらないようにしている、あるいは、そういう研究は何であれ「取りやめている」のだとする見方が、徐々に幅を利かせるようになっている。

さらに、社会的不平等の現状維持を図る人たちは、環境条件の負の影響を示したとする研究を容易に批判することができる。そのためにはただ、人々の環境と遺伝的差異との絡み合いを、適切に統制（コントロール）していない研究があまりにも多すぎると指摘しさえすればいいのだ。われわれはなにゆえ、社会的平等というわれわれの目標に反対する人たちに、社会学研究において広く使われ、すぐにそれとわかる方法論的欠陥という、論争上の強力な武器を与えようとするのだろうか？逆に、もしも社会科学者たちが遺伝学をまじめに受け止めるなら、環境条件の負の影響を、もっとずっと明確に示すことができるのだ。

■古い問題に新しい道具

大切なことなのでもう一度言うが、まともな学者の中に、不平等が百パーセント「遺伝」のために生じていると考えている者はいない。本書の前半で取り上げた研究から得られる教訓は、「環境」は人々の人生に差異を生まないということではない。そうではなく、どの特定の環境が、誰に、人生のどの時点で違いを生じさせるかを理解することは、思う以上に難しいということなのだ。なぜなら、そうした環境のほとんどは、人々のあいだの遺伝的差異と絡み合っているからである。

多くの研究者が、双子研究や養子研究、GWASやポリジェニックスコアに胸を躍らせるのは、まさしくその難問に取り組みたいと思っているからだ。研究者たちは、遺伝的性質を背景に退かせるための道具を求めている――まずは遺伝的性質からやっつけようとしているのだ。私と同じ分野の研究者たちと話をすれば、彼らが遺伝学を研究する動機がすぐにわかる。彼らがもっとも眼を輝かせるのは、「胚選択」や「個別最適化（パーソナライズド）された教育」といった、人の気を引くセンセーショナルな言葉ではない。むしろ、この領域の科学者たちがたびたび口にするのは、味もそっけもない響きを持つ「コントロール変数」という統計学の用語なのだ。

一例として、社会科学遺伝学的関連解析コンソーシアムが、二〇一八年の学歴GWASの結果に関連して作った包括的なFAQを見てみよう[30]。そのFAQは、教育に関連するポリジェニックスコアを、「いかなる実際的な問題に対して用いる」ことにもきわめて悲観的だ。なぜなら、ポリジェニックスコアは、「任意の特定個人のリスクを評価するためには不十分だから」である。では、ポリジェニックスコアの使い道として、唯一挙げられている例は何だろう？「われわれの研究結果は、コントロール変数として利用できるようなポリジェニックスコアを社会科学者が作れるようにすることで、社会科学研究のために役立つかもしれない」。

同様に、スタンフォード大学の教育学者サム・トレホとベン・ドミングは、ポリジェニックスコアは「非常に有望だ」という。ふたりはどんな理由で、ポリジェニックスコアは有望だというのだろうか？　トレホとドミングは、ポリジェニックスコアは、「環境効果を研究するためのコントロール変数として使える可能性がある」から有望だというのだ。[31] あるいはまた、プリンストン大学の社会学者ダルトン・コンリーは、ポリジェニックスコアには胸が躍るという。その理由は、統計解析にコントロール変数としてポリジェニックスコアを取り入れれば、「（環境）変数について、より明確に特定された、バイアスの少ないパラメータ評価」ができるからだ。[32]

メディアが、デザイナーベビーや監視資本主義といった言葉で行動遺伝学について論じるのに対し、教育関連の形質に関するポリジェニックスコアを作り、そのポリジェニックスコアを使って実際に仕事をしている研究者たちは、コントロール変数や、バイアスの少ないパラメータ評価といった専門性の高い話をする。コントロール変数という言葉には、デザイナーベビーのような、心引かれる薄暗い魅力はない。だが、人間の暮らしを改善するために行動遺伝学に開かれた可能性の多くは、まさにそこにこそ――より良い社会学研究を行うためにはどうすればいいのかという、地道な思索にこそ――あるのだ。

環境を研究するための道具としての遺伝データの威力を見せつけたのが、ダン・ベルスキーと彼の同僚たちによる重要な研究だ。ベルスキーらの結果の一部は、これまでいくつかの章で取り上げている。教育に関連する遺伝的バリアントを他のきょうだいよりも多く受け継いだ子どもは、他のきょうだいよりも裕福で、よりステータスの高い仕事に就いているというのがそれだ。[33] きょうだい同士を比較するこの方法は、環境は同じだが遺伝的に異なる人たちに焦点を合わせている。しかし、教育関連のポリジェニックスコアは同じだが、異なる社会階層に属する家庭に生まれ育った人たちに焦点を合わせることもできる。そのときスポットライトが当たるのは、家庭環境が人生の成り行きに及ぼす影響力だ。ポリジェニックスコアは高いけれども親の社会・経済的地位がもっとも低い階層に属する子どもたちは、ポリジェニックスコアは低いけれども親が裕福な子どもたちよりも、大人になってからの暮らし向きは平均として良くない。

経済学者のケヴィン・トムとニコラス・パパジョージは、大学卒業率を調べて同様の結論に達した。[34] ポリジェニックスコアは一番低い層に入るけれども富裕な家庭に生まれた子どもたちでは、大学卒業率は二十七パーセントだったのに対し、ポリジェニックスコアは一番高い層に入るけれども貧しい家庭に生まれた子どもたちでは、大学卒業率は二十四パーセントだった。

遺伝学と社会的流動性に関するこの種の結果は、「ルビンの壺」のような錯視に似ている——絵の一部分に焦点を合わせると、それ以外の部分は認知の背景に退くが、また別の部分に注意を向けると、背景に退いていた部分が前景にせり出してくるのだ。社会的階梯のすべての段階で、遺伝マーカーの特定の組み合わせを受け継いだ子どもたちは、その組み合わせを受け継がなかった子どもたちよりも、社会階層の上方に移動する可能性が高い。しかし、遺伝的にはもっとも有利な子どもたちでさえ、貧しい家庭に生まれれば、遺伝的には有利ではないが富裕な家庭に生まれた子どもたちと比べて、成人後の社会経済的な地位は低いままなのだ。社会科学者のベン・ドミングがまとめたように、「遺伝学は、比較的よく似た環境に生まれ育った人たちが、異なる人生を送ることになるのはなぜかを理解するためには役立つ方法だ。……しかし、明らかに異なる出発点に立った人たちが〔異なる人種グループに属する人たちなど〕、同じような人生を送らない理由を理解するためには役に立たない」[35]。

また別の路線の研究として、親と子から得た遺伝情報を巧みに利用して、環境の影響にスポッ

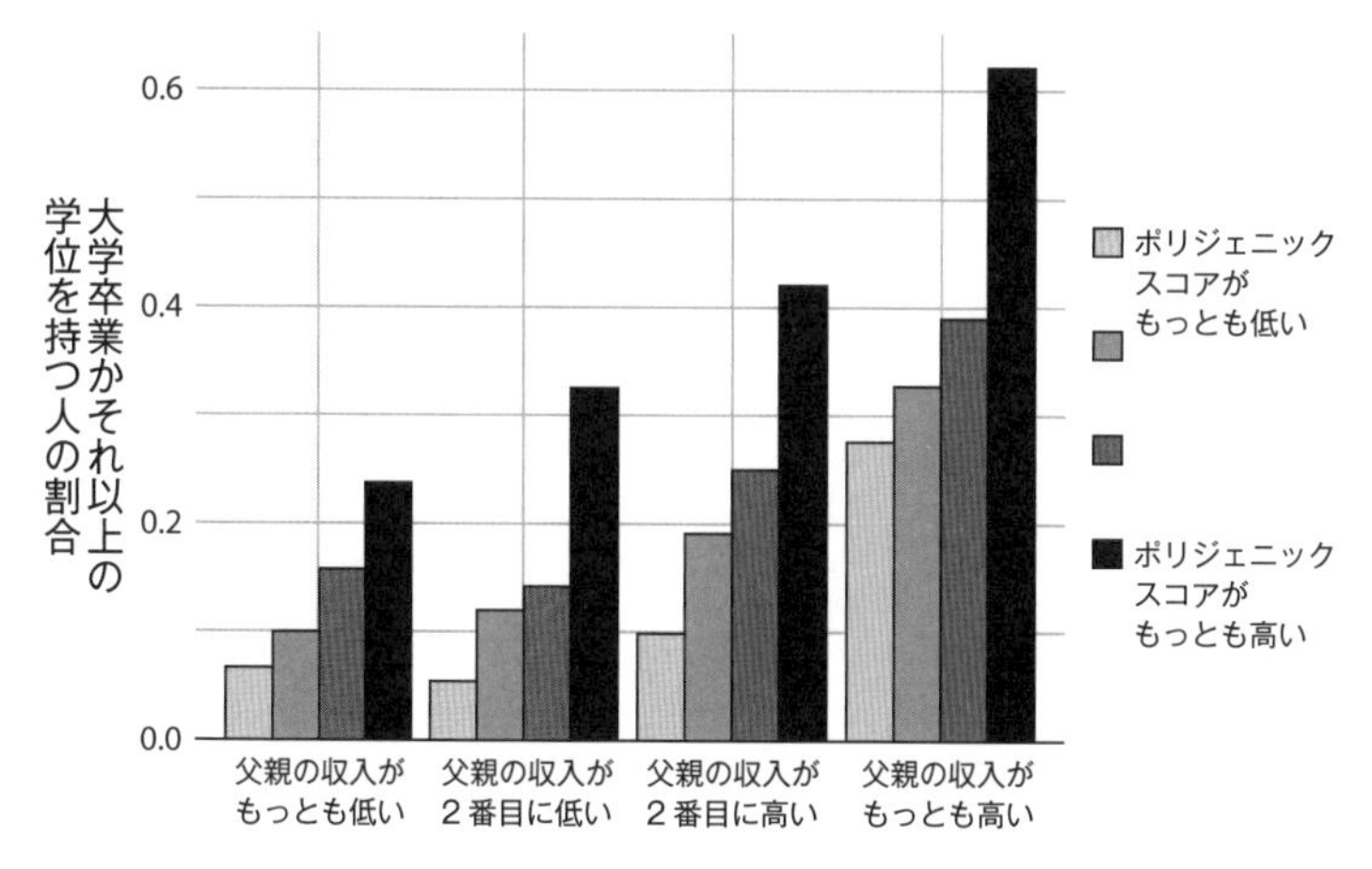

〈図 9・1〉 1905 年から 1964 年までに生まれたアメリカの白人の大学卒業率を、父親の収入と学歴GWASから作られたポリジェニックスコアごとに示した。

トライトを当てるものがある。思い出してほしいが、どの親もすべての遺伝子をふたつずつ持ち、そのうちの一方だけを子に伝えるのだった。したがって、どの親子ペアについても、親のゲノムを、子に伝わったアレル（子が受け継いだバリアント）と、伝わらなかったアレル（子が受け継がなかったバリアント）に分けることができる。要するに、親のゲノムを、養親のゲノム的な部分（子にまったく似ていない）と、一卵性双生児のペアのような部分（子とまったく同じ）に分けるのだ。

その場合、次のことを検証するのが決定的に重要になる。子に伝わらなかった親の遺伝子は、それでも子の成り行き（アウトカム）に関係するだろうか？[36] もしも関係するなら、親の遺伝子と子の表現型とのあいだに、親から子へと遺伝的に受け継がれた部分によるものではありえない関連が存在することになる。その関連は、親が提供する環境の一部によるものでなければならない。

このタイプのデザインによる最大規模の研究のひとつが、アイスランドで行われた。アイスランドは小さな国だが、遺伝的祖先が均質であるため、遺伝学研究では大きな存在感を放っている。この国は、医療と系図に関して世界最高レベルの記録を持ち、人口の三分の一以上の遺伝型がすでに調べられているのだ。[37] アイスランドで行われたその研究では、ＢＭＩや身長のような身体的特徴に関しては、親の遺伝子は、実際に子に受け継がれたものでない限り、子の身長をより高くしたり、より太らせたりはしないことがわかった――子に伝わらなかったアレルは、子の表現型と相関していなかったのだ。一方、教育に関しては、子に伝わらなかった遺伝子も、子の最終学歴と相関していることがわかった――その遺伝子を、子は受け継いでいないにもかかわらずである。この研究は、親の特徴が子の成り行き（アウトカム）と相関するメカニズムから生物学的遺伝（インヘリタンス）を除外することにより、子の教育がたどる道筋を形作るのは、親が与える環境でなければならないことを示した。遺伝学をまじめに受け止めることで、環境に恵まれることの効果がよりはっきりと見えるようになり、不平等の社会的決定要因のように思われていたものは、「実は」測定されていないだけの遺伝的差異なのだとする優生主義の論法への、直接的な反論が得られたのである。

■ 道具箱の中の道具はすべて使う

ポリジェニックスコアというかたちの遺伝データを、政策や介入の研究にもっと当たり前に組み込めるようにするためには、まず克服しなければならない実際的な問題がある。これを書いている現在、実際上最大の問題は、前に説明したように、非ヨーロッパ系の遺伝的祖先を持つ人たちの健康や学歴の成り行きについて、統計的に意味のあるポリジェニックスコアが得られていないことだ。アメリカでは、公立学校の生徒の半分以上が白人以外の人種的アイデンティティーを持っており、それゆえその生徒たちは、非ヨーロッパ系の遺伝的祖先を多少とも持つことが合理的に予想される。つまり、より良い教育的介入をしばしばもっとも必要とする子どもたちが、遺伝学の道具箱の中に使える道具がもっとも少ない人たちなのだ。遺伝統計学者のアリシア・マーティンは、この問題を次のようにまとめた。「(ポリジェニックスコアの)可能性を十分かつ公正に拡大していくためには、……すでにしてもっとも福祉が行き届いていない人たちの健康格差が、これ以上広がることのないよう、遺伝学研究における多様性の拡大に優先的に取り組まなければならない[38]」。

しかしこの問題は、遺伝学研究がもっとグローバルに行われるようになれば、解消するかもしれない。白人の生徒と同じく黒人の生徒についても、学業成績と統計的に強く結びついたポリジェニックスコアが開発されるだろう。実際、数学で苦労している十代の若者の高校卒業率を確実に高めるために、あるいは、ADHDの十代の若者たちが車の事故を起こす率を確実に引き下げるために、より効果的な政策や介入が開発されるはるか以前に、科学者たちはデータの偏りというこの問題を解消するうえで、大きな進展を遂げているだろうと私は予想している。第四章で説明したように、ポリジェニックスコアを使って異なる人種グループを比較するのは、科学的にも倫理的にも間違いである。さらに、学業成績と関連しているのはどの遺伝子か、そしてその関連性はどれぐらい強いかといったことも、遺伝的祖先が異なる集団では違うかもしれない。それでも、GWAS革命をヨーロッパ系の遺伝的祖先を持つ集団以外に拡大すれば、各グループの内部で、子どもたちの発達に関する重要な成り行きを引き起こしているのは、実のところどんな環境要因なのかを明らかにするという仕事が、ヨーロッパ系の遺伝的祖先を持つ集団の場合と同じぐらい正確に行えるようになるだろう。

　人々の生活を改善するための介入と政策を作るというのは非常に難しい仕事なので、われわれ科学者は、研究を進めるにあたり、どれかひとつの方法論にあまり期待しすぎてはならない。そもそも、社会科学の分野で遺伝データをより広範に使ったところで、あらゆる問題が解決されることはないだろう。それでも、遺伝データを、人々の暮らしを改善するために**役立てる**ことならできる。すでに述べたように、すべての介入や政策は、世界の仕組みに関するなんらかのモデルを反映している。もしも教育や子どもの発達に関する基礎研究に不備があったり、信頼がおけなかったりすれば、人々の人生の成り行きを改善するための介入と政策をデザインするという仕事はさらに難しくなるだろう。遺伝学が社会科学に成しうる最大の貢献は、測定したり、統計的にコントロールしたりするのが難しかった変数――DNA――を、実際に測定したりコントロールしたりすることにより、研究者たちが基礎研究に利用できる新たな道具を提供することなのだ。遺伝情報を得るコストはますます下がり、その情報を使える範囲がどんどん広がっている今、「子どもたちの暮らしを改善するために知らなければならないことは、すでにすべて知っている」などと間違ったことを言い続けるのではなく、むしろ、道具箱の中にある道具はすべて使ってやろうという心構えが必要だと思うのである。

第十章　自己責任？

「僕はただ、彼女たちがあの世に行けて、神のおぼしめす場所にいられるようにと祈るだけです」

アモス・ウェルズは、妊娠していた二十二歳のガールフレンド、チャナイスと、その弟で十歳のエディー、そしてその母親アネットの死について語りながら、ポロポロと涙をこぼした。ウェルズはその前夜、テキサス州フォートワースにある彼女らの家に行き、三人を何度も撃った。そしてその後、警察に出頭したのだった。ウェルズは、NBCローカル局のレポーターによる七分間のインタビューに監獄から応じ、その映像は二〇一三年にオンラインで公開された[1]。

「説明はできません。ああするのが正しかったのだと思ってもらえるような説明、合理的な行動に見えるような説明は自分にはできないし、誰にもできないと思う。理由なんてないんです」。

説明はないとウェルズが断言しているにもかかわらず、彼の弁護人は遺伝学の分野に説明を求めた。被告側弁護人は、ウェルズの量刑段階で、ニュージーランドで行われた候補遺伝子研究を引用し、彼は*MAOA*遺伝子［別名「戦士の遺伝子」］[2]の特定のバージョン——証言に立った専門家によれば「非常に良くない遺伝子プロファイル」——を受け継いだせいで、生まれつき暴力傾向があったと論じたのである。第三章で説明したように、科学者たちはもはやこうした候補遺伝子研究を信用に足るものとは考えていない。ウェルズの陪審員団も、その説明には納得しなかった。陪審員は全員一致で、彼に死刑の評決を下したのだ。

行動遺伝学者である私にとって、ウェルズの判決手続きの記録を読むのは、自分たちの無力さを思い知らされる経験だった。私は、*MAOA*遺伝子を犯罪行動と結びつけた最初の候補遺伝子研究を率いた著者たちを個人的にも知っているし、その人たちを尊敬もしている。私自身、少年犯罪の遺伝学に関する論文をいくつも発表してきた。学術雑誌のための論文を書いているときには、専門用語だらけで味もそっけもない私の文章が、テキサス州がある男を死刑に処するべきかどうかについて十二人の陪審員が判断を下そうとしているときに、証拠として「専門家」によって引用されるかもしれないとまで考えをめぐらせるのは難しい。遺伝学という学問分野全体に、悩ましい問題がつきまとっている。遺伝的性質は人々のあいだの差異の源泉だということをまじめに受け止めるなら、そのことは、人がおのれの人生の成り行きに対して負う責任にとって、何を意味するのだろうか（何か意味するものがあるとして）。死刑判決が下されるような裁判で、遺伝的性質が証拠として持ち出されるようになった今、これはもはや観念的だとして取り合わずにすませられる問題ではない。

遺伝学は、人が負うべき責任に関するわれわれの判断にどう影響するのかという問題は、犯罪行為の領域だけに留まらない。私はこれまで本書の中で、遺伝的性質は人の教育の成り行きに影響を及ぼす誕生時の偶然であり、そのことはまじめに受け止めなければならないと、根拠を示して主張してきたつもりだ。他人に害をなす者が国家によって罰せられるように、学業で「成功する」者は社会によって報われる。教育のある者は、より裕福になり、より安定した職に就くことで報われるだけでなく、健康とウェルビーイングの面でも報われるのだ。

本章ではまず、教育には遺伝の影響があるという事実が、学校での成功と失敗について——そしてそれに付随するいっさいのことについて——人々はどれぐらい責任があるのかに関するわれわれの見方を、どのように変えるのかを見ていこう。続いて、遺伝学と「自己責任」との緊張関係という光に照らして見たとき、社会経済的な成り行きに関する遺伝学研究を、社会的資源をもっと再分配にまわすよう求めるために使えるかもしれないという話をしよう。

■ 犯罪の遺伝学

依頼人の行動は遺伝子の責任だと主張したのは、ウェルズの弁護団が最初ではなかった。法務データベースの二〇一七年版報告書によると、被告の*MAOA*遺伝子の遺伝型に関する情報が証拠として提出された刑事事件は十一件あり、その多くは量刑段階か、または有罪判決後の異議申し立ての段階で提出されていた。[3] 刑事裁判における遺伝情報の使われ方に関する最初の研究では、遺伝情報は「両刃の剣」になるかもしれないとの考えが示されていた。遺伝情報は、被告の道徳的な罪を軽く見せるかもしれないが、しかしその一方で、被告はその後もずっと社会にとって危険人物であり続けると思わせるかもしれないというのだ。[4]

しかしその後の研究から、法廷に提出される遺伝情報は、「両刃の剣」というよりはむしろ、「なまくら刀」であることがわかってきた。当該の犯罪が重罪（殺人）であるか軽犯罪（器物損壊）であるかによらず、判事も一般の人たちも、遺伝情報が得られても、被告にふさわしいと考える罰を変えなかったのだ。誰かを罰したいと思うとき、人は遺伝情報に取り合わないのである。[5]

犯罪行動に対する遺伝学的説明が受け入れられないというのは、驚くべきことだろう。なぜなら、犯罪以外の行動や成り行きについてなら、人々は遺伝情報によってもっと容易に判断を変えるからだ。概して、心理学的問題（うつ病、統合失調症、不安、肥満、摂食障害、性的問題など）に対する「生物学的・遺伝学的」な説明は、そういう問題を抱える人たちに向けられる非難や責任を軽減する。[6] また、性的指向に対する生物学的・遺伝学的説明が広く普及したことにより、同性愛者の権利が以前より擁護されるようになった。[7] こうした動きと歩調を合わせるように、活動家コミュニティーの中には、遺伝学研究を受け入れるところが出てきた。なぜなら、遺伝学研究は、非難との闘いに役立つかもしれないと考えるからだ。たとえば全米精神障害者家族会連合会は、精神病理学の診断ごとにファクトシート〔科学的知見にもとづく概要書〕を公開しているが、そのリストで目を引くのは、病気の原因として、「遺伝的性質」や「脳の構造」といった項目が挙がっていることだ。[8] 遺伝学は、非難に対抗するための手段になりうるのである。

うつ病や肥満の人に対する非難と、暴力犯罪をおかした人に対する非難とで、遺伝学研究の影響力がこのように違う理由が、基礎となる研究結果の違いにあるとは考えにくい。アモス・ウェルズの裁判で用いられた、*MAOA*遺伝子の影響に関する議論は科学的に弱いものだったが、攻撃性や暴力性にとって遺伝子が重要だということについては、強力な科学的根拠がある。子ども時代に始まる重大な行動障害や、物理的攻撃性、冷酷さ、配慮のなさなどはみな、子ども時代にはすでに高い遺伝率（八十パーセントより高い）を示す、反社会的行動という症候群の一部なの

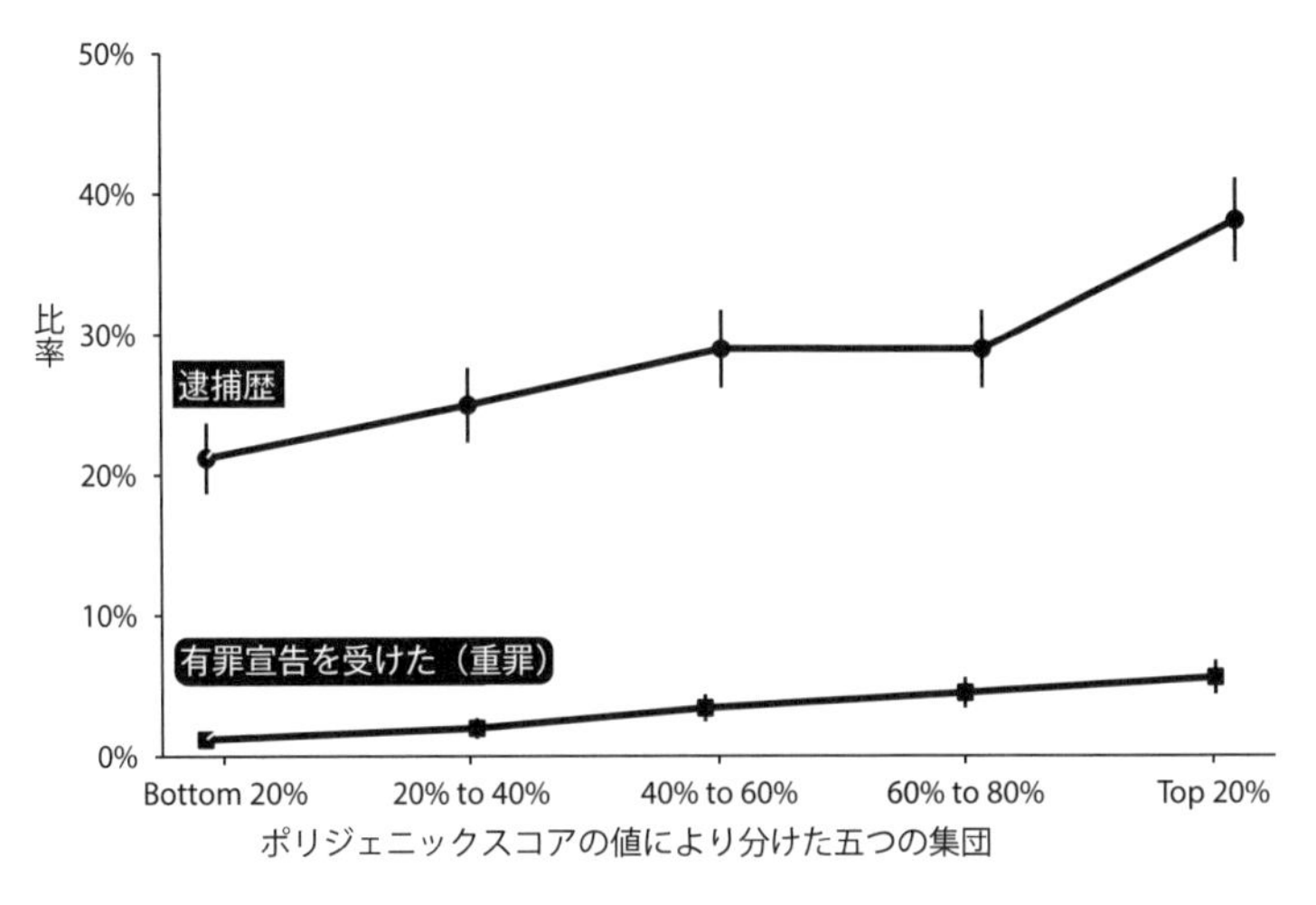

〈図 10・1〉150 万人の人々について、外在化のGWASから作られたポリジェニックスコアごとに、刑事司法制度に関係した人の比率、および反社会的行動を取った人の比率。

である。[9]

犯罪傾向については、遺伝率が高いというだけでなく、それとは別の遺伝データも得られつつある。私と共同研究者たちは、犯罪に関するものでは最大規模の遺伝学研究で、子ども時代のADHDの症状や、多数の相手との性交、アルコール関連問題、マリファナ摂取など、さまざまな衝動的行動や危険行動についてのGWAS研究で得られた情報を持ち寄った。これらの行動はかならずしも違法というわけではないが、暴力犯罪もおかす人たちのあいだではありふれた行動だ。われわれは全部で百五十万人に近い人々に関する情報を持ち寄り、個々のSNPsについて、心理学者が「外在化」〔「外」在化と呼ばれるのは、心の中の衝動、願望、葛藤などを外界に投影するから。自分の内側に投影する場合を「内」在化と呼ぶ〕と呼ぶ、規則や社会規範を破ったり衝動をコントロールするのが難しかったりする、全般的かつ永続的傾向との関連を調べた。

そのGWAS研究の結果から、外在化のポリジェニックスコアが高い人たちは、低い人たちと比べ、重罪を犯す可能性は四倍以上高く、投獄される可能性は約三倍高いことがわかった〈図10・1〉。この指数が高い人たちは、オピオイドやその他禁止薬物の使用や、アルコール使用障害がある場合が多く、反社会性パーソナリティー障害──無謀な行動、不正直、衝動性や攻撃性、良心の咎(とが)めがないことで特徴づけられる精神状態──の兆候を報告する人も多かった[10]。

ここでふたたび強調しておかなければならないが、われわれの研究は、ヨーロッパ系の遺伝的祖先を共有する、白人と自認する可能性の高い集団内の差異に的を絞ったものである。第四章で述べたように、この遺伝学的関連性は、警察との接触に人種的不平等がある理由や、人種集団ごとに投獄される率が違う理由を説明するためには使えないし、使うべきではない。

この点を注意してもなお、人々は犯罪行動の遺伝学的研究に不穏なものを感じているし、実際、人間開発［第一章四十ページ訳註参照］についてわかっていることと、諸々の社会状況において今述べた研究の意味を詳しく説明しようとすれば、もう一冊別の本を書かなければならないだろう。しかし、ここはもっと単純に、次のように考えてみよう。「衝動性と危険行動の傾向には遺伝子の影響があるのだから、犯罪をおかした人たちをあまり責めることはできない」と言うのと、「体重には遺伝子の影響があるのだから、太っている人たちをあまり責めることはできない」と言ったり、「気分や感情には遺伝子の影響があるのだから、うつ病の人たちをあまり責めることはできない」と言ったりするのとでは、だいぶ違って聞こえるのではないだろうか？　表現型に応じて、人は遺伝情報への反応を変えるのだ。

■ 非難したいという気持ち

遺伝情報の受け入れ方にみられる、この明らかな違いに興味を引かれた心理学者（マット・レボヴィッツ）と哲学者（ケイティー・タブ）、そして精神科医（ポール・アップルバウム）の三人が、その理由を解明しようとチームを組んだ。[11] レボヴィッツとタブ、そしてアップルバウムが行った一連の魅力的な研究では、参加者たちはまず、「ジェーン」と「トム」に関する物語を読むように言われた。ジェーンとトムは、反社会的行動（眠っているホームレスの男から金を盗むとか、年下の生徒をいじめるなど）を取るか、または向社会的な行動（ホームレスの男が無事かどうか確認するとか、いじめられている生徒を助けに走るなど）を取る。[*12] 与えられた物語を読んだ後、参加者たちは、トムまたはジェーンの行動を遺伝学的な観点から説明する情報を与えられるか、またはその情報を与えられないかの、いずれかのグループに割り振られた。

三人の研究者は、遺伝学的「エビデンス」を伝えることに念には念を入れ、一枚の図と、その図に関する説明文を参加者に与えた〈図10・2〉。

参加者たちはその後、その説明にどれぐらい納得したかを尋ねられた。「今読んだトム／ジェーンの行動に、遺伝的性質はどの程度関係していると思いますか?」（参加者はトムとジェーンについて、研究者から与えられた情報以外のことは何も知らない。また、参加者は、「ジェーン（トム）は、遺伝的性質に従った行動を取る」とだけ説明された）。一連の研究では、参加者たちは次のようにも尋ねられた。「ジェーン（トム）は、自分の行動パターンにどの程度責任がある

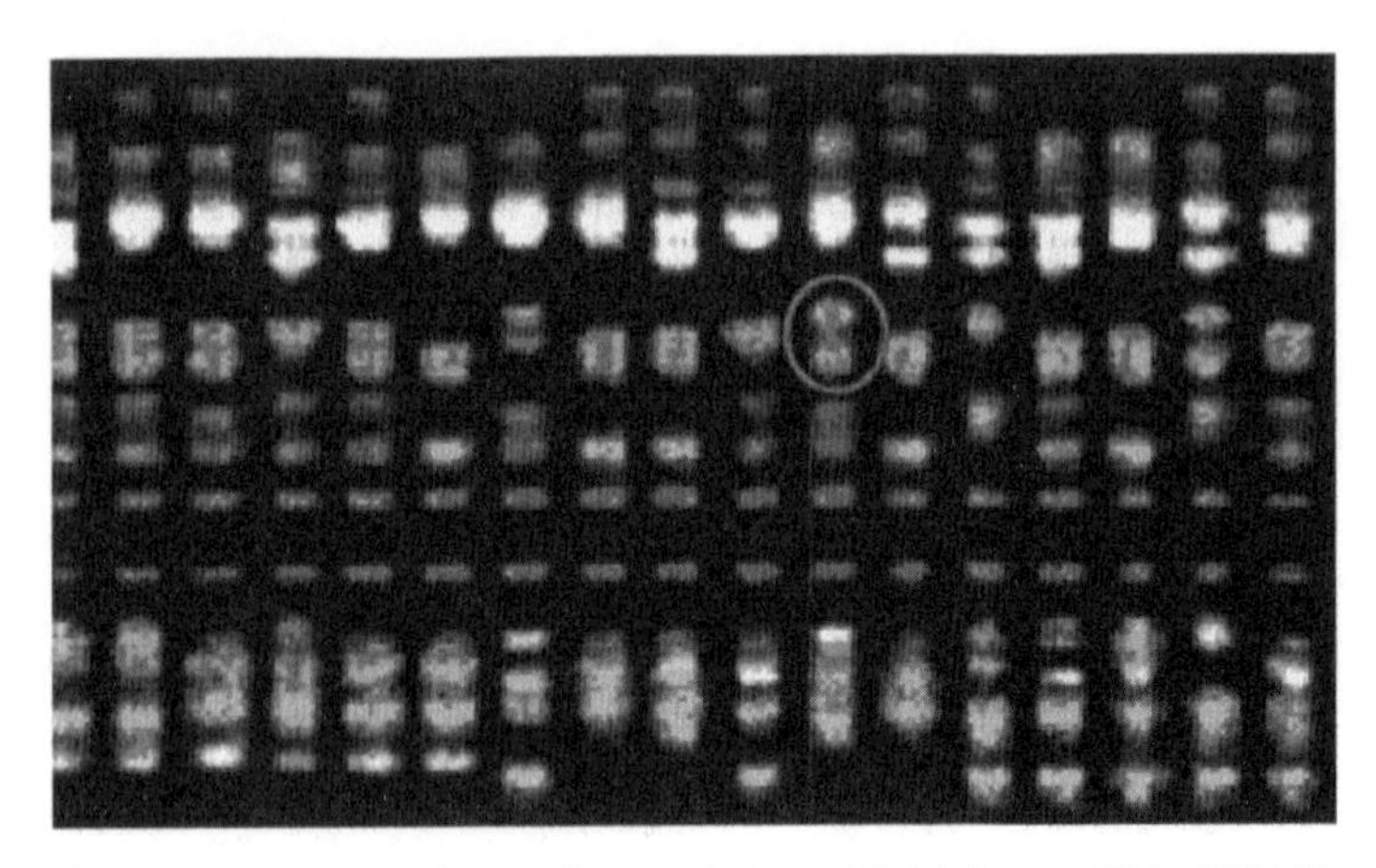

「科学者は、人の行動は遺伝子に支配されうることを見出した。この図は、問題の遺伝子が見つかったゲノム領域を示している。最近の検査で、ジェーンはこの遺伝子を持つことがわかった。つまりジェーンは、このような状況で彼女が取った行動を取るようにさせる遺伝的構成――両親から受け継いだＤＮＡ――を持つ」

〈図 10・2〉 レボヴィッツらの研究で参加者に与えられた図と説明文。

と思いますか？」「ジェーン（トム）の行動パターンは、彼女（彼）の本当の姿をどれぐらい反映していると思いますか？」。

参加者たちは一連の研究を通じて、反社会的行動よりも向社会的行動の場合に、遺伝学的説明を受け入れる傾向が有意に大きいことがわかった。また、反社会的行動については遺伝学的説明を拒否するというこの傾向は、ジェーン（またはトム）は、その行動に対して責任があると答える傾向と足並みを揃えていた。

これらの結果が示唆するのは、人を非難するかどうかや、その人に責任があるかどうかに関するわれわれの判断と、われわれが遺伝学的説明を受け入れるかどうかとの関係は、普通に考えられているのとは影響関係が逆向きだということだ。われわれは、遺伝の影響があると聞いて、その情報にもとづいて、その人にはそれほど責任がないと決めるのではない。われわれはまず、自分はその人に責任を負わせたいのかどうかを決めてから、その決定にもとづいて、遺伝学的説明を拒否したり受け入れたりするのだ。

もしもわれわれが、人々の間違いを咎める力を持ち続けたいと思い、人々に道徳的責任を負わせたいときに遺伝学的エビデンスを拒否するのなら、この結論は、第二章で紹介した別の研究結果を理解するためにも役に立つ。ミネソタ大学の心理学者たちによるその研究では、参加者たちに、さまざまな表現型の遺伝性を推定してもらった。[13] もっとも正確に遺伝率を推定したのは、ふたり以上の子どもを持つ母親たちだったが、概して参加者の推定値は、「正しい答え」と言えそうなものに収束した。平均すると、推定された遺伝率は、産業化された西側社会におけるさまざまな形質の遺伝率に関する科学的コンセンサスに近かったのだ。しかし、ふたつ例外があった。興味深いことに、参加者たちは、乳がんと性的指向というふたつの表現型の遺伝率を、大幅に過大評価したのである。政治的にリベラルであることを自認する人たちでは、性的指向の遺伝率の推定値がとくに高かった。

乳がんと性的指向はまったく種類の異なる成り行きだし、遺伝的構造［（genetic architecture）形質およびその多様性の基礎にあるゲノムの性質（初出第八章）］も大きく異なる。しかし、このふたつには少なくともひとつの共通点がある。がんになるかどうかや、ゲイになるかどうかを、その人の選択の結果であるかのようにほのめかすことは、一般にタブー視されているということだ。乳がんに罹病した人に向かって、そうなったのはあなたのせいだと言うことは、被害者叩きだと考えられている。ゲイの人に向かって、異性愛者でないのはあなたの責任だと言えば、とくに政治的リベラルのあいだでは同性愛嫌悪（ホモフォビア）とみなされる。人に責任を負わせる力を持ち続けるために遺伝情報を拒否すると、非難の矛先を変えるために遺伝情報を受け入れることは、同じコインの裏表なのだ。

■一卵性双生児と自由意志係数

このように、人々が責任について下す判断と、遺伝率に関する情報を受け入れるか否かとは、密接に結びついている。そのことから、いっそう基本的な問題が出てくるのである。遺伝の影響は、人間の主体性やコントロール力に限界を課すと考えるべきなのだろうか？　遺伝性の高い成り行きなら、人の責任は軽くなるのだろうか？

このタイプの議論は、終わりのない形而上学的論争というブラックホールに落ち込む危険性がある。宇宙は決定論的なのだろうか？　自由意志は本当に存在するのだろうか？　こうした問いは、控えめに言っても本書の範囲を超えており、われわれは何か、哲学的ガードレールのようなものを設定する必要がある。もしも宇宙は決定論的だと考えるなら、自由意志の存在は決定論的な宇宙と両立しないから、自由意志は幻想だということになり、遺伝学がそれに付け加えるべきことは何もない。[*14] 遺伝的性質は宇宙の小さな一角にすぎず、われわれはその領域で、決定論的因果の長い鎖の小部分を解明しようと努力してきたのである。

しかし、形而上学的な問題を脇にのけるなら、コミュニティーの中で生きる社会的存在であるわれわれは、殺人という行為と瞳の色とを同列に扱ったりはしない。普通われわれは、青い瞳になることを選んだとして人を裁いたりはしないし、瞳が茶色にならないように仕組んだとして責任を問うたりはしないし、青い瞳だから偉いとも考えない。なぜなら、瞳の色は、選択の結果ではないと考えるからだ（そして私の見るところ、その考えは正しい）。私の瞳は緑色だが、それは私の手柄でもなければ落ち度でもない。しかし殺人となると、われわれは人を裁く。われわれはこのように人生の成り行きを区別するが、その線引きをする際に、遺伝情報（および、初期の環境が果たす役割に関する情報）を考慮に入れるのは妥当だろうか？　私の見るところ、その答えはイエスだ――ある人の人生の成り行きを過去に向かってたどるとき、その人の人生のスタート地点に近づければ近づけるほど、その人に別の行動が取れたとは考えにくくなるからだ。

映画『ジュラシック・パーク』で、恐竜がまだ人間を食べはじめる前のこと、ジェフ・ゴールドブラム演じるキャラクター［数学者のイアン・マルコム博士］がローラ・ダーン演じるキャラクター［古植物学者のエリー・サトラー博士］に向かって、「複雑系の予測不可能性」について説明するシーンがある。ゴールドブラムはダーンの手の甲を平らにさせて（「ヒエログリフにそういう形の文字があるよね」）、そこに一滴の水を垂らす。さてその水滴は、どちらに垂れるだろうか？　彼女は水滴の動きを予測し、ふたりは実際に水滴の動きを観察する。その後ゴールドブラムは、もう一度同じことをやってみようと言う。「さっきと同じ場所に水滴を置いたら、どちらに垂れるだろうか？」。

二度目の水滴は、ダーンの手の甲を流れ、一度目とは反対側に垂れた。なぜ一度目と二度目では結果が違ったのだろう？　ゴールドブラムはその成り行きの違いを利用して、ダーンの手をいやらしくなでるという不適切行為に及び、「小さな変化は、二度と同じにはならない。そしてそのことが、とてつもなく大きな影響を及ぼすことになるんだ」と言う。

一緒に育てられた一卵性双生児のふたりは、同じ場所に置かれたふたつの水滴に似ている。ふたりは一個の受精卵として人生を歩みはじめ、その後、別々のふたりの人間になる。ふたつの胎児は同じ卵子と同じ精子からできたため、ほぼ同じＤＮＡ配列を持っている（とはいえ完全に同じではない。発達の過程で起こる突然変異によって両者のあいだに違いが生じることもあるからだ）。*15 ふたりは同じ子宮の中の胎児だった。ふたりはたいてい同時に生まれ、同じ家で、同じ短所と長所と特性を持つ同じ親に育てられ、普通は同じ学校に通い、同じ地域に住む。

　しかし一卵性とはいえ、ふたりの人生の成り行きは多くの点において厳密に同じではない。ふたりのあいだの違い――一方は太り、他方は痩せているとか、一方は統合失調症になり、他方は何も問題はないなど――は、同一性と同じぐらい魅力的にもなりうる。

　研究者は普通、一卵性双生児間のこうした違いを「非共有環境」と呼び、e^2で表す。一卵性双生児間の相関が小さければ小さいほど、非共有環境e^2は大きい。e^2は〇から一までの値をとり、〇は、一卵性双生児の成り行きはつねにまったく同じだということを意味し、一は、一卵性双生児の成り行きは、集団からランダムに選ばれたふたりの人間と同程度にしか似ていないということを意味する。したがって、e^2が表すのは、ＤＮＡの違いから生じたのでも、生まれ落ちた環境の違いから生じたのでもない違いだ。e^2は、まったく同じふたつの水滴が、同じ場所から出発して異なる場所に垂れるとき、その成り行きの違いがどのぐらい大きいかを表しているのである。

　私の博士課程アドバイザーだったエリック・タークハイマーは、人間の成り行きの、この個別性［他の誰とも違うその人ならではの特徴］は、その人の遺伝的性質と、家庭の子育てのありかたという制約を考慮してもなお残る違いであって、「人間の主体性を定量化する」ものだと述べた。[16] 彼はこう論じた。もしもある人に別のやり方をすることができたなら、その人はある成り行きについて選択肢があった、あるいは、その成り行きをコントロールできたと考えられる。もしも誕生時の偶然がまったく同じ人たち――同じ遺伝的性質を持ち（前に述べた条件を考慮したうえで）、同じ家庭で育てられた人たち――は、けっして別の人生を歩まないのなら、そのふたりが今とは別の人生を歩むこともできたとは考えにくい。タークハイマーの考えでは、予測不可能性は自由のしるしなのだ。彼の言葉をそのまま引用しておこう。

> ひとことで言えば、非共有環境は自由意志である。それは、今や誰ひとり信じる者のない形而上学的な自由意志、すなわち、物理的世界の機械論的制約を越えたどこか上のほうに、何にも拘束されずにぽっかり浮かんでいる人間の魂の働きのことではない。ここで言う自由意志は、複雑で予想不可能なやり方で、われわれが自分自身を構築していくプロセスにおいて、複雑な環境に反応するわれわれの能力を表すものだ。

タークハイマーの見るところ、あなたの自由意志が働ける領域を決めているのは、あなたの遺伝型でもなければ環境でもなく、あなたというひとりの人間の表現型空間である。e^2は、あなたがどんな人間になるかを選択するとき、哲学者ダニエル・デネットが言うところの「自由の余地」がどれだけあるかを教えている。[17] タークハイマーはそれに続けて、人間の成り行きの例をいくつも挙げて、われわれには選択肢も道徳的責任もほとんどないと考えられる成り行きについては、一卵性双生児間の差異は実際にきわめて小さいことを指摘した。たとえば、一卵性双生児の身長については、$e^2 <$ 〇・一である。つまり、ひとりの人間が、特定の時代の、特定の場所に暮

らす、特定の家庭に、特定のゲノムを持って生まれたとすると、その人の身長がどのぐらい高くなるかに関する「自由の余地」はほとんどないということだ。しかし、それはあくまでも身長の場合である。教育のような、社会と行動に関係する成り行きならどうだろう?

■教育における自由意志係数

そこで、もしも一卵性双生児同士がどれだけ違うかが、人がおのれの人生の成り行き(アウトカム)に持つ潜在的主体性の指標になるのなら、社会経済的な成り行きと心理学的な表現型(今日の産業化された資本主義社会において報われるようなタイプの心理学的表現型)について、一卵性双生児のあいだで実際にどれほどの違いが観察されているか見てみよう。[18*]

タークハイマーは、IQのe^2が、身長のそれよりもわずかに高いだけだという点に着目した——IQのe^2は、成人では〇・二、子どもでは〇・二五であり、身長のそれは〇・一である。しかしそのわずかな違いも、IQを正確に測定するほうがはるかに難しいせいで生じているだけかもしれない。測定誤差を修正する統計学的手法を使った研究では、知能テストの成績のe^2はさらに〇・一に近づいた。誕生後すぐに引き離されて別々の家庭で育てられた双子に関する、ある古典的研究では、知能テストの得点差の平均は、ひとりの人物が知能テストを二度受けたときの得点差の平均とほぼ同じだった。[19]

以上は一般的な認知能力の場合だが、より基本的な認知プロセスを調べることもできる。第七章で扱った実行機能は、何かに注意を向けたり、注意を切り替えたりする能力なのだった。子ども時代と思春期にある一卵性双生児では、実行機能のe^2はほとんど〇と言っていいほど小さく（＜〇・〇五）、処理速度のe^2は、身長のそれと同程度である[20]（〇・一五）。

学業の成り行きのe^2は、認知能力のそれより大きいこともあるが、つねに大きいというわけではない。テキサス大学でわれわれが調べている双子のサンプルでは、子ども時代の読み方と数学の学力テストに関して、e^2はおよそ〇・三だった[21]。しかし、イギリスで行われたある研究では、子ども時代から思春期にかけての学力テストの成績から推定されたe^2は＜〇・一五であり、われわれが得た数値よりだいぶ小さい。また、大学入学の通過点である全国統一標準テスト、中等教育修了一般資格（GCSE）の得点では、e^2は〇・一三だった[22]。

学歴に関しては、国やコホートごとに大きな違いがある（〇・一一から〇・四一までの幅がある）。すべてのサンプルを通じて、学歴に関するe^2の平均値は、〇・二五である。スカンジナビアのコホートでは、学歴のe^2は小さく（〇・一七）、大人の身長のe^2（〇・一）とそれほど違わない[23]。所得に関するe^2は、男性では〇・四（二十年間の所得を平均したものに対して[24]）で、うつ病などで観察されているe^2と同程度に大きいが、それでも、パーソナリティーについて観察されているe^2よりは小さい。

以上のことを踏まえて、e^2だけに焦点を絞り込んで双子研究を見直すと、「生まれか育ちか」論争は消えてなくなる。われわれは、一緒に育てられた一卵性双生児があれだけよく似た人生を送るのは、一卵性の双子は社会くじの結果（アウトカム）を共有しているからなのか、遺伝的に受け継ぐものに関する自然くじの結果を共有しているからなのかを、切り分けて調べようとしているわけではない。むしろ、社会くじと自然くじの結果を合わせて考慮すると、その後に残る心理学的特性と社会経済的ステータスに関する予測不可能性は小さいということなのだ。「運」の強力な影響力を考慮に入れてしまえば――つまり、環境と遺伝の両方の「運」をひっくるめて考慮に入れれば――「自己責任」に残された領分は驚くほど小さいのである。

つまるところ、人は自分の人生の成り行きに責任があると述べることは、理論上、その人には別のやり方ができたはずだとほのめかすことだ。「この人には別のやり方ができただろうか？」という問いは、一般には答えることのできない問いである。あなたが生きる人生はひとつしかないのだから、もしもあなたがその人生を選択したとして、どれぐらい別のやり方がありえたか、あるいは、どれぐらい別の行動を取りえたかという問いは、経験的には扱えない。しかし、一緒に育てられた一卵性双生児の人生を追跡してみると、同じ両親のもと、同じ郵便番号の地域に、同じ遺伝子を持って同時に人生に踏み出した人たちが、異なる学歴を持つのは稀だということがわかるのだ。一卵性双生児、ほぼ厳密に同じ実行機能を持ち、人生にとって大きな意味を持つ大学入試でほぼ同じ得点を取り、最終学歴もかなりの程度まで同じなのである。

あなたの遺伝型は、あなたの家族の社会階層と同じく、あなたにはコントロールできない誕生時の偶然だ。あなたの遺伝型は、あなたの家族の社会階層と同じく、あなたの人生における一種の運だ。そして一卵性双生児に関する研究は、自然くじと社会くじの結果（アウトカム）を合わせたものが、大人になってからの社会的地位、とくに学歴を予測するための強力な道具になることを教えているのである。

■運が果たす役割の重要性

社会心理学の研究が教えるところによれば、前節最後のパラグラフに対するあなたの反応は、あなたの政治的立場によって異なる。ある研究では、保守派はリベラルに比べて、「成功した人たちは、幸運な人生を送ってきた可能性が高い」という意見には賛成せず、「良い人生を送るために必要なのは幸運ではない」という意見に賛成する傾向があることがわかった。[25]同じ研究者たちによる別の実験では、作家のマイケル・ルイスによるプリンストン大学入学式の式辞の一部を参加者たちに読んでもらった。[26]実はその文章にはふたつのバージョンがあり、一方のバージョンは、成功に果たす運の役割に関するルイスの文章そのままだった（「人は、自分が成功したのは運のおかげだと言われることをとても嫌がります——とくに成功した人たちは」）。もう一方のバージョンでは、「運」が「他人の助け」に置き換えられていた。とくに政治的保守派は、成功は運のおかげだとするバージョンに賛成しない傾向があった（リベラルと保守派のどちらも、成功は幸運のおかげだとするバージョンを読んだときのほうが、成功は他人の助けのおかげだとするバージョンを読んだときよりも、その文を書いた人物が、いけすかない、頭の悪い、賞賛に値しない人物だと考える傾向があった）。

より最近では、ギャラップ世論調査により、アメリカのトランプ支持者はトランプ反対派よりも、「金持ちのほうが幸運に恵まれている」という意見に賛成しない傾向があることがわかった（トランプ支持者では賛成率が二十七パーセント、トランプ反対派では三十八パーセントだった）。[27]トランプ支持者のうち、金持ちと貧乏人の所得格差はアンフェアだという意見に賛成する人の割合も、それとほぼ同程度だった（二十六パーセント）。この比率は、全世界的な平均値と比べて驚くほど低い——六十の国々で、多くの人たち（六十九パーセント）が、自分の国の所得格差はアンフェアだと言っているのだ。

保守派は、社会的成功以外の面でも、運が果たす役割に神経を尖らせている。『多様性という幻想』や『警官に対する戦争』などの著作がある保守派のライター、ヘザー・マクドナルドは「ウォール・ストリート・ジャーナル」紙に寄せた意見記事で、「今日のビジネス界の巨人やその先人たちは、サイコロを振っただけで成功を収めたわけではないのだ」と力を込めた。「運ではなく行動の選択こそが、彼らの人生の成り行きを形成しているのである」と。[28] マクドナルドはまた、「内在的な才能は不平等に割り振られ」ており、その影響を打ち消せるのは、「湯水のように金を使って社会を平等化しようとする政府だけだ」とも述べた（これは第八章で説明した、社会変化の可能性に関する遺伝主義的悲観論の一例である）。

それと同じ「運の役割」というテーマは、二〇一一年に米上院議員選挙を戦っていたエリザベス・ウォーレンの発言に対する、保守派のコメンテーター、ダン・マクローリンの反応にもみられる。「私企業が成功するためには公共投資が必要だ」というウォーレンの発言がバズったとき、マクローリンは、ウォーレンの主張は保守派の計画を危険にさらすものだと述べた。なぜなら彼女のその発言は、さらなる富の再分配を正当化するものだからだ、と。彼はこうツイートした。「仕事ぶりや功績（メリット）は、成功とほとんど関係がないなどと大衆に思わせれば、成功した者に対して、今以上に重荷を背負わせることが正当化されてしまうだろう」[29]。

保守派は、人生の成り行きを運のせいにしたがらないことがわかってしまえば、「遺伝学研究は保守的世界観を肯定するものでしかありえない」と考えることに慣れている人なら意外に思うかもしれない、ふたつのデータにも納得がいくだろう。ひとつは、保守派はリベラルよりも人生の成り行き、とくに性的指向と薬物依存のような道徳的解釈を与えられた成り行きを、遺伝のせいにはしたがらないというデータである。[30] そしてもうひとつは、保守派はリベラルよりも、裕福な人たちは「生まれながらに能力が高い」という意見に賛成しないというデータだ。[31]

マクローリンが運のイデオロギーを持ち出す論法に反対したのは、運が果たす役割の重要性を強調したりすれば、富の再分配を支持する人が増えるのではないかと心配したからだ――そして実際、彼のその直観は正しかった。人々は、「不平等は選択によって生じる」と考えたときよりも、「不平等はコントロール不能な運の要素によって生じる」と考えたときのほうが、再分配を支持する傾向があったのだ。

不平等の起源――選択か運か――と、人々がお金の再分配に積極的かどうかとの関係性が、ノルウェーの経済学者チームによる一連の魅力的な実験によって示された。[32] それらの実験では、ふたつの部分から構成される経済学ゲーム［経済学ではよく知られた「独裁者ゲーム」に、前段階として「生産段階」を付け足したうえで、さまざまなバリエーションが加えられた。基本的な「独裁者ゲーム」では、ふたり一組になった参加者の一方が「提案者」、他方が「受領者」となる。提案者は、たとえば千円のうちいくらを受領者に渡すかを一方的に提案する。一円も渡さない提案者は完全に利己的であり、千円を渡す提案者は完全に利他的である］のさまざまなバージョンがしばしば使われた。参加者たちは、ゲームの前半部分にあたる「生産段階」で、たとえばパソコンに文章を入力するなどの作業を行うことにより、金を「稼ぐ」。この段階で、いくつかの変数が登場する。変数の中には、参加者におおむねコントロールできるように思われるものもあれば、まったくコントロールできそうにないものもある。たとえば、入力作業にかける時間は、参加者が自由に選択できたため［十分間働くか、三十分間働くか］、参加者にコントロール可能な変数だ。一方、正しく入力された単語あたりに支払われる金は、完全にランダムに決められているため［難易度が同じぐらいのふたつの文章のうちの一方がランダムに割り振られ、それぞれの文章について、正しく入力された単語当たりの単価があらかじめ決められている］、参加者にはまったくコントロールできない変数である。また、一分間に単語をいくつ正しく入力できるかは、参加者にコントロールできるかどうかあいまいな変数だ。そのほかにも、「自分の取り分」を少しでも多くするか、「（ふたり一組の）チームとしての収入」を大きくするかという、ふたつの選択肢を天秤にかけるような変数もあった。たとえば、ゲームの終わりに得る金という観点からすると、分配を不平等にしたほうが、全体としては「金になる」、つまり、不平等な分配を受け入れるほうがチームとしては儲かるような「ポイント」が与えられることもあった［たとえばある実験では、一定のポイント［たとえば百ポイント］と、倍率［一から四まで］が提案者に与えられた。一ポイントが十円になるとすると、提案者が自分の取り分としたポイントは、一×「ポイント数」×十円の金になる。それに対して、提案者が受領者に提案したポイントは、「倍率」×「ポイント数」×十円の金になる。したがって、倍率四倍のときに、提案者がすべてのポイントを受領者に提案したとすれば、四×百×十＝四千円となり、一ポイントも提案しなかったときの千円より大幅に増える］。

ゲームの第二部では、誰もが自分の稼いだ分だけ金を受け取るか、あるいは収入の一部を再分配にまわすかを判断するよう求められる――ゲームのプレイヤー自身が判断することもあれば、傍観者が判断することもある。この実験では、人々の選好はさまざまに分かれた。不平等がどこから生じたのであれ、結果の平等性を選好する人たちもいた（急進的平等主義者）。また、どんな理由でその結果になったにせよ、自分が稼いだ分は自分のものにすることを選好する人たちもいた（リバタリアン）。

しかしもっとも多かったのは、不平等の原因が偶然か選択かによって、結果として生じた不平等はフェアかアンフェアかを区別する人たちだった。もしも稼ぎの少なさが、ランダムに割り振られた単価がたまたま低かったという不運のせいなら、その不平等を是正するためにお金を再分配にまわそうと考える傾向があったのだ。

経済学ゲームにおける運の役割に対する人々の敏感さは、不平等に関する調査への回答にも表れている。[33] ノルウェーで行われたある調査では、半数近くの人が（四十八パーセント）、人間にコントロールできる範囲外の要因から生じた収入の不平等は、取り除かれるべきだと答えた。アメリカ人は全般に、ノルウェー人よりも不平等に対して受容的で、政治的保守派はリベラルよりも受容的だ。しかし、保守派かリベラルかによらず、運による成り行きを平等化するために再分配を行うことに対しては、人間のコントロール下にあると考えられている要因で生じた不平等の再分配よりも受容的である。

分配に関する人々の選好〔急進的平等主義者か、リバタリアンかなど〕を調べるためにデザインされた経済学ゲームや、人々はフェアな不平等とアンフェアな不平等をどう区別するかを調べる調査では、アンフェアな不平等を生じさせるような種類の運は、人の身に降りかかってきて、その人が自分の社会経済的成り行きをコントロールする力を制限する、外在的な出来事とされる。単語当たりの単価が安く設定された文章に当たったことは、その人にはコントロールできない要素だ。高校を卒業していない母親のもとに生まれたこともまた、当人にはコントロールできない運の要素だ。

しかし、これまで見てきたように、それと同じ社会経済的な成り行きの不平等は、外在的な出来事から生じるだけでなく、人間にコントロールできる範囲を超えてはいるけれども、しかしその人に内在する要因から生じることもある。その要因が、人間の遺伝的性質だ。

■非難したい気持ち再考

本書の第一部では、カールソン博士という架空の人物について、参加者たちに資料を読んでもらうという社会心理学の実験を紹介した。カールソン博士の物語にはふたつのバージョンがあり、一方のバージョンによると、博士は、人々の数学テストの成績のばらつきのうち遺伝の影響として説明される部分はごく小さい（四パーセント）ことを発見し、他方のバージョンによると、博士は遺伝の影響として説明される部分は大きい（二十六パーセント）ことを発見したとされた。遺伝の影響が大きいことを発見したとする資料を読んだ人たちは——とくに政治的リベラルは——カールソン博士は客観性が低く、平等主義的な価値観が乏しい人物なのだろうと考えた。つまり、遺伝が数学テストの成績に大きな影響を及ぼしているという結果を得たという資料を読んだ参加者は、カールソン博士は、「一部の人たちが大きな権力を握って大きな成功を収めることを社会が許すのであれば、それはそれでよい」と考え、「ものごとをフェアにするために、社会は人々を平等な足場に立たせるよう努めなければならない」とは考えない人だろうと想像したのである。

この研究結果は、行動遺伝学についてものを書いたり講演をしたりしている私個人の経験とも重なる。社会的に重要な成り行き（アウトカム）き、たとえば数学のテストの成績や学歴などに、遺伝の影響があると認めることは、平等主義に反することだと広くみなされているのだ。もちろん、それには十分な理由がある。歴史的に、遺伝学のさまざまな考えは、深いレベルで非平等主義的な社会政策——たとえば、世界の一部の地域からの移民を制限したり、断種を強制したり、人々を隔離したり、殺したりする政策――を正当化するような、イデオロギー上の過激派たちに利用されてきたのだから。

あるタイプの遺伝学研究が、歴史的にも、大衆のイマジネーションの中でも、人間の優劣に関する過激派の考えと結びつけられるのは理由のあることだと理解した上で、しかし本章でこれまで取り上げた研究は、それとは大きく異なる考え方の枠組みを指し示している。ある人の遺伝型は、その人が両親から受け継ぐ可能性のあった遺伝型の中から、ランダムに選ばれたものである――それは運の問題なのだ。平均してみると、政治的保守派は、人間の成功には運がひと役買っていることを認めようとしない傾向がある。また、誰かの（良くない）行動を非難したかったり、人は自分の行動に責任を取るべきだと主張したかったりすると、人々は遺伝の影響に関する情報を拒否する傾向がある。しかし、不平等が、人間にはコントロールできない運の要素から生じたものだとみなされれば、保守派もリベラルも、そういう不平等はアンフェアだとして、社会の資源を平等化するための再分配を支持する傾向がある。

以上のことを考え合わせると、これらの論点は新たな総合の構成要素だということがわかってくる。遺伝的性質は、人々の人生における運の問題なのだ。遺伝という運が、教育および経済の成功に果たす役割を理解すれば、十分な学業成績を上げていない人たちや、経済面で成功していない人たちに向けられる、山のような非難を削減することになる。そして実際、運の役割を理解することは、もっと平等な社会にするために資源を再分配にまわそうという主張に、説得力を加えることになるかもしれない。

逆に、社会経済的な成り行きに遺伝が及ぼす影響についての情報に耳をふさぐことは、高い学歴を得られなかった人たちや、「熟練」労働者ばかりを優遇する経済の中で不利な立場に立たされた人たちへの非難をさらに強めるという、意図せぬ影響を及ぼすかもしれない。貧しい人たちは非難されてしかるべきだとして辱めることは、ディストピア的未来を描くために「メリトクラシー」という言葉を生み出したイギリスの社会学者、マイケル・ヤングが、暗澹たる気持ちで書いた事態だ。ヤングは、学校での成績が良くなかった人たちが、それを自己責任とされることを懸念してこう述べた。「勲功を重んじる社会の中で、勲功がないと断じられるのはとても辛いことだ。下層階級の人たちが、ここまで道徳的に無防備なまま放置されたことは、いまだかつてない[34]」。

第十一章　違いをヒエラルキーにしない世界

私の上の子どもはなかなか言葉が出なかった。二歳で言えたのは、たった二つか三つの言葉だけ。小児科医は私たちを安心させようと、こう言ったものだ――大丈夫ですよ、待ってあげてください、男の子は言葉が遅いこともあるんです。あれから六年、息子は毎週何時間も言語聴覚訓練を受けている。言語療法士は息子の口の中に指を差し入れ、舌の先端を押し下げる。そうすると、息子は「クッキー」や「ゴー」という言葉が言えるようになるのだ。顎がぐらぐらしないように支えたり、唇を突き出して口を小さく丸めたり、一度の息が続くあいだに必要な音節を続けて言えるようにするための訓練もしている。

息子が言語聴覚訓練を受けているあいだ、私は待合室のソファーに掛けて、下の子に本を読んでやる。娘は言葉が早かった。彼女の言語能力の発達のスピードたるや、兄と比べると、まるで奇跡のように感じられた。一方の子どもにとっては厳しい訓練を必要とすることが、他方の子どもにとっては何の努力もいらないものとして立ち現れたのだ。

一方の子どもはすらすらおしゃべりできるのに、他方の子どもは、人に理解してもらえるように声を出すことにさえ苦労するのはなぜだろう？　これに関してはっきりした答えを私に与えられる人はいない。しかし双子研究に目を向ければ、発話障害の遺伝率は九十パーセント以上であることがわかる。子どもたちの発話能力にみられる差異のほとんどは、遺伝的差異によるものなのだ。発話障害に対する遺伝の影響は、より一般に運動スキルにも及ぶらしく、科学上のその発見は、私の個人的な経験とも合っている。私は、言葉の遅かった息子が、ハイハイするのにも、歩くのにも、三輪車に乗るのにも、大変な苦労をするのを見てきたのだ。

もちろん、発話障害の遺伝率が高いからといって、環境が重要ではないということではない。実際、発話障害への介入として今のところ唯一利用できるのは、環境的な介入だけなのだ——話しはじめるのが遅い三歳児に対して、CRISPR（クリスパー）でゲノムを編集している者はいないのである。そして残念ながら、虐待やネグレクトを受けたり捨てられたりしたせいで、人生の初期に言葉による他の人間とのかかわりを持つことができず、悲惨な結果になった子どもたちの例ならいくらでも見出せる。しかし、我が家の言語環境がごく普通であることからして、私の子どもたちの言葉の発達の違いは、それぞれの子どもが私と父親からたまたま受け継いだ遺伝子の違いによるものである可能性が高い。

私の個人的経験からすると、発話障害の遺伝率の話をしても、とくに論争になることはない。たいていの言語聴覚療法士は、発話障害の家族歴について訊ねるだろう。ふたり以上の子どもを持つ親は、言葉を操る能力が、子どもごとに大きく違うのを目の当たりにするだろう。私の子どもたちの言語能力がこれほど大きく違うのを見れば、自然のきまぐれさがよくわかる。三歳までに squirrel（リス）のような単語を発音できるようになるためには、どんな遺伝的バリアントの組み合わせを受け継げばよいのかはわからないが、それに関して娘は幸運だったし、息子はそうではなかった。

娘の発話能力と言語能力をごく普通に発達させた遺伝要因と環境要因の組み合わせは、娘にコントロールできることの範囲外だったのだから、言葉の早さを獲得するために娘が何かしたかのように言うのはおかしいだろう。幼くして複雑な文章を言えるからといって、娘が立派な人間だということにはならない。むしろ褒めるに値するのは息子のほうだろう。彼は日常の会話をするために、オペラ歌手がメトロポリタン歌劇場の舞台で歌うときと同じぐらい神経を集中させて苦労しながら、呼吸とイントネーションをコントロールしているのだから。

言語聴覚療法の訓練を終えて、家に向かって車を走らせる夕刻、私と子どもたちはオースティン南部にあるフリーウェイ地下道そばの信号機のあたりに車を止める。そこはホームレスの宿泊所のようになっていて、その人数は徐々に増えている――寝袋、テント、車椅子、身の回りのものを山と積んだショッピングカート。冬場はさらに人が増える。夏場は、わずかに残る人たちが、体温よりも高い気温の中で汗にまみれている。私は車に、交差点でボール紙の看板を掲げている男たちのために（たいてい男性なのだ）、水のペットボトルを積んでいる。私は車の窓を開け、日に焼けて真っ黒な手をした男たちに水を渡す。子どもたちはこんな質問をする。

「夜になったら幽霊があの人たちを捕まえに来る？」

「なぜあの人たちには家がないの？」

「なぜ私たちには家があるの？」

子育てをする者が背負う重責のひとつは、自分の子どもには何でも言いたいことが言えてしまうことだ。あの男の人たちは悪い選択をしたのよ、と言うこともできるだろう。私自身が子どもの頃に言われたように、新約聖書の「テサロニケの信徒への手紙」の章句を引いて、「働かざる者、食うべからず」だからよ、と言うこともできるだろう。しかし、これについて何度同じことを話し合っても、私はいつも、最後には同じことをさまざまな表現で伝えている。私たちはラッキーなのよ。ママはお金をもらえる仕事があってラッキーだし、そのおかげで洋服や食べ物やおもちゃや家を買うこともできるのよ。人生で幸運に恵まれなかった人たちもいるの。運が悪かったからといって、必ずしも橋の下で寝ることにはならないけれど、ママたち大人は、みんなが住む家を持てるだけのお金をいつも分かち合っているわけではないの。

（娘はこんな質問もする。「どうして人は身勝手なの？」）

人々のあいだの遺伝的差異が、発話障害を発症する可能性に違いを生むように、人々のあいだの遺伝的差異はホームレスになる可能性に違いを生む。ホームレスに関するGWAS研究や双子研究はまだ行われていないが、これに関してほぼ間違いはない。ホームレス人口の約二十パーセントは、双極性障害や統合失調症のような重い精神病を抱えている。[1] 約十六パーセントは、アルコール依存症やオピオイド依存症のような重い物質使用障害があるとみられる。究極的には、ホームレスになるのは、家を持つための金がないからだ。そして、特定の遺伝的バリアントを受け継いでいなかったなら、こうしたこと――精神病と依存症と貧困――を経験する確率は違っていただろう。精神病や依存症や貧困という大きな問題を経験していない人は、間違いなく幸運なのだ。そして運の中には、環境的なものもあれば、人に内在するものもある。

■遺伝学研究に関するふたつの懸念

「人々のあいだの遺伝的差異は、発話障害や言語障害になる可能性に差異を生む」
「人々のあいだの遺伝的差異は、ホームレスになる見込みに差異を生む」

前者はとくに論争にはならないが、後者はほぼ確実に論争になる。

しかし、それはなぜだろう？

生命倫理学者のエリック・パレンスは、人々のあいだの遺伝的差異を貧困やホームレスなどの社会的不平等に結びつければ論争を引き起こす、それどころか怒りさえも引き起こす原因となっている——と、私は考えている——ふたつの中核的な懸念について、次のように述べた。「行動遺伝学は、人間のあいだに違いを生じさせるものについて調べることで、道徳的平等性という、われわれが大切にする概念の基礎を掘り崩すのではないかと人々は恐れているのだ。……残念ながら、人の遺伝的差異の探究は、社会権力の分配における不平等を正当化するために利用される危険性がある。その危険性には長い歴史があり、おそらくは今後も永遠になくならないだろう[2]」（強調は本書の筆者が付け加えたもの）。

人々が行動遺伝学の発見（の一部）に不安を感じる理由についてのパレンスのこのまとめと、本書の「はじめに」で取り上げた、エリザベス・アンダーソンによる反平等主義の定義とのあいだには顕著な類似性がある[3]。アンダーソンはこう書いた。「反平等主義は、人に内在する価値によってランク付けされた人間存在のヒエラルキーという基礎の上に社会秩序を作ることが正当であり、そうする必要があると主張した。不平等は、物品の分配に関することではなく、むしろ、優れた人と劣った人の関係に関することだった。……社会関係のそんな不平等は、自由、資源、福祉の分配に不平等を生み、それを正当化するものと考えられていた。それこそが、人種差別、性差別、ナショナリズム、カースト、階級、そして優生学という、諸々の反平等主義的イデオロギーの核心なのである」（強調は本書の筆者が付け加えたもの）。

ここにも、パレンスが挙げたものと同じ、ふたつの中核的な懸念が見て取れる。ひとつは、生物学的差異を社会的不平等に結び付ければ、ある人々は他の人々よりも優れていると主張することになるのではないかという懸念である。それは、人はみな道徳的に平等だとする平等主義的な考えとは真逆の、人間の価値に対するヒエラルキー的な見方だ。もうひとつは、人間に対するそんなヒエラルキー的な見方は、不平等を正当化するのではないかという懸念である。貧困と抑圧を、解決すべき課題とみなすのではなく、生物学的に、より優れた人たちが存在するのだから、不平等はあって当然であり、むしろ不平等があるのが自然なのだ、と。

これらふたつの懸念は避けられないと思うかもしれない。私が、「人々のあいだには遺伝的な違いがある」とか、「遺伝的差異は、人々の教育や社会階級、所得、雇用と、果てはホームレスになる可能性にまで関係している」などと言えば、人間の価値のヒエラルキーはあるのが当然で、貧困は避けられないと——むしろそれこそは正しいありかたなのだと——主張しているようにしか思えないかもしれない。

詩人で活動家のオードリー・ロードが述べたように、「西欧の歴史のかなりの部分は、人間の違いを単純な二項対立として見るようにわれわれを条件付けるものだった。支配者／従属者、善人／悪人、身分が高い人／低い人、優れた人／劣った人」。その結果、「われわれはあまりにもしばしば、違いに気づいたり、違いを詳しく調べたりするために必要なエネルギーを、その違いは乗り越えられない障壁だと思い込むことに――あるいは、そもそもそんな違いはないのだと思い込もうとすることに――つぎ込んでしまう」[4]。優生学のイデオロギーは、遺伝的差異は平等へと続く道に置かれた乗り越えられない障壁だと主張する。そして、そんな優生学イデオロギーへの応答は、あまりにもしばしば、遺伝的差異はまったく存在しないかのように振る舞うことになってしまうのだ。

　しかしわれわれは、人々のあいだの遺伝的差異を、いつも人間の優劣の観点から語るわけではない。私が、自分の子どもたちは遺伝的に違っていて、その違いは発話能力に現実的な影響を及ぼしていると語るとき、子どもたちの一方が他方よりも「優れている」とか「劣っている」とは金輪際考えていない。言語能力は価値づけられるが、強力な言語能力を持つからといって、一方の子どものほうが他方よりも価値が高いということにはならない。子どもたちのあいだの遺伝的差異は、ふたりの人生にとっては大いに意味があるけれど、しかしその差異は、それぞれの子どもに内在する価値のヒエラルキーを作り出すようなものではないのだ。

　また、そんな差異があるからといって、私がそれぞれの子どもたちの人生に異なるレベルの資源を投資して不平等を固定化することが正当化されたりはしない。むしろ真実はその逆だ。ふたりの子どもの違いに照らして見るとき、「フェアであること」が大切だと称して、ふたりをまったく同じに扱うのが馬鹿げているのは明らかだろう。実際、私は毎週何時間もの時間を、話すことに苦労している子どもの言語能力を伸ばすために投資している。なぜなら、そういう付加的なトレーニングと投資こそは、彼が必要としていることだからだ。

子ども時代の発話のような特定の能力（あるいは能力の欠如）や、きょうだい間の比較という文脈でなら、遺伝的差異に対するわれわれの捉え方は、反平等主義の呪縛をすり抜けて自由になる。おそらくわれわれは、人々のあいだの遺伝的差異を、人間の価値のヒエラルキーに落とし込まずに語ることができるのだろう。おそらくわれわれは、人々の人生の成り行きに差異が生じるのは避けられず、差異があるのが自然なのだと正当化することなく、ある種の人生の成り行きを経験する統計的な可能性を、誰もが等しく持って生まれたわけではないと認めることもできるのだろう。

社会的不平等との関係で遺伝的差異について考えるときには、なぜそれが難しくなるのだろうか？（そしてそれは間違いなく難しいことなのだ。）子ども時代の発話障害とは対照的に、「知能」といった概念は、本来的にヒエラルキーになっているのだろうと考えてしまいがちだ。DNAについて語るとき、「価値（ワース）」という言葉が、突如として油断のならない二重の意味を持ちはじめる――金融資産の市場価値という観点から見た「純資産（ネットワース）」が、人間としての内面的価値とあまりに容易に混同されてしまう。純資産が遺伝的差異と結びつけば、人間の内在的価値もまたDNAと結びついていると思われてしまう。そこで本章では、人間のいくつかの成り行き（アウトカム）――とくに知能テストの成績――に関する遺伝学研究が、人間の優劣に関するさまざまな考えを活性化させるのはなぜかを、歴史を振り返りながら考えてみたい。その後、遺伝学研究は危険だとして拒絶されることなく、おおむね受け入れられてきた表現型――身長、ろう、自閉症――について考えよう。これらの例に目を向けることで、社会的不平等に関する遺伝学研究は必然的に危険なのかどうかに関する直観を拡張することはできるだろうか?

■ 社会的に価値を与えられるのであって、生まれながらに価値があるのではない

おそらくは他のどんな表現型と比べても、知能(標準IQテストで測定されたもの)と教育上の成功という表現型は、劣った人間と優れた人間というヒエラルキーの観点から見られてしまいがちだが、そうなったのはたまたまの偶然ではない。それは周到に作られ、広められた考えなのだ。歴史家のダニエル・ケブレスが述べたように、「(二十世紀初頭の)優生主義者たちは、人間の価値を、自分たち自身は持っているはずだと決め込んだ特質——初等・中等教育や大学教育、そして専門職に就くための訓練を易々とこなすために必要な特質——と同一視したのである」[5]。そしてこの同一視がもっともはっきり表れているのが、知能テストの歴史だ。

最初の知能テストは、アルフレッド・ビネーとテオドール・シモンというふたりの心理学者によって作られたもので、学習に苦労し、とくに援助を必要としている子どもたちを見つけ出す方法を開発してほしいという、フランス政府の依頼に応えた仕事だった。こうして生まれたビネー=シモン式知能テストは、子どもたちに、日常生活でよく出会う実践的作業と学問的作業に取り組んでもらうというものだった。たとえば八歳の子どもなら、お金をかぞえたり、色の名前を言ったり、数字を大きいほうから小さいほうに逆順にかぞえたり、読み上げられた文章を書いたりといった課題が与えられた。

ビネー=シモン式知能テストが成し遂げた大きな前進は、子どもたちに特定の作業をやらせた

ことではなく、ふたつの新機軸を打ち出したことだ。ひとつは、どの子どもにも同じ作業をさせたこと（標準化）。もうひとつは、同じ作業を大勢の子どもにさせることで、ある年齢の平均的な子どもの成績を知り、年齢ごとの平均的な成績と比べて、特定の子どもがどんな状況にあるかを示せるようにしたことだ（基準の設定）。

子どもの体重が順調に増えているかどうかを知ろうとして成長曲線を見たことのある親や、子どもが読み方でクラスのみんなについていけているかを先生に尋ねたことがある親なら、基準の威力はすぐにわかるだろう。友人の子どもの様子を聞くのもいいだろうし、上の子がその年齢のときの様子を思い出すのもいいだろう。だが、それでは本当のところはわからない。十八カ月の子どもの典型的な体重はどれぐらいだろう？　平均的六歳児は、どれぐらい長い文章を初見で読むことができるのだろう？　適切に設定された基準があったとしても、特定の子どもの体重が増えない理由はわからないし、文字を読むのに苦労する理由もわからない。一組の作業に関する基準は、それ以外に社会的価値のある未測定のスキルが存在するかどうかは教えてくれないのだ。しかし基準は、子どもにできることとできないことに関する人々の主観的な直観とは異なる、比較のためのなんらかのデータなら与えることができる。

悲劇的なことに、ビネー＝シモン式知能テストは、完成するやいなや、当時のアメリカ社会をすでに特徴づけていた反平等主義を正当化するための定量的尺度として利用されはじめた。心理学者たちは、測定結果に関していくつか発見をした。子どもたちにある決まった数の作業をさせれば、年齢が上の子どものほうがたくさんの作業をこなすことや、作業の成績が上がるペースが子どもにより違うことや、いくつかの作業の成績に見られる違いは、その後の人生で出会うさまざまな学習で苦労するかどうかについての情報になることなどだ。次に心理学者たちは、新しい考えを発明した——知能テストの成績は、人の優劣を知るために使えるという考えだ。

一九〇八年、アメリカの心理学者ヘンリー・ゴダードは、ビネー＝シモン式知能テストをアメリカに持ち込み、原文のフランス語を英語に翻訳して、何千人もの子どもたちに実施した。一九一四年、ゴダードはその結果を『精神薄弱——その原因と結果』として発表した。[6] その中でゴダードは、いわゆる「精神薄弱」は、身体的にはっきりと識別できると主張した。「彼らの動きはどこかギクシャクして、魅力的には見えない粗野さがあるが、しかしそれらの特徴は多くの点において、彼らが野生人であることをほのめかしている」。

さらにひどいのは、初期の知能テストで得点が低かった人たちは、道徳的にも欠陥があるとされたことだ。知能テストの得点が低い人たちは、「道徳的生活を送るために必要な基本的要素——善悪の区別や、自分をコントロールする力——が欠けている」というのだ。それと同時に、ありとあらゆる「節度のなさや、……社会悪」を含めて、不道徳な行動にともなう「愚かさ、粗雑さ」は、「ある知的形質を示唆している」とされた。知的欠陥と身体的欠陥、そして道徳的欠陥を混ぜ合わせてゴダードが描き出す「精神薄弱」者の姿は、唖然とするほど人間性を剝奪されていた。「精神薄弱」な男または女は、「人間性の未発達な状態」にあり、「人間という有機体のおおざっぱで粗雑な形態」であって、「精力的なけだもの」だとされたのだ。

こうして、ゴダードと彼の同時代人たちは、知能テストの得点を、人間の価値を知るために参照すべき数値と位置づけた。ＩＱが低い人は「原始的」で、身体的には動物のように粗野で、道徳的な責任能力がないとされた。歴史家のナサニエル・コンフォートは、これについて次のように述べた。「ＩＱは、あなたが行うことの尺度ではなく、あなたの人間性の尺度になった。その人が生まれながらに持っている、人間としての価値の尺度になったのである」[7]。まさにその尺度が――「標準知能テストでどれだけ正答したか」ではなく、「人間性がどれだけ原始的か」が――遺伝(ヘレディティ)や遺伝的差異にまつわるさまざまな考えに結びつけられたのである。

ＩＱテストが実施されるのを文字どおり何千回も監督してきた臨床心理学者である私は、ゴダードの本を読んでやりきれない気持ちになった。ゴダードは、哲学の一領域だった心理学を実験科学に変貌させた人物であり、アメリカにおける心理学の創設者のひとりである。彼は、公立学校で特殊教育を受けられるようにするための最初の法律の起草に尽力してもいる。二〇〇二年のアトキンス対ヴァージニア州の裁判で、最高裁判所は知的障害のある人々は死刑に処されるべきではないとの判決を下したが、ゴダードはその判断に大いに喜んだことだろう。彼は、知能の低い人たちは犯罪の責任を軽減されるべきだと法廷で証言した最初の人物だったのだ。今日、犯罪心理学者や臨床心理学者や学校で心理学者として働いている人たちは全員が、ゴダードが創設に力を尽くした分野で仕事をしている（それはちょうど、統計解析を使う人たちはみな、ゴルトン、ピアソン、フィッシャーの業績になにがしかを負うているのと同じことだ）。しかしゴダードは、私にはおぞましく思える考えを確立するために、周到な仕事をした人物でもあった。彼は、知能テストの得点は、人としての価値を測るものだと考えたのである。

百年の時を早送りにすると、知能テストの得点は人間性を知るための参照値になるという考えは、今もＩＱにかかわるあらゆる対話につきまとっている。たとえば、二〇一四年に作家のタナハシ・コーツは、人種間に遺伝による違いがあるかどうかについて、人々が「論争」していることこと〔具体的には、あるメディアのＩＱ論争特集〕に腹を立て、「知能に関する問いは、人間性に関する問いと分かちがたく結ばれている」として、次のように述べた。「人生は短い。あなたは私よりも人間性が足りないのか？　という問題〔ＩＱ論争〕より緊急度の高い――そしてもっと興味深い――問題があるだろう」。コーツのその発言に対し、当惑を隠さない人たちもいた（たとえばアンドリュー・サリバンは、コーツの発言は「正真正銘、私を悲しませる」と述べた）[8]。しかし、そんな当惑の身振りとはうらはらに、そこには知能テストの歴史に対する作為的な無知がある。コーツの修辞的な言い回し――「あなたは私よりも人間性が足りないのか？」――は、知能テストの初期の提唱者たちが本気で問うたことなのだから。

知能と教育の成功について論じるとき、この歴史を無視することはできない。実際、そんな歴史があることを踏まえて、何人もの学者たちが、標準テストや「知能」といった概念は完全に捨ててしまおうと主張してきた。その観点に立つなら、知能という概念そのものが本来的にレイシズム的であり、優生学的であって、どれかひとつの人種グループの内部においてさえ、正統的な方法では知能を研究できないことになる。歴史家のイブラム・X・ケンディは、著書『アンチレイシストであるためには』の中で、激烈な言葉でこの立場を表明した。「適性や知能を測定するために標準テストを用いることは、黒人の心を貶め、黒人の身体を合法的に排除するために、かつて考案された中でもっとも効果的なレイシズムポリシー〔ケンディは著書の中で、ポリシー（policy）という言葉を、「明文化されているものもそうでないものも含めて、人々を支配している法律、規則、手続き、プロセス、規制、ガイドライン」と定義している〕のひとつなのだ」[9]。

このように、知能と学歴に関する分子生物学的研究は、たとえヨーロッパ系の祖先を持つ集団内の個人差を理解することだけに焦点を合わせていたとしても、そんな仕事に手を染めるのは、毒の木の実を口にすることだと考える人たちがいるのである。

だが、人種とレイシズムに注目する作家たちの中には、IQテストは、元の意図はどうであれ、差別的政策の効果を理解するための価値ある道具になると結論する人たちもいる。ケンディその人も述べているように、人種間の不平等のありかを突き止めることは、彼が「転移性のレイシズム」と呼ぶものと戦うためには決定的に重要なのだ。

> 人種的不平等を特定することができなければ、レイシズムポリシーを特定することもできない。レイシズムポリシーが特定できなければ、それに対して異議を唱えることもできない。レイシズムポリシーに異議を唱えることができなければ、レイシズム権力が狙う最終的解決は達成されるだろう――すなわち、誰ひとりとして抵抗することはおろか見ることすらできない、不平等な世界が実現するだろう。

寿命や肥満、妊産婦死亡率といった、健康上の成り行き（アウトカム）の人種間不平等を記録することの重要性は明らかだろう。格差を測定することができなければ、格差をなくしたり、政策がそれらの不平等に及ぼす影響を調べたりすることもできない。たとえば、一九六五年から一九七五年[10]までの十年間に、南部の病院で人種隔離を廃止したことで、黒人と白人の乳児死亡率の格差が大幅に縮まったという事実を知るためには、最低でも、乳児死亡率を**定量化**することができなければならないのだ。

健康の人種間不平等を記録するということは、体のあらゆる部分の人種間不平等を記録するということでもある――そしてそこには脳も含まれる。実際、レイシズムポリシーの中には、子どもたちの脳が望ましいかたちで発達するために必要な社会的、物理的環境を奪ったり、神経生物学的な毒に暴露させたりすることにより、子どもたちの健康を害するものがある。

鉛を例に挙げよう。二〇一四年に、ミシガン州のフリント市が、飲料水の供給源をヒューロン湖からフリント川へ切り替えたときのこと、市の住人――そのほとんどは黒人だ――は、すぐさまその切り替えに苦情を言った。CBSニュースの初期の見出しは、「こんな水は、私は犬にさえ飲ませない」だった[11]。新しい水道水には腐食性があった。その水がフリント市の古い鉛の水道管を流れるうちに、鉛が飲料水に入り込んだ。フリント市街でもとくに鉛の含有量が多かった地域では、血液中の鉛のレベルの高い子どもの割合が三倍に跳ね上がって一割を超えた[12]。高濃度の鉛にさらされたのは、黒人の子どもの人口集中度がもっとも高い地域だった。その子どもたちを害する要因が複合的に襲いかかり、ミシガン州の人権委員会は、この「鉛中毒危機」は、「制度的人種差別主義（システミック・レイシズム）」に根ざしたものだと結論した[13]。

神経毒としての鉛の影響を測定するためには、どんな道具が使われるのだろうか？　IQテストである。鉛被曝の結果としてIQの低下が示され、研究者と政策担当者は、鉛の影響が些細で一時的なものだとは言えなくなった。しかもこれはほんの一例にすぎない。ハリエット・ワシントンは、著書『無駄にするのはひどいこと』［（"(a mind is) a terrible thing to waste"）アフリカ系アメリカ人の教育団体が過去数十年にわたりスローガンにしてきた言葉で、きちんとした教育を受ければ生かされる人材を無駄にしているという意味］の中で、有毒廃棄物や空気汚染のような環境危機にさらされるのは、圧倒的に有色人種であることを示した。さらにワシントンは、抽象的な推論能力を測定する尺度として提案されているIQテストは、彼女が「環境レイシズム[14]」と呼ぶものの有害性を定量化するために、現状では必要不可欠な道具だと論じる。「今日のテクノロジー社会において、IQテストで測定される種類の知能は、成功ともっとも密接に関係した能力とみなされている。……IQはあまりにも重要で、無視したり、消えてなくなってしまえと願ったりするわけにはいかないのだ[15]」。

　ワシントンは正しい。IQテストで測定されるスキルは、たくさんある人間のスキルや才能のほんの一部にすぎないとはいえ、重要ではないから消えてなくなってしまえと願うわけにはいかないのである。アメリカやイギリスなど西側の高所得の国々では、標準認知テスト（古典的なIQテストや、IQテストの得点と高い相関があるSATやACT［(American College Test) SATほど有名ではないがやはり高校生が受ける大学進学のための標準テスト］など教育上の選抜で利用されるテスト）[16]の得点は、われわれが大切に思うことの成り行き（アウトカム）を統計的に予測する――そして、われわれが大切に思うことの中には、人生そのものも含まれるのだ。十一歳の時点でIQテストの得点が高い子どもは、七十六歳の時点でまだ生きている可能性が高い――そしてIQと長寿との関係は、その子どもの家族が属する社会階層によっては説明がつかないのだ[17]。SATの得点は、IQと〇・八の正の相関があるが[18]、SATの得点が高い生徒は、大学での成績が良い（優秀な学生は、より難しい専門を選ぶという事実を補正すると、相関はさらに高くなる）[19]。低い年齢でSATの得点がずば抜けて高い早熟な生徒たちは、STEM分野で博士号を取り、特許を取得し、アメリカの上位五十の大学で終身在職権を得る見込みも、高い所得を得る見込みも大きい[20]。

　環境レイシズムと戦うための道具として知能テストを再生させようというワシントンの探究には、定量的な研究のツールはさまざまな偏見に挑むために利用できると主張してきた、他の有色の学者たちやフェミニズムの学者たちの努力が反映されている。たとえば、フェミニストのアン・オークリーは、定量的な方法は捨て去れという立場を擁護するような「フェミニズムの主張」は、「究極的には［人々を束縛から］解放するという社会科学の目標のためには役立たない」と論じた。[21]また、テキサス大学での私の同僚であるケヴィン・コクリーとジャーミン・アワドは、「心理学の歴史上、最悪の事態のいくつかは、その時代の偏見を正当化して成文化するために、定量的方法を使用したときに起こった」と述べた。[22]しかし、ふたりはそれに続けてこう述べているのである。「定量的方法が本来的に抑圧的なのではなく」、実際、「多文化的で有能な研究者たちと、社会正義にコミットする学者で活動家でもあるような人たちに利用されるなら、［定量的方法は］人々を解放する道具になりうる」。

知能テストは、優生学推進論者たちによって、人が生まれながらに持つ価値を測定する方法と位置づけられた。その結果として生じた人間の優劣のヒエラルキーは、レイシズム的で階級差別主義的な社会の、もっとも醜い前提を都合よく認めるものだった。今日の知能テストは、認知機能の個人差を調べるための道具であり、その機能は、われわれのこの社会において、学校の成績や仕事の成果、さらには寿命の長さまで、幅広くさまざまなことに関係している。難しいのは、今日の知能テストの役割を否定することなく、今に続く優生学の負の遺産を拒絶することだ。子どもの発話障害の程度を測定する方法と同じく、知能テストは、ある人物の価値を教えるものではないが、価値があるとされる何かを、その人が行えるかどうかなら教えてくれるのである。

■良い遺伝子、悪い遺伝子、高身長の遺伝子、ろうの遺伝子

「生まれながらに価値がある」のと、「社会的に価値づけられる」のを区別しようと言われても、知能テストの成績についてわれわれが知っていることに、その区別を当てはめるのはなじまないと感じるかもしれない。しかし、そのふたつを区別することがわりと普通に行われている、三つの表現型に目を向けることならできる。すなわち、身長、ろう、そして自閉スペクトラム症である。

第二章では、見上げるほど背の高いNBA選手、ショーン・ブラッドリーの話をした。彼は身長を高くさせる遺伝的バリアントを、非常にたくさん受け継いだのだった。身長は、人々のあいだの遺伝的差異が、特定の文化的・経済的なシステムによって選び取られ、社会経済的なステータスに違いを生む場合があることを示す、もっとも簡単な例かもしれない。ブラッドリーは、NBAの選手としての経歴の中で――それは彼の身長が二百二十九センチメートルではなく百八十センチメートルだったらありえなかった経歴だ――約七千万ドルを稼いだ（身長を高くさせる遺伝的性質から経済的恩恵をこうむるのはバスケット選手だけではない。ある分析によると、一般的な人口集団で、身長が一インチ高くなるごとに、年収が八百ドル増えるという）。

ブラッドリーが、身長を高くさせる遺伝的バリアントをたくさん受け継いだ自分は「ラッキー」だと思うと語るとき、彼は明らかに、自分は良い運の恩恵をこうむったと言っているのだ。実際、英語で普通に「ラッキー」と言うとき、そこには暗黙の価値判断が入っている――その「運」は幸運であって悪運ではなく、豊かさであって飢餓ではないということだ。しかし、こと

DNAに関するかぎり、「幸運」か「悪運」かの価値判断がつねに下せるわけではない。もしもあなたが*HBB*遺伝子の特定のバージョンをひとつ受け継いでいれば、あなたの身体のマラリア耐性は高いだろう。しかし、もしもそのバージョンの遺伝子をふたつ受け継いでいれば、あなたは鎌状赤血球性貧血を発症するだろう。あなたの身体はじりじりと酸素欠乏に陥り、ついには死に至るだろう。変異したバージョンの*HBB*遺伝子を受け継ぐことが幸運か悪運かは、明確な答えのない問題なのだ。

　何が遺伝的に「幸運」なのかという通念に疑問を投げかけるコミュニティーの中でも、とくに先鋭的なのが、ろうのコミュニティーだ。ここで傍点付きのろう〔原文では大文字で始まるDeaf〕は、共通言語（アメリカ手話）を持つ独自のサブカルチャー〔同じ文化・社会の中で他とは異なる特徴を持つ集団〕を表し、普通文字のろう〔小文字で始まるdeaf〕は、耳が聞こえないという症状を表す。キャロル・パッデンとトム・ハンフリーズが、著書『「ろう文化」案内』に書いたように、ろう文化は、「同様の身体的条件を持つ人たちとの単なる仲間意識ではなく、文化という言葉の伝統的な意味において、他の多くの文化と同じく、歴史の中で紡がれ、世代から世代へと積極的に伝達されてきた文化」なのである。[23] 人は言語病理学と聴覚科学の検査で、ろうと診断される。誰かがろう者であるかどうかを判断するやり方は、誰かがオランダ人かどうかを判断するやり方と同じではないのだ。

　およそ千人にひとりの幼児が、生まれつきのろうである。酸素欠乏やサイトメガロウイルス感染や風疹などのために出生時にろうになることもあるが、生まれつきのろうの約半数は、遺伝的に引き起こされたものだ。[24] 先天性のろうの遺伝的構造は、身長の場合などと比べてはるかに単純である。先天性のろうのほとんどは、多くの遺伝子の絡み合いで起こるのではなく、単一の遺伝子の変異により引き起こされている。

アメリカで先天性のろうの原因として一番多いのは、*GJB2*遺伝子の潜性のバリアントである。この遺伝子は、コネキシン26というタンパク質をコードしており、このタンパク質のおかげで、カリウムなどの小さなイオンが細胞間を行き来することができる。[25]「潜性」とは、普通は背景に潜んでいるという意味だ。あなたはそのバリアントを持っているかもしれないが、その存在に気づくことはない。しかし、もしもその潜性のバリアントを父親と母親からそれぞれひとつずつ、合わせてふたつ受け継げば、その効果は背景に潜むのをやめて、生まれた子どもは先天性のろうになる。バリアントが潜性なので、ろうの世代間伝達は、メンデルのマメの場合のようになる――耳が聞こえる人とろう者のあいだの子どもは耳が聞こえる可能性が高いが、耳が聞こえるほうの親が、やはり潜性のバリアントを持つ場合はそうではない。ただしその場合でも、子どもの耳が聞こえる可能性は五分五分である。親がふたりともろう者であっても、もしもそれぞれの親のろうが別の遺伝的変異によって引き起こされたものなら、子どもの耳は聞こえる可能性がある。

遺伝くじの結果(アウトカム)としては、耳が聞こえる子どもが生まれる可能性が高いことから、ろう者である親の中には、自分たちが望む結果――ろうの子ども――を求めて、打てる手は打つという人たちがいる。二〇〇〇年代のはじめ、生まれつきのろう者であるキャンディス・マカルーとシャロン・ダシャスノーは、ろうの子どもを妊娠する目的で、精子提供者――ふたりの友人で、五代続くろうの家系の人――を選んだとして国際的に話題になった。このカップルは、子どもをふたり得たが、ふたりとも期待通りに先天性のろうだった。「ジャーナル・オブ・メディカル・エシックス」は、彼女たちの行動の理由について次のように書いた。「ろう社会の他の多くの人たちと同じく、このカップルは、ろうを障害とは考えていない。ふたりはろうを文化的アイデンティティーとみなし、他の手話者と完全にコミュニケーションを取ることのできる洗練された手話は、自分たちの文化を定義するものであり、手話があれば、自分たちはひとつに結びつくことができると考えているのだ」[26]。

ゲノム測定技術が猛スピードで発展する中、遺伝というトランプ・カードの積み方に、新たな可能性が出てきた――着床前診断である。これにより、体外受精で複数の胚を得たカップルが遺伝病のスクリーニングを行い、胚のひとつを選んで着床させ、他は捨てることができるようになった。着床前診断が話題になりやすいのは、いわゆる「デザイナーベビー」を作る方法になりうるからだ。つまり、社会的には望ましいとされるかもしれないが、医学的にはとくに必要のない特徴である身長や目の色によって胚を選べる可能性が出てきたのだ。しかし、可能性ということで言えば、「負の」選択をすることもできる――親になろうとしている人の大部分にとっては望ましくない特徴、たとえばろうの胚を選択するのである。アメリカで不妊治療を行うクリニックを対象とした画期的な調査によると、少数のクリニック（三パーセント）は、病気や障害を持つ胚を親が選択するのを助けるために着床前診断を行っていることを認めた[27]。同様に、ろうである親に対して行われた調査によると、少数の人たちが、遺伝子検査で胎児の耳が聞こえることがわかれば、中絶を考えることが明らかになった。

イギリスには、「重大な身体的または精神的障害」を引き起こす遺伝的異常を持つ胚を選択するために着床前診断を利用することを禁じる、「ヒト受精と胎生学に関する法律」があるため、着床前診断を負の選択をするために利用することはできない。「異常」とレッテルを貼られることに怒ったろうコミュニティーのメンバーの中には、この法律に抗議する人たちもいた——自分たちのことを、生まれないほうがよかった悲惨な存在と決めつけ、どんな家族を作るかを決定する自由を侵すものだと考えたのだ。[28] ろうの子どもをひとり持ち、ふたり目を妊娠するために体外受精を行おうとしていたポーラ・ガーフィールドとトメイト・リッチーのイギリス人カップルは、「ガーディアン」紙の取材に応えてこう語った。「ろうだからといって障害者ではないし、医学的に不完全というのでもありません。ろうであることは、言語的マイノリティーに属しているということなのです。われわれはろうであることを誇りに思っています。ろうの医療的な側面を誇りに思うのではなく、自分たちが用いる言語と、自分たちがその中で生きるコミュニティーを誇りに思っているのです」。[29]

ろうである親が、ろうの子どもが生まれるように手を尽くす——精子や卵子の提供者を選択したり、選択的中絶を行ったり着床前診断を利用したりする——ことは許されるべきかどうかという問いには、複雑な法的・倫理的問題がいくつもあり、ここでそれらの問題の解決を試みるつもりはない。私の目標はもっと単純なことだ。私は次のことを指摘したい。ろうコミュニティーは、ろうの子どもを妊娠するために生殖テクノロジーを利用する権利を主張することにより、遺伝的差異と、人間的な問題に運が果たす役割、そして社会的（不）平等とのあいだには、これまでに考えられていたものとは異なる関係性があることに気づくよう、われわれに働きかけているのだと。

少し前に述べたように、人間の差異に関する生物学の諸理論、とくに遺伝学の理論は危険だという見方が広く行き渡っている。もしも私が、人々のあいだの遺伝的差異は、知能や社会的地位に影響を及ぼすと言えば、それとは別の主張をしているものと聞かれてしまいがちだ――現に存在する社会的不平等は自然なことであり、不平等は避けられず、修正不可能で、正義に適うことだと主張しているものと聞かれてしまうのだ。そして、もしもあなたが周囲を見渡し、ひどく正義にもとるように見える不平等の存在に気づいたとすれば、そして、その不平等が是正された別の世界を思い描くことができれば、あなたは自分が聞いた生物学的主張に反対したくなるだろう――そんな研究は間違っているとか、そんな研究はそもそも行うべきではない、と。

しかし、ろうに関しては、そういう受け取り方はしない。聴力に差異を引き起こすような生物学的差異が存在すると主張したからといって、反射的に顔をしかめる者はいないのだ。

だからといって、ろうには優生学によって引き起こされた残虐行為の歴史がないというわけではない。ナチスドイツでは一万七千人ほどのろうの大人が断種され、二千人ほどのろうの子どもが殺され、ろうの胎児を妊娠していると疑われた女性は強制中絶させられた。[30]今日なお、ろうコミュニティーに属する人たちの多くは、ろうである者を精子提供者から排除したり、ろうとして生まれるとみられる胚や胎児が生まれないように生殖テクノロジーを利用することを、一種のジェノサイドとみなしている。[31]

しかし、そんな優生学の歴史があるにもかかわらず、遺伝子がろうを引き起こす場合があることを否定する者はいない。とくに、ろうの遺伝的構造は比較的シンプルなので、この問題について合理的な論争は起こりようがないのだ。

ろうは、社会的不平等や社会的地位とも関係がある。ろうであるということは、社会的に不利な立場に立たされるという状況を生み出す。ろうの遺伝子を持つ胚を選択するということは、耳が聞こえる子どもよりも、勉強面でも、経済的にも、就職に際しても、苦労する可能性が高い胚を選ぶということだ。われわれは、遺伝子がろうを引き起こすとか、音声言語が使われることが多い学校システムの中で、ろうの子どもが勉強で成功するのは難しいとか、子ども時代の勉強の障害によって、成人後は経済的、職業的困難になる可能性があると述べることには、とくに気まずさを感じないのが普通だ。

もちろん、ろうに及ぼす遺伝の影響は、知能や学歴や収入に及ぼす遺伝の影響とは仕組みが異なる。この両者では、遺伝的構造――遺伝子をそれぞれの成り行きに結びつけるメカニズム――が違うのだ。しかもそれだけでなく、このふたつの経験的な問いに関しては、解釈の仕方にも明らかな違いがある。ろうを障害として否定的に捉えるのではなく、違いとして認めさせようとしてきたろうコミュニティーの努力には、社会的に価値づけられた形質には遺伝的差異があると認めることと、すべての人間は等しく作られたという平等主義の断固たる主張とが、肩を並べて共存しているのだ。そんな調和的共存は、教育の成り行きに関係する遺伝的差異について語る場合は、想像するのも難しいと思うかもしれない。しかし、ろう/ろうをめぐる意見には、われわれにも借用できる考え方が三つある。

第一の考え方は、ろうを引き起こす遺伝子は、道徳的にはたまたまの偶然であって意味はないというものだ。そして、その考えは正しい。*GJB2*遺伝子のどのバリアントを持って生まれるかは、その当人の手柄でもなければ落ち度でもない。常染色体上の潜性遺伝子のアレルをひとつまたはふたつ受け継いだからといって、褒賞(ほうしょう)に値するわけでも、罰を受けるに値するわけでもない。実際、優生学は「良い」「悪い」という価値のレッテルをゲノムに投影しがちだが、そんな投影のあり方は、多くの人は好ましいと思わないであろう遺伝的バリアントをあえて選び取ろうとするマイノリティーの意思により、着実に突き崩されているのである。

第二の考え方は、ろうであることは、ろうそのものが、道徳的にはたまたまの偶然であって意味はないというものだ。ろうであることは、耳が聞こえることと比べて、徳が高いわけでも低いわけでもない。空気の振動を電気的な信号に変換し、その電気信号を脳の側頭葉に送る能力は、精神生理学的な基本プロセスだ。人々がそれを意識的にコントロールすることはほぼ不可能であり、それができないからといって負うべき責任はない。聴覚は機能であって、徳ではないのである。

第三の考え方は、ろうコミュニティーは、社会に対する要求の基礎を、機能の違いに置いているということだ。その機能の違いは、遺伝子によって（あるいは誕生時の低酸素症のような環境によって）引き起こされたもので、当人にはコントロールできなかったものである。また、ろうコミュニティーは、自分たちの不幸を埋め合わせるために哀れみをかけてほしいと言っているのではない。エリザベス・アンダーソンが述べたように、「ろう者は、耳の聞こえる人たちに対し、自分たちを哀れんでくれと言っているのではなく、ろう者がおのれの人生とコミュニティーに対して抱く誇りを示すことにより、当然の権利を要求しているのである」[32]（強調は本書の筆者が付け加えたもの）。

全体として、ろうの遺伝学とろうの政治学との関係は、政治哲学者ジョン・ロールズの考えと調和する。ロールズはこう論じた[33]。

自然な［生まれつきの才能や資産の］分布は、正義にかなうものでも、正義にもとるものでもない。……それは単なる自然の事実にすぎない。正義にかなったり、正義にもとったりするのは、制度がそれらの事実に向き合うときのやり方なのだ。貴族制社会やカースト制社会は、多かれ少なかれ閉鎖的で特権化された社会階級に［人々が］属する原因を、偶然の結果に求めているから正義にもとるのである。こういう社会の基本構造には、自然界に見出せる偶発性が組み込まれている。しかし、人間がこうした偶発性を受け入れなければならない必然性はないのである。社会システムは、人間のコントロールを超えた変更不可能な秩序ではなく、人間活動のひとつのパターンなのだ。

この部分のどのセンテンスも、ろう／ろうのいずれかの側面に結びつけることができる。ろうの子どもか耳の聞こえる子どもが生まれる遺伝くじが「自然の事実」であって、フェアでもアンフェアでもなく、正義にかなうものでも正義にもとるものでもないのは、雷がうちの裏庭に落ちて隣家の裏庭には落ちなかったからといって腹を立てるわけにはいかないのと同じことだ。しかし、「自然界に見出せる偶発性」は受け入れるしかないとして放置する必要はないし、放置してはならない。ろうであることが、変更不可能な秩序——ろう者は永遠に下層階級に割り振られ、貧困のうちに社会から排除されて一生を送らなければならないような秩序——を作り出す必然性はない。実際、われわれは「アメリカ障害者法」のような法律を成立させることにより、聴力の自然な分布の一端に位置する人たちが、より十全で平等な存在として経済的社会的生活に十分に参加できるよう、人間の行動のパターンを変化させてきたのだ。

ロールズ的なこの考えは、自閉スペクトラム症を持つ人たちを中核とする「ニューロダイバーシティ」運動にも生きている。「スペクトラム上にある（on the spectrum）」という言葉は、今では一般の人たちの語彙にも入り込み、校庭でクラスメートをからかったり、奇妙な行動に無責任な説明を与えたりするときにも使われている。この表現があまりにも普通になったため、その基礎にあるメタファーはほぼ忘れられてしまった。しかし「スペクトラ」［スペクトラムの複数形］とは、実は虹のことなのだ。光がさまざまな波長に分かれると、波長ごとに人間の目には違った色に見えるため、色合いが次々と移り変わる光の帯になる。「スペクトラム」のメタファーは、違いがなめらかに移り変わる様子を捉えているが、それと同時に、人間はさまざまな経験を圧縮してカテゴリーに落とし込む必要があるという事情も捉えている。

　自閉症がスペクトラムになっているということは、スペクトラム上にある大人の多くは、重度の自閉症に特徴的な機能障害（自傷行為、ひとりでトイレが使えない、言葉をまったく発しない）に苦しんではいないということでもある。しかしたとえそうだとしても、スペクトラム上の人たちは、自分のことを、より広い自閉症者コミュニティーの一員だと思っているのではないだろうか。過去十年間に、高機能［知能の低くない］自閉症の人たちや、スペクトラム上にある人たち、そしてその親族や支援者たちが、ニューロダイバーシティの旗の下、公共政策にかかわる局面で自閉症に関する発言や報道を作り替えてきた。ニューロダイバーシティを唱道する人たちにはさまざまな目標があるが、そのひとつは、自閉スペクトラム症（およびADHDをはじめとするその他の症候群）の認知上・行動上の特徴は、必ずしも人間の認知機構のバグではなく、むしろ潜在的な特性なのだと論証することだ。ニューロダイバースな人たちは、適切な条件があれば、希少価値のあるスキルを発揮するかもしれない。しかし、たとえどんな分野においてであれ賢者のような能力は持たないとしても、ニューロダイバースな人たちは、ここでもまたエリザベス・アンダーソンの言葉を借りるなら、「自分の人生とコミュニティーに誇りを持っており」、それにふさわしい敬意を表すよう、社会に対して求めているのである。

実際、ロールズの言う「人間の行動パターン」が変化し、自閉スペクトラム症の人たちが、もっと十全なかたちで、職業生活や経済生活に参加できるようになりつつあることを示す例が増えている。たとえば、軍隊の中には、自閉スペクトラム障害を持つ十代の若者たちに集中的な訓練を提供し、視覚情報の細部やパターンに高い集中力を発揮する若者たちが、衛星画像を精査できるようにしているところがある。[34] あるいはまた、「ハーバード・ビジネス・レビュー」に掲載されたある記事は、「ニューロダイバーシティには、競争力の点で利点がある」と指摘したうえで、ハイテク企業に対し、「求人や人選、あるいは人材育成の方針には、才能の定義としてもっと幅広いものを反映させるよう」アドバイスした。[35] そのアドバイスに従い、ウェブサイトやソフトウエアの品質チェックを行うハイテクコンサルティング企業のＡｕｔｉｃｏｎは、もっぱら自閉スペクトラム症の人たちを雇うことにした。その結果として、職場で成功するためには、暗黙の社会的合図を読み取る能力はあまり重要ではなくなった。[36] すると今度は、そうして雇われた人たちが、新たな職場カルチャーを形成しはじめた。また、経営陣は、蛍光灯の光や塗料の色などの物理的刺激が、あまり強すぎないよう、そして刺激にムラがないよう注意を払うようになっている。

ろうコミュニティーと同様、ニューロダイバーシティ運動も、自閉スペクトラム症への遺伝的影響を小さく見せかけようとはしていない。実際、自閉症に遺伝の影響があることは、この運動の根幹だとみなされている。たとえば、サイコロジー・トゥデイ［(Psychology Today)一九六七年創設の、心理学と人間行動に焦点を合わせた報道機関。ウェブサイトには、この分野に関連する専門家や関係者による記事が多数掲載されている］のウェブサイトに投稿された、自身がアスペルガーだという人の記事では、「ニューロダイバーシティ」を、「自閉症やＡＤＨＤのような神経学的差異は、ヒトゲノムの正常で自然な多様性の結果だとする考え」と定義している。[37] 遺伝学研究を受容するこの姿勢は、一般大衆にも広がりつつある。今日では、アンチワクチンの過激派を別にすれば、自閉スペクトラム症には遺伝子の影響はないと論じる者はほとんどいない。

身長の高さや、自閉症になるかどうかや、ろうに生まれつくかどうかを理解するためには遺伝学が重要だと認めても論争になることはまずない。これらのコミュニティーは、遺伝的にはすべての人が同じだから、平等とインクルージョンが必要だと言っているのではない。遺伝子はかならずしも修正されるべき問題ではないし、修正されるべき唯一の問題でもない。人は修正されるべき問題ではないのである。修正されるべきは、その人たちが参加しやすいように社会を作り替えることに対して後ろ向きな、社会のほうなのだ。

それと同じく、高所得の国々の公教育システムにおいて価値づけられている認知能力や非認知的スキルを伸ばしていくのはどういう人かを理解するために、遺伝学は重要だと認めてもかまわないだろう。平等とインクルージョンが必要だという主張を、遺伝的にはすべての人がみな同じだとか、遺伝的性質は人間の心理には影響を及ぼさないとかいう前提の上に打ち立てる必要はないのだ。修正されるべきは、人々がどんな遺伝的バリアントを受け継いでいるかによらず、この国の社会的・経済的生活にすべての人が十分に参加できるように社会を作り替えることに後ろ向きな、社会そのものなのである。

したがって、問題は次のことだ。「自然の偶発性」を、硬直したカースト制として具体化させないためには、どんな公共空間、労働条件、医療へのアクセス、法典、社会規範を新たに思い描けばいいのだろうか？　これはポストゲノムの時代において、すべてに先んじる重要な問題だ。次の最終章では、ポストゲノム時代の政策について考えるが、そこでの議論には、この重要問題を組み込むことにしよう。

第十二章　アンチ優生学の科学と政策

二〇二〇年のアカデミー賞最優秀作品賞を受賞した、ポン・ジュノ監督による韓国映画『パラサイト　半地下の家族』は、心臓の弱い人には勧められない映画だ。あるシーンでは、借金取りから逃げている男が、窓もない地下の掩蔽壕（えんぺいごう）に何年間もひそかに住みついていたことが明らかになる。また別のシーンでは、土砂降りの雨が、貧しい家族の半地下のアパートに流れ込み、茶色く濁った下水があふれだして胸の高さにまで浸水する。その家の娘はなすすべもなく、汚水が噴き上がるトイレの蓋の上にしゃがみ込み、タバコに火をつける。

絶望的な環境に置かれたこれらの登場人物が、裕福なパク家を介してひとつに結びつく。パク家の奥様は、洪水で家をめちゃくちゃにされたばかりの男が運転する車の後部座席にすわり、靴を脱いだ足を助手席の背もたれに放り上げて、大雨のおかげで大気汚染が洗い流されて気持ちがいいとか、そうだ、パーティーを開こう、お誂え向きのお天気になったから、などとあっけらかんと言い放つ。奥様は、水害のため避難所で一夜を過ごした運転手の悪臭に顔をしかめる。それを見る観客は、彼女の無神経さに顔をしかめる。

『パラサイト』は、コミカルなシーンと凄惨なシーンを行き来しながら、階級格差に確固たるスポットライトを当てる。その階級格差はまさしく、遺伝学研究に批判的な人たちが、この分野の研究が自然化させ、定着させるのではないかと恐れている種類のものだ。パク家の旦那様はメリトクラシーの権化のような人物で、ハイテク企業の社長として激務をこなし、仕事が終われば妻とふたりの子どもたちのいる家に帰る。金持ちの家で運転手として働き、仕事が終われば地下鉄で家路につくような人たちは、古い切り干し大根みたいな臭いがして、周りの人たちの鼻つまみだなどと、旦那様と奥様は語り合う。拡大するおのれの特権と、使用人たちが味わう日々の屈辱に対し、許しがたいほど無関心なパク家の人たちにとってみれば、使用人たちは「自然本性として」劣っているのだと「科学」がお墨付きを与えてくれたなら、どんなに都合が良いことだろう。

　これは優生学の亡霊だ——遺伝学は、「ひとりひとりの人間が持つ固有の価値によって階級づけられた、人間存在のヒエラルキー」を確立するために利用されるだろう、そしてそのヒエラルキーは、「自由、資源、福祉の分配における不平等」を作り出すために利用されるだろう、というのがそれだ。[1] 今述べたことの前半部分は、優生学イデオロギーの核心である。そして後半部分は、優生学的政策の影響である。

　過去数十年にわたり、私自身がそうだったように、社会行動への遺伝の影響を研究すると同時に平等主義の価値観を持つ科学者たちは、何をすべきではないかを論じることにより、優生学の亡霊と戦おうとしてきた。実際、本書はかなりの紙幅を割いて、その種の議論を取り上げてきた。遺伝の影響を決定論的なものだと解釈してはならない。社会政策によって社会を変化させる可能性を諦めてはならない。社会的に価値づけられた成り行きを、人間の価値と混同してはならない。しかし、優生学のイデオロギーと優生学的政策に役立つような遺伝学研究の使い方はしないとして、では、遺伝学研究を使って何をすべきなのだろうか？

ひとつのアプローチは、優生学という魔人を瓶から出してしまわないように、驚くべき一貫性をそなえた遺伝学という広大な科学知識の体系をなかったことにして、完全に目をつぶるというものだ。しかしそのアプローチは、カラーブラインドネスという間違ったイデオロギーとよく似た誤りなのである。カラーブラインドになろうと、つまり「人種の違いは見ない」ようにしようと主張したところで、人種とレイシズムの威力が消えてなくなるわけではない。それどころか、不平等を生み出している制度的（システミック）な力に気づくことができなければ、その力が、中立性と受動性の仮面をかぶり続けることを許してしまうことになるのだ。正義にかなう社会秩序を作るためには、カラーブラインドネスではなく、アンチレイシズムの立場に立つ必要がある。[2] それと同様に、人々のあいだの遺伝的差異には意味がないと主張したところで、ゲノムの威力が消えてなくなるわけではない。むしろ、不平等を作り出す制度的な力としての遺伝くじに気づくことができなければ、優生学的遺伝学の思うツボだ――遺伝に関連する不平等が批判的検討を免れて、「自然」なことであるかのように生き延びるのを許してしまうのだ。正義にかなう社会秩序を作るためには、遺伝子ブラインドネスではなく、アンチ優生学の立場に立つ必要がある。われわれは、社会学者ルハ・ベンジャミンが提起した次の問いに向き合わなければならない。「最先端の科学技術を、人々を抑圧から解放するという目的にもっと役立てるためには、そして、新たな科学技術のあり方を思い描くためには、どうすればいいのだろうか？」[3]。

優生学のイデオロギーは過去百年にわたり、ヒエラルキーの確立と抑圧的政策の推進のために遺伝学を利用する方法を作り上げてきたのだから、アンチ優生学の立場に立つわれわれは、完全に出遅れている。そこでこの最終章では、科学と政策が積極的にアンチ優生学の立場に立つとはどういうことかについて、対話を始めることができればと思う。その目的のために、まず五つの一般原理を示そう。

1　人々の生活を改善するために利用できる、時間、金、才能、道具を無駄にするのはやめよう。
2　遺伝情報を、人々を分類するためではなく、機会を改善するために利用しよう。
3　遺伝情報を、排除のためでなく、平等のために利用しよう。
4　運が良いことと立派であることを混同しないようにしよう。
5　自分が何者であるかを知らなかったとしたら、自分はどう振る舞うだろうかと考えてみよう。

これら五つの原理について、三つの立場の違いを明らかにしていこう。第一の優生学の立場は、遺伝の影響を、不平等を自然化するものと位置づける。もしも社会的不平等に遺伝的な原因があるのなら、その不平等は「自然な」秩序の現れであって避けようがないとする。この立場に立って遺伝情報を利用すれば、人々を「自然な」秩序に効果的に割り振ることができる。第二のゲノムブラインドな立場[4]は、遺伝データを社会的平等の敵とみなし、いかなる遺伝情報も、社会科学の研究や政策立案のために使ってはならないとする。この立場は、可能な限り知るまいとする——科学者は、遺伝的差異や、その差異が社会的不平等に結びつく仕組みを研究してはならないし、科学者ではない人たちは、どんな目的のために作られたいかなる科学情報であれ、遺伝に関する情報はいっさい利用してはならない、と。これらふたつの立場と対照的なのが、私の提案するアンチ優生学の立場だ。この立場は、遺伝の知識を使ってはならないと主張するのではなく、むしろ遺伝の科学を利用することで、自由、資源、福祉の分配に不平等をなくそうと主張する。

■時間、金、才能、道具を無駄にするのはやめよう

優生学：遺伝の影響があるという証拠を示すことで、介入によって人々の暮らしを改善する可能性を否定しようとする。

ゲノムブラインド：たとえ資源を無駄にし、科学の進展を遅らせることになっても、遺伝的差異は無視する。

アンチ優生学：遺伝データを利用することで、人々の生活を改善し、成り行き(アウトカム)の平等化を効率的に進められるような介入の探究を加速しようとする。

「あらゆることに遺伝性がある」。格言のように言い表されたこの事実は、今から二十年以上前に、エリック・タークハイマーが「行動遺伝学の第一法則」として提唱したものである。[5]そして

当時タークハイマーがやろうとしていたのは、それまで何十年ものあいだ、おそらくは真実だろうと思われていたことを定式化することだった。著名な進化生物学者であるテオドシウス・ドブジャンスキーの言葉は、ふたたび引用するに値する。「人々には、能力、活力、健康、性格やその他、社会的に重要な形質において違いがある。そしてこれらあらゆる形質の偏差は、部分的には遺伝によって条件づけられていることを示す、決定的とは言えないまでも十分な証拠が得られている。注意してほしいのは、［遺伝によって］条件づけられるというのは、ひとつに決まっているとか、あらかじめ決まっているという意味ではないということだ」[6]。

所得、学歴、主観的なウェルビーイング、精神病、近隣の環境、認知テストの成績、実行機能、グリット、動機、好奇心などに遺伝性があるからといって、こういった特徴は、介入では変えられないとか、環境に恵まれても変わらないということにはならない。遺伝性のある特徴も変えることができるのだ。

しかし、こうした特徴に遺伝性があるという事実は、新たに介入できそうな環境を洗い出すためにデザインされた社会科学研究の大部分は、時間と金の無駄遣いだということを意味してはいる。そういう研究が無駄だというのは、生物学的親族は遺伝子を共有しているのだから似ていることが予想されるという単純な事実を統制（コントロール）もせずに、親などの生物学的親族により提供される環境のなんらかの側面と、人の行動や機能のなんらかの側面とを相関させているからだ。この方法論的欠陥は、もしもこれらの分野が、子どもたちの生活を改善するための介入プログラムを開発するという点で長足の進歩を遂げているのなら、大目に見ることもできるだろう。だが、そうではないのである。

機会費用は切実な問題だ。われわれが住むこの世界は、時間や研究財源、訓練された才能ある科学者や介入しようという政治的意思が、際限なくある世界ではない。間違った研究に金や努力を投入すれば、別の取り組みに資源を投入できなくなる。子どもの人生を違ったものにする遺伝的性質の役割を考えることさえせずに、失敗が完全に予測できる方法をあえて何度も繰り返し採用するというのは、無駄という観点から言語道断だ。

　アンチ優生学の立場に立つ科学者と政策立案者は、遺伝的なリスクがひとりひとり違うために生じる健康とウェルビーイングにおける不平等まで含めて、不平等はできるだけなくしたいと考えている。そのためには、人々の暮らしを効果的に改善できる介入を開発する必要がある。第九章で詳しく述べたように、遺伝データは、特定の環境が特定の成り行き（アウトカム）にどう結びついているのかに関する基本的な科学知識をより良いものにし、開発された介入が「遺伝的に」リスクの高い人たちの必要に沿っているかどうかを評価するのに役立つのだから、不平等をできる限りなくすという目標に近づくための重要な道具になる（ここで「遺伝的に」の部分をカッコに入れたのは、本書の中で何度も取り上げたように、個人差が人生の成り行き（アウトカム）に結びつけるメカニズムは社会的なものかもしれないが、ＤＮＡを測定することで、さもなければ見過ごされてしまうリスクを拾うことができるからである）。

　ＤＮＡは人々の人生に違いを生じさせている重要な一要因である。もしも社会科学者たちが人々の生活を実際に改善するために立ち上がるつもりなら、そのＤＮＡを無視するという「暗黙の共謀」に加担している場合ではないのだ。

■ 人々を分類するためでなく、機会を改善するために遺伝情報を用いよう

優生学：遺伝的性質にもとづいて人々を分類し、社会的役割や社会的地位に割り当てる。

ゲノムブラインド：人々が置かれた環境を考慮してしまえば、あとは、すべての社会的役割と社会的地位に対して、すべての人が同じだけの可能性を持っていると思い込もうとする。

アンチ優生学：遺伝データを利用して、人々が社会的役割を果たしたり社会的地位に就いたりするための、真の潜在能力(ケイパビリティ)を最大化しようとする。

「あなたが何者なのか、何をしようとしているのかを誰もが知るようになるだろう。それは私にとって非常に恐ろしいことだ……生まれ持った能力に応じて役割を与えられる世界――そう、それは『ガタカ』だ」[7]。これは社会学者のキャサリン・ブリスが、学歴や犯罪行動など、社会的に価値づけられた成り行き(アウトカム)と関連するポリジェニックスコアが次々と作られるようになっていることについて、「MITテクノロジー・レビュー」のインタビューで語った暗澹たる未来予測だ。『ガタカ』というのはもちろん、一九九七年公開の映画で、そのタイトルは、DNAの塩基の名前を表すアルファベットだけを使って巧妙に作られている。この映画ではイーサン・ホークが、遺伝的「不適格者」として地上勤務に割り当てられながらも、宇宙飛行士になる夢を諦めない主

人公を演じた。このときの共演がきっかけでホークとユマ・サーマンは結婚したが、この映画はまた、最新の行動遺伝学研究はディストピア社会をもたらすのではないかという質問を、学部学生や、セミナーの聴衆、ジャーナリストたちから果てしなく引き出すことにもなった。

『ガタカ』流に、子どもたちに遺伝的「不適格者」のレッテルを貼るためにポリジェニックスコアを使おうと言い出した者はまだいないが、著名な行動遺伝学者の中には、教育と職業の選抜にポリジェニックスコアを使おうと提案した人たちはいる。その筆頭が、心理学者で行動遺伝学者のロバート・プロミンだ。彼は、双子研究とポリジェニックスコアを使った研究の両方で、長きにわたり優れた業績を挙げてきた研究者である。プロミンは、たとえば著書『ブループリント』の中で、「D2C［消費者直接取引］の企業へのリンクをパスワードで保護して、職業選抜全般に関係することがわかったポリジェニックスコアや、仕事の種類に応じたさまざまなポリジェニックスコアを得られるようにすればよい」と述べた[8]。しかし、良い教育や望ましい仕事にふさわしい人物を選別するためにDNAの測定結果を利用しようというその提案には、経験的にも道徳的にも欠陥がある。

経験的には、個人に対するポリジェニックスコアの効果量を把握するという難しい問題に立ち向かわなければならない。社会科学の研究では、DNAにもとづく変数は、学歴のような複雑な成り行きの分散の十パーセントを捉える力があるため――それは社会科学者が普通に使っている、世帯所得のような変数に匹敵する効果量だ――ポリジェニックスコアは信じられないほど役に立つことがある。このタイプの研究から引き出される結論は、ポリジェニックスコアが高い人と低い人の成り行きの平均に関するものだ。グループの平均を正確に予測するのが、個人の成り行きを予測するのに比べてはるかに容易なのは、平均は、人の人生を予測不可能にしている各人の特異性や、その人の身にたまたま起こった偶然の出来事を「均して消してしまう」からだ。ひとりの人間に診断を下すための検査——たとえば市販の妊娠検査や、連鎖球菌咽頭炎の診断をするために医師が用いる検査など——は、いかなるポリジェニックスコアよりもずっと正確だ。その他ありとあらゆる情報——たとえば選抜の局面であれば、過去の成績評価やテストの成績、職歴など——を考慮に入れれば、個人に対する予測能力はさらに上がる。[9]

だが、たとえ個人に対するポリジェニックスコアの予測力がもっと高かったとしても、測定された遺伝型にもとづいて社会的役割や地位を割り当てることには問題がある。

第三章で説明した「レシピ本ワイド関連解析」の例に戻ろう。町にあるすべてのレストランに関するＹｅｌｐの評価のデータを集め、レストランごとにレシピの構成要素と相関を取り、それぞれの要素（「クミンを加える」）と、評価の高いレストランとの相関を表す小さな数値の集合を作る。その後、得られたデータを使って、新しいレストランのメニューを作るためのポリ料理（キュリナリー）指数を作る——予定されたメニューを分析して、計画中のレストランのレシピに、Ｙｅｌｐの評価の高さと相関する要素がどれぐらい含まれているかを採点するのだ。このプロセスは言うまでもなく、ＧＷＡＳからポリジェニックスコアを作るのに似ている。

さてここで、新しいレストランのポリ料理（キュリナリー）指数が、ある閾値より高い値になったレストランだけが十分な投資を受けられるとしよう。するとそこに一種の「フィードバック・ループ」が生じる——ある時代の、ある地域における、ある成功の尺度と統計的に相関する特質が、その特質を持つレストランは他のレストランには得られないビジネスチャンスと投資を得ることで、さらに成功と関連するようになるのだ。

　このフィードバック・ループが、「数学破壊兵器」[10]〔math（数学）とmass（大量）をかけた造語〕とか、「抑圧のアルゴリズム」などと呼ばれるものが生じる鍵になる。すでに多くの産業分野で、特定の人たちを特定の方法で扱う、自動化された予測ツールが利用されている。ＩｎｓｔａｇｒａｍとＧｏｏｇｌｅは、あなたの消費者属性データ、ソーシャルメディアでの活動、Ｗｅｂ検索歴、購買歴にもとづいて、あなたをターゲットにした広告を表示している。住宅ローン会社は、貸付金の支払い能力を予測する自動アルゴリズムにもとづいて利率を設定し、警察は、監視を強化するべきコミュニティーを決めるために、過去の犯罪、アルコールを提供する店、学校、テイクアウト・レストランの分布といった近隣の事情、はては天気に関するデータまでも利用している。そしてある人物が法体系に触れれば、自動化されたリスク評価が、保釈金、判決、執行猶予の判断にまで利用される。[11]一見すると客観的で中立的に見えるこうしたアルゴリズムが、社会的不平等を固定化しかねないのだ。

　その好例が、高額なうえに利用できる人数が限られる「ハイリスク・ケア・マネジメント・プログラム」にふさわしい患者を選び出すために、大規模なヘルスケア・システムが利用している商用のリスク予測アルゴリズムだ。二〇二〇年に「サイエンス」に掲載された意義深い研究では、そのアルゴリズムによるリスク評価は同程度だが、自認する人種が異なる人たちが比較された。その結果、リスク評価の任意の値について、黒人を自認する患者は、白人を自認する患者と比べ、はるかに症状が重いことがわかった。問題の根本は、黒人は平均として医療にアクセスしにくく、白人ほど医療の恩恵を受けていないこと、つまり、黒人には白人ほど医療費が支出されていないことにある。ところがこのアルゴリズムは、前回医者にかかったときに支出された金額を、あたかもある人物の健康状態を表す不偏な指標であるかのように利用するため、ハイリスク・ケア・マネジメントの恩恵を受けることができたはずの黒人患者を減らす結果になっていたのだ。医療における人種間格差につながる制度化されたレイシズムは、アルゴリズムに組み込まれ、必要な医療を受けてしかるべき黒人が受けられないようにしているのである。ルハ・ベンジャミンが言うように、「科学技術は、意図してかどうかによらず、社会的ヒエラルキーを反映し、それを再生産している」のだ。[12]

他の予測アルゴリズムと同様ポリジェニックスコアも、過去の情報を使って未来を予測する。学歴、学力、職業上の成功を予測するポリジェニックスコアは、研究対象となった人たちの成り行き（アウトカム）と相関する遺伝性のある特性ならなんでも拾うし、これらのサンプル集団に含まれる自分の子どもの成り行きと相関する親の特徴ならなんでも拾う。その結果として、ポリジェニックスコアは、もしも人を分類するために利用されれば、他のどんな予測アルゴリズムとも同じく、社会的ヒエラルキーを再生産する恐れがある——そんなヒエラルキーの中には、明白にアンフェアなものもあるが、ひょっとすると、DNAのうわべの中立性のせいで見えにくくなっているものもあるかもしれない。

たとえば、低所得家庭の生徒は、大学に入学させても卒業にこぎつける見込みは小さいという理由により入学審査で落とすこともできるかもしれないが、しかしその目的のために家庭の所得を調べるのはアンフェアだとわれわれは考えるだろう。子どもが大学を卒業する見込みを予測できるかは別として、家庭の社会経済的ステータスは、生徒自身にはコントロールできないか、または生徒が主体的に関与していない要素だ。家庭の所得と大学卒業の見込みとの関係は、解決すべき問題、正すべき不平等であって、低所得家庭の学生をさらに排除するために利用されるべきではない。だが、第九章で説明したように、両親と子どもの三人一組を対象とした研究によると、ポリジェニックスコアは、親の遺伝子と相関する環境の利点も拾っている。つまり、DNAを測定した結果にもとづいて生徒を選抜することは、部分的には、家庭の社会経済的ステータスにもとづいて生徒を選抜することでもあるのだ。

残念ながら、ポリジェニックスコアについて語る多くの学者は、むしろこの危険性を積極的に過小評価してきた。たとえばロバート・プロミンは著書『ブループリント』の中で、ポリジェニックスコアは「より客観的で、捏造やトレーニングのようなバイアスとは無縁だ……DNAを捏造したりトレーニングしたりすることはできないのである」と述べて、ポリジェニックスコアは、教育や職業のために人々を選抜するためにはとりわけ役に立つと主張した。保守派の著述家であるチャールズ・マレーは、「ウォール・ストリート・ジャーナル」紙の意見記事でそれと同様の主張をした[13]。ポリジェニックスコアは、「人種差別をはじめ、さまざまな形式の偏見を寄せつけない」と。しかしそれは明白に真実と異なる。GWASは、関連を生じさせているのがどんな社会的メカニズムであるかによらず、教育の成り行きに関連する遺伝子ならなんでも拾うだろう。関連を生んでいる社会的メカニズムの中には、われわれにも受容できるものもあるかもしれないが（勉強が好きな子どもが上の学校まで進みやすいことなど）、より論争のある、たまたまの偶然というべき社会的メカニズムもあるだろう（朝型の子どものほうが上の学校まで進みやすいことなど）。GWASの結果にもとづいてポリジェニックスコアを作り、社会的な役割を人々に割り振るためにそれを利用すれば、論争のある偶然のプロセスをシステム化し、あたかも「客観的」な予測のように見せかけてしまうだろう。

こうした懸念があることを考えて、もっと建設的にポリジェニックスコアを使うにはどうすればいいだろう？　第七章で扱った、学歴ポリジェニックスコアと高校での数学の科目選択との関係をもう一度考えよう。ポリジェニックスコアの高い生徒は、九年生のときに（代数1ではなく、より高度な）幾何学を選択する傾向があり、幾何学を選択すれば、高校の終わりまでには微積分を学び終える可能性が高い。また、ポリジェニックスコアが高い生徒は、履修が選択制になっても数学を学び続ける可能性が高い。この情報を使って、何ができるだろうか、そして何をするべきだろうか？

優生学の立場は、生徒たちのＤＮＡを調べ、その結果を使って数学の履修科目を生徒たちに割り振り、ポリジェニックスコアの低い生徒は高度な数学を学習する機会から排除すればよいと主張するだろう。ゲノムブラインドな立場は、数学の履修科目の選択と遺伝学とを結びつけるような研究は、そもそも行われるべきではないと断固主張するだろう。アンチ優生学の立場は、（ａ）生徒たちの数学学習をより実り多いものにするために、教師と学校は何をすればよいかを知り、（ｂ）習熟度別クラス編成が、生徒間の不平等をどのように固定化するのかを明らかにするために遺伝学の知識を利用しようと主張するだろう。

第一の目標（ａ）については、生徒の必要にもっとも良く応えている教師と学校を知るのは難しいという問題を考えてみよう。それが難しい理由のひとつは、必要とする学習支援レベルの異なる生徒たちが、教師と学校にランダムに散らばっているわけではないことだ。教師と学校の

「説明責任」の目安として――つまり、成果を上げていない教師と学校を突き止めるために――標準テストの成績を使うことに批判があるのは、テストの得点は、生徒が入学する前からあり、学校にランダムに分配されているわけではない生徒の特徴、たとえば家庭の経済状態などと、高い相関を示すからなのだ。[14] テストの平均得点が高いことで定義される「良い」学校は、実際には、富裕な生徒が大勢集まる金持ちの学校と言ったほうがよい場合が多いのである（同様の事情は、良い医師や病院を知ろうとするときにも当てはまる。最良の医師は、重病の患者を担当したがらない人間ではないのだ）。

研究者たちはだいぶ前から、生徒の学業の成り行き(アウトカム)に学校が及ぼす影響を評価することは、慎重を要するやっかいな問題であり、[15] 基準をそろえて学校をフェアに評価するためには、生徒の家庭環境や入学前の知識レベルといった尺度を組み込むところから始めなければならないということに気づいていた。立てるべき問いは、「学校Ｘの生徒たちの成り行き(アウトカム)は、学校Ｙの生徒たちの成り行きと比べてどう違うか？」ではない。なぜなら、学校Ｘの生徒たちと学校Ｙの生徒たちは、通う学校以外にも、さまざまな面ですでに違っている可能性があるからだ。立てるべき問いは、「ある特定の生徒が、学校Ｙではなく学校Ｘに行っていたとしたら、その生徒の成り行きはどう違っていただろうか？」なのである（第五章で説明したように、これもまた、因果推論においては反事実的論証が重要だということを示す一例だ）。

研究者や教育者や政策立案者が学校の影響を知ろうとするときには、誕生時の偶然のひとつ、すなわち生徒の社会経済的状況を考慮するということがごく普通に行われている。しかしわれわれの研究では、ＤＮＡから得られたポリジェニックスコアは、生徒の学習の成り行き(アウトカム)に関して、家庭の社会経済的状況より高い予測力を持つことが観察されてきた。少し前に述べたように、ポリジェニックスコアの予測力が高いからといって、それを使って生徒たちを分類し、学習機会を制限すればよいということにはならない。しかし、ポリジェニックスコアの予測力が高いことは、同程度のポリジェニックスコアを持つ生徒たちが異なる学校に通ったときに、学習の成り行き(アウトカム)がどのように違ってくるかを評価することはできるということを意味してはいる。

アメリカの高校生に関するある研究では、教育に関連するポリジェニックスコアが低い生徒は、高校生活のどこかの時点で数学からドロップアウトする可能性が平均として高いことがわかった。しかし、生徒が数学からドロップアウトする割合は、学校の状況によって大きく異なる。親が高校を卒業している生徒が多い学校では、ポリジェニックスコアが低い生徒も、九年生以降も何年間か数学を学ぶ。実際、ポリジェニックスコアは低いけれども評判の良い学校に通う生徒は、ポリジェニックスコアは高いけれども評判の悪い学校に通う生徒と同じぐらい、数学を学び続けるのである[16]。

この発見はほんの端緒にすぎず、ここからまだ多くのことを調べていかなければならない。評判の良い高校では、統計的には数学からドロップアウトしそうな生徒たちも、そうならずに数学を学び続けていることの背景には、具体的にはどんな事情があるのだろうか？　そういう学校の実践を、より広く、すべての生徒が享受できるようにするためにはどうすればいいのだろう？こうした基礎研究から教育政策の改革までには、長く険しい道のりが続いている。

しかし、たとえ最初の一歩にすぎないとしても、この研究は、基本的で重要な真実を明らかにしている。人生の出発点をひとつ与えられたとして——ＤＮＡのバリアントを、ある特定の組み合わせで受け継いだとして——数学の問題を解く潜在能力（ケイパビリティ）を、ほかの人たちよりもずっと先まで発達させる人がいる。そういう数学のスキルは、さらに上のレベルの教育を受けるときにも、就職するときにも、日々の暮らしで出会う問題に対処する必要があるときにも、生涯役に立ち続ける。実際、数学のリテラシーは生徒の将来にとってあまりにも重要なので、数学を学ぶ機会を得ることは、市民的権利のひとつと位置づけられるようになっている。[17] こうして遺伝データは、環境機会には一掃しなければならない不平等があることを明らかにした。

　数学の学習以外の環境的な不平等についても、遺伝データを使って同様の診断を下すことができるだろう。健康でいえば、どんな介入なら良くない成り行き（アウトカム）になるリスクがもっとも高い人たちに届くだろうか？　攻撃性、非行、薬物乱用などに対する遺伝的リスクが、現状もっとも高い若者たちのあいだで、規律上の問題がもっとも起こりにくいのはどんな学校だろうか？　「オポチュニティゾーン」〔(Opportunity Zone) 資産売却で得たキャピタルゲインを、低所得地域の中から選定された「適格オポチュニティゾーン」に再投資する投資家に対し、税制上の優遇を与える制度〕になるのは、国内のどの地域だろうか？　ここでオポチュニティは、低所得家庭の子どもたちの成り行きだけでなく、学習や精神病の遺伝的リスクがある子どもたちの成り行きも視野に入れたものとして定義される。もしも研究者たちが第一の原理を受け入れ、遺伝データの可能性を認めるなら、こうした問題に取り組むための新たな情報がふんだんに得られるだろう。

■　排除のためにではなく、平等のために遺伝情報を用いよう

優生学：遺伝情報を用いて、医療システムや保険市場などから人々を排除する。

ゲノムブラインド：遺伝情報それ自体の使用を禁止する以外は、これまで通りの市場システムを維持する。

アンチ優生学：遺伝くじの結果がどうであれ、すべての人が包含される医療、教育、住居、賃貸借、保険のシステムを作り出す。

「ヴォークリューズ」は、マンハッタンのアッパーイーストサイドにあるしゃれたフレンチレストランで、「ポッシュ（上流の）」とか「ギルディド（金ぴかの）」といった形容詞が頭に浮かぶような店だ。ある秋の日のこと、保険業で巨万の富をなした慈善家の招きで、数名の研究者とともに、その店で夕食を取る機会があった。会話ははずみ、われわれ研究者は全員、行動遺伝学の分野で起こった新しい進展をどう解釈するかについて話し合おうと心を逸（はや）らせていた。だが、そんな純粋に学問的な気分は、ホストが甲高い声で笑いながら発した次のひとことで、あっけなく消え去った。「保険会社のエグゼクティブとしては、遺伝学を金儲けに利用しないわけにはいきませんからな」。

彼が言わんとしたのは、もちろん、遺伝学のさまざまな発見とポリジェニックスコアを利用すれば、人々が悪い病気になったりするリスクの予測精度を上げられるだろうということだ。そしてリスクの高い人たちの保険料を上げるか、そもそも保険に入れないようにすれば、保険会社の儲けをさらに増やすことができるだろう。だが、保険会社のエグゼクティブであるこの億万長者は、遺伝学の予測を、利益をさらに増やすチャンスと捉えるのに対し、普通のアメリカ人の多くはそれを、経済的な破滅へとつながる道として恐れているだろう。保険料、免責金額、保険ではカバーされない医療費を含む医療コストはすでに、アメリカ人の自己破産の主因になっている。[18] もしもあなたの保険会社が、あなたのゲノムについて何らかの情報を得た結果として、あなたの病気が保険でカバーされなくなったり、保険料が値上がりしたりしたらどうだろう？

この恐れこそは、遅々として進まない議会での議論をどうにか乗り越え、二〇〇八年に署名された遺伝情報差別禁止法（ＧＩＮＡ）成立の背景にあった動機にほかならない。ＧＩＮＡの目標は、「公衆を差別から十分に保護し、差別の可能性に関する懸念を減らすことにより、人々が遺伝子検査や、遺伝学のテクノロジー、遺伝学研究、そして新しい治療法の恩恵を受けられるように」するとともに、健康保険と雇用に関して、人を差別するために遺伝情報を使うことを禁じることだ。[19] ＧＩＮＡのアプローチは、典型的なゲノムブラインドのそれである。この法律は、雇用主と保険会社は、遺伝情報の提供を求めたり、その情報を利用したりしてはならないとする。判断は、遺伝情報があたかも存在しないかのように、あるいは突然消えてなくなったかのように下さなければならない。

公衆を差別から「十分に」保護するというその目標は高邁だが、ＧＩＮＡには明らかな限界がある。第一に、この法律で保護されるのは、健康保険と雇用における差別だけで、たとえば介護保険、生命保険、住宅ローン保険には適用されないし、教育、住宅、賃貸借などにも適用されない。施行から十年を経て出されたレポートには、GINAには「象徴的には大きな価値」があるものの、現実的な実践的価値は限定的だとあった。[20] GINAの第一部は健康保険に関するものだが、「ほとんど実用的な使い道」がなく、保険契約を結ぶ際に保険会社が契約者の健康状態に関する情報を使うことを禁ずるアフォーダブル・ケア法〔通称オバマケア〕によって、ほぼ乗り越えられている。第二部は雇用に関するものだが、まずめったに出番がない。こうした限界に関しては、州のレベルで部分的な取り組みが行われてきた。とくに、独自に遺伝情報差別禁止法を成立させたカリフォルニア州の取り組みは注目に値する。この法律は、健康保険と雇用だけに限らず、住宅、教育、住宅ローン、公共住宅についても、遺伝情報にもとづく差別を幅広く禁じている。

差別禁止法のアプローチとしては、GINA(およびゲノムブラインドな法律全般)は「アンチ分類」という考え方のカテゴリーに属し、遺伝情報は、人種や宗教と同じく、意図して異なる扱いをするための基礎としてはならないという意味において、「禁じられた」特徴となっている。[21] アンチ分類のアプローチの背景には、市民権の「同一性」モデルがある。このモデルでは、なんらかの特徴に関して分類可能な人々(黒人対白人、男対女、キリスト教徒対ユダヤ教徒、*APOE* ε-4アレル保因者対*APOE* ε-3アレル保因者など)を、形式上まったく同一に扱わなければならない。[22]

法学者のマーク・ロススタインは、ゲノムブラインドでアンチ分類なGINAのアプローチは、ゲノムのデータが予測しうる健康と行動に関する情報のうち、「遺伝」に関する情報だけを別扱いするのは難しいために、重大な困難に直面していると指摘する[23]［GINAは遺伝情報（genetic information）に関する法律だが、何がgeneticかの定義が難しいせいで、この法律は使いものにならないというのがロスタインの主張だ。たとえば、遺伝情報を「遺伝学的検査を受けた結果としての情報」と解釈すれば、親がハンチントン病を発症している人でも、検査を受けていなければ遺伝情報はないことになる（実際には、検査を受けていなくても、五分五分の確率で発症することがわかる）。一方、遺伝情報を「遺伝性があるとされる形質についての情報」と解釈すれば、たいがいの情報はこれに含まれてしまう。何をもって遺伝情報とするかがわからないのだ］。アフォーダブル・ケア法で基礎疾患のある人たちが保護されるまでは、保険会社は、たとえば*BRCA*の変異をひとつ持っていたとしても、乳がんをまだ発症していない人たちを差別することはできなかったはずだが、いざ乳がんを発症したとたん、保険料を上げられたり、保険に入れなくなったりした。しかし、基礎疾患のある人たちを保護するアフォーダブル・ケア法の適用を受けるためには、あらかじめ保険に入っていなければならないという条件［強制加入条項］がついている。もしもその条件がなかったなら、保険加入者に占める低リスクの人たちの比率が小さくなりすぎて、保険はシステムとして維持できないだろう。それにもかかわらず、アフォーダブル・ケア法の強制加入義務は、政治的な論争になっている。控えめに言っても、共和党の極右集団であるティーパーティー派が勢力を拡大したのはそれがきっかけだったし、この法律は［共和党右派から違憲訴訟を起こされ］、（二〇二〇年のはじめの時点で）かろうじて合憲となっているにすぎない。ロスタインが憂鬱げに問いかけるように、「不公平で非論理的なシステムの中で、遺伝にもとづく健康保険差別を予防することは可能なのだろうか？　残念ながら、その答えはノーだ。どういう人たちが医療にアクセスできるのかという、より大きな問題に対処するための包括的な方法をアメリカが用意しないうちは、遺伝にもとづく差別を予防できる見込みはない[24]」。

差別禁止法には、「アンチ分類」のほかに「アンチ従属」のアプローチがある。これは、周辺化されたり抑圧されたりしているグループの社会的地位を向上させることにより、従属的な階層が形成されるのを阻止しようというものだ[25]。異なる取り扱いをしてはならないとするアンチ分類のアプローチとは対照的に、アンチ従属のアプローチは、アファーマティブ・アクションとしてなら、異なる扱いをしてもよいとする。たとえば、個別障害者教育法（ＩＤＥＡ）は、アンチ分類ではなく、アンチ従属のアプローチを採る法律だ。ＩＤＥＡの下で、子どもたちは等しく「自由で、適切な公教育」を受ける権利を持つ。適切な教育をデザインする際には、公教育システムは、個々の生徒の違いに関するある種の情報を、単に考慮に入れてもよいというのではなく、むしろ、入学を許可したり、目標を設定して教育計画を立てたりするときには、生徒たちの違いに関する情報を考慮に入れるように義務づけられているのである。

アンチ従属原理は、健康保険と教育の分野だけでなく、健康保険以外の保険や、雇用、賃貸借、住居の面でも、アンチ優生学の政策を策定するための鍵となる重要な考え方である。優生学的政策は、歴史的にも、今このときも、下層階級の人たちは生物学的に劣った存在だというレッテルを貼り、経済的、人種的な下層階級を作り出して従属させようとしてきた。アンチ優生学の政策は、新たな「遺伝的」下層階級の出現を阻止するために戦うものでなければならない。健康や学歴のような、それ自体として一部には遺伝くじの結果であるような特徴にもとづいて、医療や住居、賃貸借や保険へのアクセスを制限することを許してはならない。たとえば、医療の分野では、遺伝情報の使用を禁止するだけで、それ以外の医療システムは従来どおりのものを維持するゲノムブラインドなアプローチを採るのではなく、遺伝学的な発見が次々となされている現在、より十分なアンチ優生学の対抗措置を取るためには、遺伝くじ（または、生まれ落ちた環境の良し悪しは当人の手柄でも落ち度でもないという意味での「環境くじ」）の結果がどうであれ、誰もがアクセスできる真にユニバーサルな医療にコミットしなければならない。

■ 運が良いことを、立派なことだと勘違いしないようにしよう

優生学：知能に遺伝の影響があるということは、生まれながらに価値（メリット）ある人たちがいることの証拠だとする。

ゲノムブラインド：価値（メリット）があるとされるスキルや行動を発達させるにあたって遺伝が果たす役割に目をつぶる一方で、メリトクラシーの論理は受け入れる。

アンチ優生学：遺伝的性質は人生の成り行きにおける一種の運だと認めることにより、人は学校での成功に応じて分相応の成功や失敗をするというメリトクラシーの論理をくつがえす。

アメリカはメリトクラシーの国だと言われる。メリトクラシーという言葉は、メリットとアリストクラシーを合わせた造語である。アリストクラシーは、ギリシャ語の aristokratia に由来し、前半の aristos は「もっとも良い、高貴な」、後半の kratos は「支配」を意味する。したがって、「メリトクラシー」という言葉の基礎には、社会のエリート、つまり、権力、影響力、富、そして名声ある地位のために選ばれた人たちは、メリットゆえに選ばれた人たちであるべきだという考えがある。どういう家に生まれたかによって、通える学校や、就ける職業や、公共生活で果た

せる役割が厳格に決定されている階級制やカースト制に比べれば、メリトクラシーという考えにも、なるほどメリットはある。私の父はテキサス州のトレーラーパークで育ち、アメリカ海軍の士官になった。私の祖父母の中で大学に行った者はいないが、私は博士号を持っている。こういう「アメリカン・ドリーム」の成功譚が繰り返し語られることで、アメリカは出自によらず誰でも成功できる国だという神話が育まれ、維持されているのだ。

　メリトクラシーという考えを批判する人たちは、アメリカは十分にメリトクラシーの国になっていないと論じることが多い。二〇一九年に起きた、ハリウッドの女優たちと、その他数名の富裕な親たちが、子どもをエリート大学に入学させるために、スポーツコーチに賄賂を贈ったり〔子どもがやってもいないスポーツの優待生枠を確保してもらうため〕、テストの点数を水増ししてもらおうとしたりして逮捕された大学不正入学スキャンダルは、メリトクラシーの競争の場においてさえ、上流社会の人たちはその特権を——あからさまな不正によって——世襲化していることの一例となる悲喜劇だった。嘘をついたり賄賂を贈ったりはしないまでも、ＳＡＴの大学入試テストの得点は低いけれども裕福な学生は、得点は高いけれども貧しい学生よりも、大学を卒業する見込みが高い。こうしたエピソードや統計から明らかなように、アメリカの社会はメリトクラシーの理想には程遠い。

　だが、たとえ裕福で特権的な環境に生まれたことに関連する成り行き（アウトカム）の不平等は完全に取り除けたとしても、それでも残る不平等から、運を一掃することはできないだろう。人の生い立ちには、別の種類の運——遺伝子——が潜んでいるからだ。これは標準テストの成績やＩＱの数値だけに限ったことではない。残る不平等を、いわゆる「性格」特性（グリット、忍耐力、資源の多さ、モチベーション、好奇心、その他認知スキル）のせいにしたところで、遺伝はあなたをしっかり捉まえて放さない。そうした性格特性もまた、人々のあいだの遺伝的差異によって形成されたものだからだ。いわゆる「メリット」を測る尺度に、遺伝の影響が及ばないものや、生物学的性質という束縛を解かれているものはないのである。

遺伝の影響のこの遍在性に鑑みれば、現状では教育や経済の成功と関連づけられているスキルや行動に対して「メリット」という言葉を使うのは、重大な誤解をまねく行為だ。「メリット」の普通の辞書的定義を見てみよう。

1a）（廃）しかるべき報いや罰
b）人の功罪の基礎を構成する行動の特質
c）賞賛に値する特質、美徳
d）褒賞、名誉、名望に値する特徴や行い、業績
2　有徳な行動によって獲得されるべき、そして未来の恩恵を確信するべき霊的な信用

「美徳」「霊的信用」「有徳な行動」「特徴」「褒賞に値する行い」といった説明が並ぶ。「メリット」という言葉の普通の用法には、あからさまに道徳的な響きがあるのだ。そして、魅力ある社会的役割に人を選ぶ際の評価基準として用いられているスキルや行動に対して、「道徳的」な含みのある言葉を不用意に使うことにより、われわれはそういうスキルや行動を、人間の性格や価値と混同するリスクを犯しているのである。

人々の生物学的性質を、美徳、有徳、道徳的功績に結びつけるのは、優生学的な考えだ。ある

種の遺伝型を持って生まれた人たちが、そうではない人たちよりも、権力、資源、自由、福祉を享受するに値するというのは、反平等主義の発想そのものだ。

ところが、ゲノムブラインドな立場はそれに対して、従来「メリットがある」とされてきた属性について、人々のあいだに差異を生じさせる遺伝くじの役割をきちんと把握することなく、ある人たちは「メリット」があるのだから、より多くを享受するに値するのだというメリトクラシーの論理をそのまま受け入れる。そうすることでこの立場は、二十一世紀の資本主義において「成功した」人たちは、主には勤勉な努力家だったから成功したのであって、誕生時の偶然——遺伝くじと環境くじの両方——の恩恵を受けたから成功したのではないという神話を永続化させているのだ。

そんなわけで、優生学に立ち向かう正しい姿勢は、遺伝子に関する話に完全に耳をふさぐのではなく、アメリカという国は、社会財［ある人が消費しても、他の人が消費できなくなるわけではないという、非競合性を備えた財やサービス］が、人々の価値に応じてしかるべく分配される「メリトクラシー」の国だとか、そういう国になれるという考えを捨てるというものだ。人事万般から運の要素を取り除くことはできない。とくに、ある人にたまたま転がり込んできた遺伝的、環境的メリットの編成（コンステレーション）からもたらされた恩恵と、その人が自分の性格および才覚の徳によって手に入れた恩恵とを切り離すことはできない。ロールズが述べたように、「正義の指針はどれひとつとして、徳に報いることを目指してはいない……功徳に報いるという理念は、現実的ではない」のである。[26]

人は、自分の人生に果たす運の役割を認めたがらないものだ。経済学者のロバート・フランクが、人の経済的成功には外的な運が大きな役割を演じていると語ったとき、フォックス・ニュースのホストを務めていたある人物は、番組のあいだじゅう怒り続けていた。「それがどれほど侮辱的なことか、あなたはわかっているのですか？」。そのときのやり取りは、フランクが著書『成功する人は偶然を味方にする──運と成功の経済学』のエピグラフに引用した、E・B・ホワイトの次の言葉の正しさを物語っている。「運という言葉を、立身出世した人の前で口にしてはならない」[27]。

しかし、どれほど認めたくなくとも、われわれの人生に果たす運の役割が──遺伝的な運の役割も含めて──明らかになってきたことは、平等主義のプロジェクトにとっては決定的に重要だ。作家のデーヴィッド・ロバーツはこう論じた[28]。

　個人として運を受け入れることは、宗教的覚醒の世俗版であり、首尾一貫した道徳的普遍と言えそうなものを作るための最初の一歩である。社会として運の役割を認めることは、人間らしい経済、住まい、刑務所政策のための道徳的な基礎である。

　より共感のある社会を作ることは、運の役割を認めることで生まれる感謝と義務の心を、不可避的に生じる抵抗に逆らって、自分自身に思い出させることなのだ。

遺伝的なものであれ環境的なものであれ、社会的に価値づけられたスキルと行動を発達させるにあたって運が果たす役割を認めたからといって、魅力的な社会的役割や社会的機会のために人材を選ぶときの基準を捨てなければならないということにはならない。たとえば、パイロットという仕事を考えてみよう。パイロットの仕事に応募した人たちの中で「メリットがある」のは、悪天候の中でも飛行機を墜落させずに飛ばすことのできる人だ。また、乗客満載の飛行機が、パイロットがいないせいで延々と滑走路に放置されて何百万ドルもの損失を出したりしないように、時間通りに任務に就くという意味において、信頼の置ける人でなければならない。さらにその人は、視力が良く、手が器用で、空間回転能力［心的回転（メンタルローテーション）より一般的な概念で、運動能力との関連も視野に入れたもの］も高く、ナルコレプシー（居眠り病）ではなく、コックピットに入れないほど身長が高くはないだろう。

飛行機の操縦など、失敗すれば人を死なせてしまうこともある責任ある仕事を考えるとき、「メリット」にもとづく人選が社会全体にとって有益なのは理解できるし、パイロットは社会的なコネ・ツテによってではなく、飛行機を飛ばす能力で選んでもらいたいとわれわれは思う。外科医、エンジニア、薬剤師、教師、配管工などの職業人は、外科手術、物づくり、調剤、教育、修理に関して高い技術を持つ人たちであってほしいものだ。

しかし、視力が良いとか、空間回転能力が高いといった属性によってパイロットを選ぶのは道具主義的にも有益だということは理解できても、同時に、そういう属性を持つことや、それによって経済的にも報われることが、その人が道徳的に信頼できるとか、徳が高いとかいうことの証拠にはならないこともまた理解できるのである。そういうスキルを持つことと、それが飛行機の操縦に生かされて経済的にも恵まれるような時代と場所にたまたま生まれ合わせるということが同時に起こるのは、宝くじに当たるような幸運だ。そういう属性を発達させて高い報酬を得られるようになるまでには、それまでの人生で多くの幸運に恵まれたことだろう。視力が良いということは、経済学者で哲学者のアマルティア・センが言うように、［視力の良さに］「報いることでもたらされうる良きこと［安全な飛行機運航］に依存する、派生的かつ偶発的なメリットのある」属性なのであって、

「それ［視力の良さ］により、結果的にもたらされた良きこと［安全な飛行機運航］とは独立に、正しい行い［や正しい属性］として褒賞が与えられ、人々の手本となるべき事柄として」選び出された属性ではないのである。[29]

　このことは、視力の場合には明らかだが、認知能力となるとしばしばあいまいになり、克己心や知的好奇心のような非認知スキルとなれば、さらにあいまいになる。人数枠の限られた貴重な教育機会のために生徒を選抜するときや、条件の良い仕事のために雇用者を選抜するときに、ある種の認知スキルにもとづいて人選を行うのは、社会全体のためには道具主義的に有益かもしれない。だが、そういう認知スキルを持つことが、徳の高さを意味するわけでも、本来的に褒賞に値することでもないのは、良い視力を持つのが立派なことではないのと同じなのだ。マデレイン・レングルがヤングアダルト小説の名作『五次元世界のぼうけん』の中で述べたように、「でも、もちろん、私たちはこの才能を、自分の手柄にすることはできないのよ。大切なのは、その才能をどう使うかなの[30]」。

　そして、もしもメリットを道具主義的に定義するなら、メリットに対するわれわれの定義は、良い社会とはどういうものかに関するわれわれの定義と切り離しては考えられない。「メリットがある」と考えられるのは、われわれが望む社会的帰結をもたらすような属性や行動だ。われわれにとって「望ましい社会的帰結」の中には、少ない機会を人々のあいだに割り振るときに、その機会からもっとも恩恵を受けそうな人たちに効果的に割り振れることや、仕事の人選をするときに、その仕事をもっともうまくこなせそうな人を選べることも含まれる。だが、アマルティア・センが「メリット」に関する小論で指摘したように、望ましい社会的帰結はそういうことだけではないかもしれない。われわれは、大きな経済格差がなく、特定の人種グループがエリート的制度を独占するのを許さないような社会が望ましいと考えるかもしれない。その場合には、「何がメリットか」を評価するにあたり、そのメリットに報いることが、われわれがなくしたいと考える経済格差や人種間格差を縮小するのか、あるいは拡大するのかを考えずにはすまない。「メリットに報いるということは、分配に関する帰結と無関係に判断できるようなことではない」のである。

メリットをどう特徴づけるのが適切なのかは、教育システムのあらゆる段階で議論されており、標準テストの役割をめぐって、話が具体的になる場合が多い。ニューヨーク市立のエリート高校は、たとえ黒人生徒の割合が極端に少なくなったとしても、なんらかの標準テストの成績を入学許可の判断基準として使い続けるべきなのだろうか？ 博士課程に進むとき、GRE〔(Graduate Record Examination) 非営利民間教育試験サービスが提供する、アメリカ合衆国やカナダの大学院へ進学するために必要な共通試験〕の受験は必須とされるべきなのだろうか？ アマルティア・センが言うのは、メリットの定義が「良い」ものかどうかを判断する唯一の基準は、その定義に従ってメリットに報いた結果がどうなるかだということだ。たとえば、もしもある標準テストで入学の可否を判断した結果として生じる人種間格差が受け入れられないのなら（そしてその人種間格差が、その判断基準を使うことで社会にもたらされる利益によって相殺されないのなら）、そのテストは、道具主義的なメリットの定義として良いものとは言えないということだ。

このように、アンチ優生学にコミットすることと合わせて、認知能力、非認知スキル、そして社会格差全般に遺伝が果たす役割についてまじめに考えることは、生まれ持った違いのせいで得るものが違うという不平等を自然化するどころか、それとは大きく異なる観点にわれわれを導くのである。その観点とはすなわち、生まれ持った遺伝的性質を自分の手柄にできる者はいないということだ。人生において、良いこと――教育上の成功や、高い所得や、安定した職業、健康な身体、幸福および主観的なウェルビーイング――を享受している人たちは、それができている分だけ幸運に恵まれているのである。人間の違いの中に遺伝の影響を受けていないものはない以上、人々が純粋に自分の手柄にできることについてのみ報われるような教育システムや経済システムを構築することはできない。このように、メリトクラシーでいうところの「メリット」は、特定の一組の判断基準を選び取ることが、われわれが暮らしたいと思う社会をいかにして実現させるのかという観点から、道具主義的にのみ定義することのできる、それ自体としては中身のない概念なのである。

■ 自分が何者かを知らなかったとしたら、どうするだろうかと考えてみよう

優生学：生物学的により優れた者たちは、より大きな自由と資源を得る権利がある。

ゲノムブラインド：社会は、すべての人が同じ生物学的性質を持つものとして構築されるべきである。

アンチ優生学：遺伝くじでもっとも不利な立場に立たされた人たちの状況が改善されるように、社会は構築されるべきである。

うちの近所にあるコーヒーショップは、大きなチョコレートチップクッキーを売っている。夏の午後には、子どもたちとその店まで歩いて行き、クッキーを一枚買ってふたりに分けさせる。分けるときのルールは、一方の子どもがクッキーの分割の仕方を決め、そのやり方で分割したクッキーを私が背後に隠して、子どもたちが当てずっぽうにどちらかを選ぶというものだ。子どもはフェアであることを強く選好するという例に漏れず、うちの子どもたちもまた、いつもできるだけフェアにクッキーを分割しようとする。

どちらのクッキーが自分のものになるかわからないとして、あなたならクッキーをどう分割するだろうか？　この設定は、学部時代に政治哲学を履修した者にはおなじみのものだ。このタイプの思考実験の中でもっとも有名なのが、哲学者ジョン・ロールズが提唱した「無知のヴェール」だろう。無知のヴェールの向こうでは、[31]

自分の社会的地位、所属する階層、社会的ステータスを知る者はいない。生来の資産や才能にどれだけ恵まれるか、どれだけの知力と体力を持つかを知る者もいない。さらにまた、自分が何を最善と考えるかも、自分の合理的人生設計の詳細も、自分はリスクを回避したがる人間なのか、楽観的なのか悲観的なのかといった心理特性すら知る者はいない。

無知のヴェールという着想の要点は、誰もが同じ立場に立ち、正義の原理についてフェアに合意しうる仮想的な状況を想定することだ。もしもあなたを含め誰ひとりとして、自分がどんな人間になるかを知らず、自分にとって何が得になるかも詳しくはわからないまま、社会の基本構造を決定しなければならないとしたら、誰がどの仕事に携わり、どれだけのものを得るかを、どんなルールで決めるようにするだろうか?

ロールズは、無知のヴェールの向こうにいる人々のフェアな合意から生じる、ふたつの原理について論じた。

1　各人は、平等な基本的諸自由のもっとも広範な制度的枠組みに対し、平等な権利を持つべきである。

2　社会的・経済的不平等は、（a）公正な機会均等の諸条件のもとで、すべての人に開かれた地位や職務に付随するようなものでなければならず、（b）社会のもっとも不遇なメンバーにもっとも役立つものでなければならない。

ロールズは、不平等がすべての人の利益になるかどうかを考える際には、単純に平均として良くなればいいと言っているのではない。すでにして不利な立場にある人たちの暮らし向きが不平等のせいでさらに悪くなり、すでにして有利な立場にある人たちの暮らし向きがさらに良くなるなら、たとえ平均として良くなったとしても、それだけでは十分ではない。不平等は、もっとも恵まれない人たちに役立つようなものだけに限られなければならないというのだ。ロールズはこれについて次のように説明する。「生まれつき恵まれた立場に置かれた人は誰であれ、運悪く恵まれなかった人たちの状況を改善するという条件のもとでのみ、自らの幸運から利益を得ることが許される」。

近現代の歴史に目を向ければ、寿命が大幅に延び、読み書きのできる人が増え、社会が豊かになり、ウェルビーイングが向上するという、最終的にはすべての人の利益として作用した改善の例を見ることができる。これらの改善は、ロールズの言葉によれば、「生まれ持った才能の分布」が、社会経済的恩恵を生むための、「ある意味での共有資産として」作用したのだ。[32] 一八二〇年から一九九二年までに、世界の平均所得は八倍になったが、一方で、極貧状態にある人々の取り分は八十四パーセントから二十四パーセントに減少した。[33] 一七〇〇年代のスウェーデンでは、三人にひとりの赤ん坊が五歳になる前に死んだ。この乳幼児死亡率の高さを、私は心情的に受け止められそうにない。今日のスウェーデンの乳幼児死亡率は、千人にふたりだ――つまり百分の一以下にまで低下したのである。[34]

人々の暮らし向きを改善した、科学、技術、政治体制の分野のイノベーションは、格差を生み出しもした。一部の人たちの暮らし向きを、それ以外の人たちの暮らし向きよりも、迅速かつ大幅に改善したし、イノベーションの中には、スキルに応じた褒賞を与えることで可能になったという意味において、不平等に依存するものもあった。[35] それでも、三人にひとりの子どもが死んだりしない社会に生きることは、すべての人にとって良いことだ。前節でメリットについて説明したときに述べたように、ある種のスキルに報いることは、たとえそのスキルを生む要因である遺伝的バリアントを受け継いだのは当人の手柄ではないとわかっていても、社会全体としては道具主義的に有益かもしれない。

ここで注意してほしいのは、不平等の正当化に関するこの考えは、われわれを取り巻くいわゆる「メリトクラシー」の中でしばしば出会う正当化とはまるで違うということだ。ロールズはその点を次のように説明した。先ほど挙げた原理の二番目のものは、「諸制度の全体としての枠組みが、社会の効率性やテクノクラシーの価値観を強調することがないよう、〔社会の〕基本構造の目的を変えるものだ。……生まれながらに恵まれた人たちが、他の人たちよりも天分があるという、ただそれだけの理由で利益を得ることがあってはならない。利益を得るのは、訓練と教育のためのコストをまかない、それほど幸運に恵まれなかった人たちの役に立つように、おのれの天分を使用するためだけなのである」。すべての人に恩恵をもたらす見込みがより高そうだからという理由により、ある人にある種の教育機会を割り当てることは、ハーバードに行く「価値がある」のは誰かを問うのとは別のことなのだ[36]。

本書でこれまで取り上げてきた研究は、「生まれつき有利な立場にある人たち」――別の言い方をすれば、ある種の遺伝的バリアントをたまたま受け継いだ人たち――は、教育における成功、所得、富、ウェルビーイングの面で、より良い人生を実際に享受しているということを、根拠を示して明らかにするものだった。遺伝的に引き起こされたこれらの不平等は、固定された不可避的な自然法則の結果（アウトカム）なのではなく、認知能力やパーソナリティー特性やその他個人的な特徴における人々のあいだの遺伝的差異が、われわれの社会経済的な制度というプリズムを通してどのように屈折するかを表しているのだ。ロールズの正義の原理は、次の重要な問いを提起する――これらの不平等は、現状では成功と結びつけられている遺伝的バリアントの分布について、もっとも不利な立場に立たされた人を含め、すべての人に恩恵をもたらすようなものになっているだろうか？

本章の執筆中に、以前隣に住んでいた人とコーヒーを飲む機会があった。その人の女友だちは、転倒して頭を打ったのちに、敗血症になって亡くなったばかりだった。彼女はそれまでの十年間のほとんどを、アルコール依存症のためのリハビリ施設に入ったり出たりして過ごし、ある程度まとまった期間、酒を断つことはついにできなかった。五十代初めの彼女の死は、経済学者アン・ケースとアンガス・ディートンが「絶望死」と呼んだものの一例であり、大学を出ていないアメリカ人に不釣合いに影響を及ぼしている、自殺、薬物過剰摂取、アルコール依存症による死である。

この死亡率の増加〔ケースとディートンによれば、米国では学歴が高卒以下の人々の死亡率は、あらゆる年代で全国平均の少なくとも二倍以上のペースで上昇している〕は、歴史的には前例がなく、心穏やかではいられないが、しかしそれは氷山の一角にすぎない。その数字の背景には、不健康、心的苦悩、経済不安、家族関係の脆弱化、生活の乱れの広がりがあるのだ。ケースとディートンは、資本主義は一七〇〇年代から一九〇〇年代にかけて何百万人もの人々を貧困と不健康な状態から引き上げたかもしれないが、今や社会を毒するものとなり、集団としての恩恵という観点からは正当化できない不平等を生み出していると結論づけた。[37] 国家としてのアメリカの繁栄は、広く人々のあいだに共有されてはいないのだ。

遺伝くじの威力をまじめに受け止めるなら、あなたが自慢に思う多くのこと――豊かな語彙、処理速度の速さ、規律正しさ、「グリット」、学校で成績が良かったことなど――は、自分の手柄にはできない幸運な出来事の結果であることに気づかされるだろう。そこで、ロールズの無知のヴェールの思考実験をまじめに受け止めて、こう考えてみてほしいのだ。もしも遺伝くじの結果を知らなかったとしたら、あなたはどんな社会を望むだろうか？

■ むすび

この最終章の執筆中に、ＣＯＶＩＤ‐19の広がりを多少とも抑えようと、私の大学も子どもたちの学校も閉鎖された。著述家であり牧師であるサラ・ベッシーは、公衆衛生の当局が出すさまざまな勧告は、同じひとつのメッセージを、形を変えて伝えるものだと述べた。「あなたの選択をもって、弱者を愛しなさい」。健康な体を持ち、医療資源の充実した都市圏に住み、医療へのアクセスも良い三十代の女性である私は、コロナウイルスによって引き起こされる重篤な症状に関して、とくに弱者というわけではないかもしれない。しかし、隣家に住む高齢者は弱者だ。そして、もしも同じ時期に同じ地域で大勢の人たちが同じ病気にかかり、医療システムに多大な負荷がかかれば、隣人が置かれた状況はさらに悪化するだろう。

パンデミックの脅威に対する反応は、もっとも弱い立場にある人たちを守るためにわれわれが互いに対して負う責任の定義と深くかかわっている。その責任の中には、ひとりひとりの行動を変化させることもあれば（手を洗うとか、マスクを着用するとか）、状況を効果的に変化させることもあるだろう（病気になっても仕事に出なければならないという圧力を緩和するために経済援助をするなど）。しかし、われわれが互いに対して負う責任の中には、すべての人が同じぐらい病気にかかりやすいと決めてかかることは含まれていない。実際、ＣＯＶＩＤ‐19へのかかりやすさはみんな同じだと強弁するのは――若者も高齢者も、免疫に問題がある人も健康な人も同じだと言い張るのは――馬鹿げているだけでなく危険でさえある。弱者を守るためには、誰が弱者なのかを知り、その人たちを弱者にしている原因を明らかにして、その人たちのためになるような社会を作る必要があるのだ。

しかし、われわれが互いに対して負う責任は、パンデミックとなったこの病気が終息したのちもなくならない。今日の社会は、公教育で成功を収めた人たち、とくに、大卒またはそれ以上の学位を持つ人たちのあいだで国家の繁栄が分かち合われるように構成されている。大卒ではない人たち――アメリカでは今も大半の人たちがそうだ――は弱者なのだ。彼らの人間関係や結婚は壊れやすい。アルコールや薬物を乱用することになりやすく、不安や絶望に捕われやすく、自殺を図りやすく、医療負債で破産しやすく、予防できるはずの病気で不必要に苦しみやすい。

過去一世紀にわたり、生物学的に劣っているのだから弱者なのはしかたがないという、優生学イデオロギーを支持する者たちの悪意ある声が執拗に響き続けてきた。それに対抗して、社会的弱者であることと生物学的な特質とをきっぱり切り離そうという、善意ある人たちの声も響いた。だが、アンチ優生学にコミットすることが、社会的弱者であることと生物学的性質とは無関係だと思い込むことでないのは、COVID－19への有効な対策が、高齢者も若者もかかりやすさは同じだと思い込むことではないのと同じなのだ。もっとも弱い人たちを、選択により守る――いや、愛する――社会は、もっとも弱い立場にあるのは誰かを知り、社会としての選択がその人たちに及ぼす影響を知りうる社会でなければならない。

西側資本主義社会の公教育システムにおいて広く価値づけられている一組のスキルと行動を、親や教師や社会制度が提供する環境下で発達させる可能性が高い遺伝的バリアントの組み合わせを、たまたま受け継いだ人たちがいる。その人たちは人間として立派なのではない。その人たちは生まれながらにメリットがあるのではない。その人たちは、今日の社会の構成という観点から見て強者なのだ。そして、もしもあなたがこの本を読んでいるなら、おそらくあなたはそんな強者のひとりなのだろう。

コロナウイルスの脅威が、アメリカと世界にさざ波のように広がり、学校も店も休みになるなかで、社会的責任を感じている人たちは、自分のコミュニティーの中でもっとも弱い立場にある人たちを守るために、自分は何をする必要があるだろうかと自問している。パンデミックの収束後も、われわれはそう自問していかなければならない。

謝辞

遺伝学と平等に関する本を書こうという考えが浮かんだのは、二〇一五年から二〇一六年にかけての学年度に、サバティカル〔教育義務を離れて研究に専念するなど自由な目的に使える長期休暇〕で過ごしたラッセル・セージ財団で学者たちと交わした会話に触発されてのことだった。それ以降、いくつかの学際的なフォーラムで、この仕事について議論したり、同僚たちから学んだりする機会があった。そうした機会の中には、エリック・タークハイマーにより組織化され、ジョン・テンプルトン財団の助成を受けた遺伝学および人間の主体性プロジェクトの会合や、エリック・パレンスとミシェル・メイヤーによって組織され、ロバート・ウッド・ジョンソン財団、ラッセル・セージ財団およびＪＰＢ財団の助成を受けたヘイスティングス・センターの「社会および行動遺伝学と格闘する：リスク、潜在的恩恵、倫理的責任」ワーキング・グループ、ダニエル・アレン、アナ・ディリエンゾ、エヴリン・ハモンズ、モリー・プシェヴォルスキ、アロンドラ・ネルソンにより組織され、ハーバード大学のエドモンド・Ｊ・サフラ倫理学センターの後援で開催された集団間差異の遺伝的基礎の解釈に関するワークショップ、デーヴィッド・イェーガーとの共同組織で、シカゴ大学人的資本と経済機会グローバルワーキング・グループの後援で行われた「教育格差に対処する遺伝子、学校、介入」ワークショップ、ダン・ベルスキーとの共同組織で、ジェイコブズ財団の後援による「遺伝子と発達」に客員として参加した研究がある。ワークショップや会合の参加者全員からいただいた鋭いコメントに感謝する。本書のための研究はそのほかにも、テンプルトン財団およびジェイコブズ財団からの助成を受けている。

本書に書いたアイディアを、さまざまな聴衆に話す機会があった。デューク大学集団人口研究所、プリンストン大学人口研究所、ウィスコンシン大学心理学部、バーキー財団の「グローバル教育とスキルフォーラム」、エコール・ノルマル・シュペリウールの認知科学研究科での講演のほか、アメリカ心理学会のいくつかの会合や、科学哲学会、行動遺伝学会、統合遺伝学と社会科学会議、科学的心理学会、アメリカ人類遺伝学会、アメリカ生命倫理とヒューマニティー学会でも講演をする機会を得た。これらの機会に私の話を聞いて、啓発的な質問とコメントをくださった皆様に感謝申し上げる。

本を書くということは、長期にわたり、普段の教育の責任から注意を逸らすということでもある。もっとも被害をこうむったのは、私が指導する学生たちである。ミーガン・パターソン、ステファニー・サヴィッキ、マルゲリータ・マランチーニ、ジェームズ・マドーレ、ローレル・ラフィントン、アンドリュー・グロッツィンガー、トラヴィス・マラード、アディティ・サブロク、ピーター・タンクスレーは、これから長年にわたり互いを知り合い、ともに仕事をしていくのが楽しみな若き仲間たちである。

デーヴィッド・イェーガーは、寛大にも一学期間の教育義務削減のための手続きを進めてくださった。また、ジエイミー〔ジェームズ・ホイッティング〕・ペネベーカーは、私の講義の共同担当者になってくださった。このおふたりのおかげで、私は貴重な執筆時間を得ることができた。

エリック・タークハイマーはもう二十年近くにわたり私の師であり、本書のほぼすべてのページには、彼の影響が刻印されている（たとえ彼がそうは考えないとしても）。また、ベンジャミン・ライリー、カール・シュルマン、グレアム・クープ、マイケル・D・〝ドク〟・エッジ、ジョン・ノヴェンブリー、スチュアート・リッチー、ジャスミン・ワーツ、ラジブ・カーン、パトリック・ターリー、サンジャイ・スリヴァスタヴァ、ベン・ドミング、ジョージ・デイヴィー・スミス、そして私の初期の原稿を読んでくださった何人かの匿名の方たちとの対話に多くを負うている。アリソン・カレットは注意深い編集者で、情熱的な唱導者であった。数え切れないほど多くの人たちが、ツイッターで発信した私の未整理の考えに親切にも応答してくださった。

執筆の長いプロセスを通じて、おやつやワイン、アドバイス、そして励ましを与えてくれた友人たち、ダン・ベルスキー、コルター・ミッチェル、フィリップ・コーリンガー、ニコ・ドーゼンバック、サム・ゴスリング、ジョー・フリーガー、ジェーン・メンドル、サマンサ・ピントー、ジェニファー・ドリアク、サラ・ベックマン、ナタリア・ウルフに感謝する。トラヴィス・エイヴリーと親しく付き合えたおかげで、日々気持ちよく過ごすことができた。「あなたと鳥インフルエンザが、私に運命を信じさせてくれたわ」とは彼女の言葉である。マイカ・ハーデンは、弟らしい親愛の情を表現する行為の一環として、本書のために遺伝型を調べることに同意してくれた。エリオット・タッカー＝ドロブはこれまでずっと、良いときも悪いときも、私の共同研究者にして友人だった。彼とバーバラ・ウェンデルバーガー・ドロブは子育てを大切にする仲間であり、このふたりのチームワークがなかったら、本書は書けなかったと思う。最後に、家庭内遺伝的多様性に関する私の自然実験であり、いつも心にかかるもっとも大切な存在であり、私がより良い世界を望む理由でもある子どもたちに、最大の感謝を捧げる。

訳者あとがき

二〇二一年、「親ガチャ」という言葉が新語・流行語大賞にノミネートされて話題になった。親ガチャの「ガチャ」は、もともとは商店街や駅などの片隅にあるわずかなスペースに置かれたカプセル自動販売機を指す言葉だったが、その後、ソーシャルゲームでキャラクターやアイテムを手に入れるための、くじ引きのシステムを指す言葉として、SNS界隈で使われるようになった。それがインターネットの世界を飛び出して世間に広まったのが、この年だった。親ガチャの「親」は、くじ引きの結果は運任せで選べないことから、「子どもは親を選べない」ということを表し、「自分は親ガチャがハズレだった」と思っている側から使われることが多いようだ。

子どもは親を選べないのは昔も今も変わらないが、この言葉がこれほどまでに人口に膾炙(かいしゃ)するようになったのは、近年、社会格差がますます拡大し、生まれ落ちた環境によって、その後の人生がかなり決まってしまうと感じている人が増えたためだろう。実際、裕福な家庭に生まれるのと、貧困にあえぐ家庭に生まれるのとでは（現在日本では、七人にひとりの子どもが貧困状態にあるという）、その後の人生の成り行きに大きな違いが出ることは、種々の統計にも表れ、社会問題になっている。

本書の著者キャスリン・ペイジ・ハーデンが第一章で述べているように、アメリカの所得格差は、このところ急激に拡大し、その深刻さは日本のはるか上を行っている。それに加え、アメリカ社会は、多くの日本人が想像する以上に過酷な学歴社会だ。日本で「学歴」と言えば、「どこの大学を出たか」という「大学歴」になることが多いが、本書でいうところの学歴は、「どれだけ長く学校に行ったか」、つまり、高校中退なのか、高卒なのか、大卒（学士号取得）なのか、修士号あるいは博士号まで持っているのかを指し、こちらのほうが本来の用法だ。アメリカでは、学歴が低いというだけで、実に多くの機会から排除され、所得も格段に下がる。つまり、学歴、とくに大学を卒業しているかどうかが、人々が人生で経験するさまざまな不平等と結びついているのである。では、人の学歴の違いは、どんな事情で生じているのだろうか？

人はこの世に誕生するとき、二種類のくじを引かされる、とハーデンは言う。ひとつは、親の経済力や地域の環境などを決める、社会的なくじ（「社会くじ」）。そしてもうひとつは、生殖のときに切り混ぜられて子に渡される、ゲノムという遺伝的なくじ（「遺伝くじ」）だ（ちなみに本書の原題は *THE GENETIC LOTTERY*、そのものズバリの「遺伝くじ」である。なお、ハーデンは、哲学者ジョン・ロールズの用語に倣い、遺伝くじのことを「自然くじ」と言うこともある）。では、これらのくじの結果は、所得格差や教育格差と関係があるのだろうか？

社会くじの結果が、さまざまな格差や不平等と結びついていることは、広く認められ、それに関する統計データは、社会問題を考えるための基礎的資料となっている。

それに対して、遺伝くじとなると、事情はかなり異なる。遺伝くじの結果が格差や不平等と結びついているのではないか、という問いを立てるだけでも、研究者としては身の破滅になりかねない、とハーデンは言う。とくにアメリカでは、遺伝と、たとえば知能との関係を調べたりしようものなら、そんな研究者は、レイシストで、階級差別主義者で、優生学の支持者とみなされる傾向があるのだそうだ。実際、ハーデンは、もしもそんな研究に手を染めれば、きみは「ホロコースト否定論者と大差なくなる」と言われたことがあるという。

日本の読者にとっては、「レイシズム（人種差別）」や「階級差別」よりも、「優生思想」という言葉のほうが生々しく身近に感じられるのではないだろうか。というのも日本では、旧優生保護法（一九四八〜一九九六）のもと、遺伝性疾患やハンセン病、精神障害のある人たちに対し、子どもを持てなくする不妊手術が行われていたことが近年大きく注目されているからだ。手術が強制的だったケースだけでも一万六千五百件にのぼり、「強制ではなかった」とされるケースや、不妊手術ではなく中絶を求められたケースまで含めれば、その数はさらに膨れ上がりそうだ。法律改正から二十年あまりを経て、ようやく被害者たちが声を上げはじめ、ドキュメンタリーなども製作されるようになり、被害者への補償をめぐって法廷での戦いが続いている。

「人には生まれ持った優劣がある」（白人至上主義はその典型だ）とか、「生きるに値しない命がある」といった考えは古くからあったが、それに（誤った）理論的根拠を与えたのが、十九世紀に誕生した優生学というニセ科学だった。今ではまとめて優生思想と呼ばれるこうした考えは、歴史上に無数のおぞましい爪あとを残したにもかかわらず、いまだ葬り去られたとは到底いえない状況だ。とくに現代においては、ＳＮＳという媒体を得て猖獗（しょうけつ）をきわめている。アメリカでの特定人種に対するヘイトクライムや、日本で起こった相模原の障がい者施設「津久井やまゆり園」での殺傷事件なども、その背景にあって犯罪に燃料を注いでいるのは優生思想だ。

一方、科学としての遺伝学は、優生学とほぼ同じ頃に産声を上げたが、誕生するやいなや優生学に取り込まれ、抑圧と差別を正当化するために利用されてきたという残念な歴史がある。ハーデンは、絡み合ったこの両者の関係を解きほぐし、遺伝学を優生学から奪還しなければならないと考える。なぜなら、遺伝学は自然を記述する重要な科学であるばかりか、平等な社会を願う人たちにとってけっして敵ではなく、むしろ手放してはならない強力な味方だと考えるからだ。「遺伝学をまじめに受け止める」と題された本書第Ⅰ部の目標は、それを読者にわかってもらうことだ。

第Ⅰ部で扱われる話題のなかでもとくに注目されるのは、遺伝統計学の最先端、ゲノムワイド関連解析（略してＧＷＡＳ）が詳しく取り上げられていることだろう。第三章では、ＧＷＡＳと、ＧＷＡＳで得られたデータから組み立てるポリジェニックスコアが、親しみやすい「レシピ本」のたとえを使ってわかりやすく説明されている。ＧＷＡＳはライフサイエンスそのものを大きく変えたテクノロジーであり、この技術が開発されたおかげで、遺伝子と表現型との関連性が、かつてない精度で理解できるようになっている。

世界初のＧＷＡＳは、二〇〇二年に、当時理化学研究所・東京大学の中村祐輔（現在は東京大学およびシカゴ大学名誉教授）のグループによって、心筋梗塞について行われたものだった。それ以降、主に病気へのかかりやすさに関する研究として発展してきたが、本書に詳しく説明されているように、対象サンプル数をいかに増やすか、そして多彩な人種集団をいかに反映させるかが、ＧＷＡＳの大きな課題だった。しかし、本書の原書が刊行されてまもない二〇二二年十月に、五百四十万人を対象としたＧＷＡＳの結果が発表されて、身長と関連するものとして同定された一万二千ほどのＳＮＰが、一般的なＳＮＰｓベースの遺伝率をほぼ説明していることが示された。非ヨーロッパ系の祖先集団については、サンプリングがまだまだ不十分ではあるものの（この問題については本書に詳しく論じられている）、ＧＷＡＳは重要なひとつの目標地点に到達したといえよう。

ＧＷＡＳが有力なアプローチとして発展できた背景には、テクノロジーの飛躍的な発展と、それにともなう解析コストの低価格化があるが、それに加え、因果推論の分野に進展があったことも重要だろう。昨年、この分野の泰斗ジューディア・パールの大著『因果推論の科学――「なぜ？」の問いにどう答えるか』（ダナ・マッケンジー共著、松尾豊監修・解説、夏目大訳　文藝春秋）が邦訳刊行されて注目を浴びたが、ハーデンはまるまる一章を費やして（第五章）、グウィネス・パルトロウ主演の映画『スライディング・ドア』のたとえを使いながら、「もしも……だったら？」という、因果推論のコアとなる考え方をやさしく説明している。また、第六章では、一般には「メンデルランダム化」と呼ばれる因果推論の手法が、「自然によるランダムな割り振り」として説明されている。こうしたさまざまな方法を駆使することにより、遺伝統計学は因果推論の厳密化を進め、観察的研究から得られたデータについても、因果効果を推定できるようになっているのである。

先述のように、ＧＷＡＳはまず医療分野で開発され、主に病気のかかりやすさなどが調べられてきたが、原理的には、遺伝的要因のある形質ならどんなものでも研究対象となりうる。実際、人のパーソナリティーや、認知能力、行動など、社会生活に大きな意味を持つ形質も、すでに研究対象となっている。すると当然予想されるように、優生学の亡霊がＳＮＳ界隈に現れて、ウェブ上に公開された研究に恣意的な解釈を加え、無責任で誤った考えを撒き散らしている、とハーデンは警鐘を鳴らす。

従来、優生思想と闘うためには、往々にして、「人はみな遺伝的にはほぼ同じだ」という、遺伝的同一性に平等の根拠を求めることになりがちだった。その結果として、遺伝的な違いには目をつぶることになる（ハーデンはそれを「ゲノムブラインド」なアプローチと呼ぶ）。だが、目をつぶったところで、遺伝の影響が消えてなくなるわけではない（さらに言えば、人間の遺伝的多様性は残念な事実などではなく、むしろわれわれ人類にとっては資源であり、宝というべきものだろう）。なにより、もしも平等な社会を願う人たちが遺伝の影響に目をつぶったままでいれば、今後大量に流れ込んでくるであろうデータの解釈に空白が生まれ、その空白はたちまち、優生思想に共鳴する人たちの草刈り場にされてしまうだろう。では、平等な社会を望む人たちは、どうすればいいのだろうか？

それについて考えるのが、本書の第Ⅱ部「平等をまじめに受け止める」の目標だ。「オルタナティブな可能世界」と題された第八章では、たとえば、あなたが今と同じ遺伝子をもって生まれたとして、社会的・歴史的文脈が違えば、どれだけ違った成り行きがありうるだろうか？　と、ハーデンは思考を促す。「異なる社会」を思い描くのは意外と難しいことに私は気づかされたが、歴史が与えてくれる例を見ていくうちに、同じ遺伝子を持っていても、社会が違えば、人生の成り行きは大きく異なることは理解できた。そしてそれを知ることは、優生思想と闘うためのエクササイズになるのだ。なぜなら、ハーデンがたびたび力説するように、「遺伝的な差異には逆らえない、社会を変えようとしてもムダだ」というのが、優生思想のプロパガンダだからであり、われわれは知らず知らずのうちに、そう思い込まされている面があるからだ。

とはいえ、環境しだいで人生が大きく変わるというなら、いっそ遺伝子の影響などは無視して、望ましい社会を目指せばいいだけなのでは？　そう考えたくなるかもしれないが、話はそれほど単純ではない。なぜなら、遺伝子を無視したのでは、環境を変えようとする努力も無駄になりかねないからだ、とハーデンは厳しく指摘する。「「生まれ」を使って「育ち」を理解する」と題された第九章では、そもそも環境の影響を知るためには、まず、環境と絡み合った遺伝の影響を明らかにする必要があることが示される。現状、遺伝の影響に目をつむっているせいで、教育学、心理学、社会学などの分野は、大きな弱点を抱えてしまっている、とハーデンは言うのだ。

第十章の「自己責任？」では、人はおのれの人生に対し、どこまで責任を負うべきかを掘り下げて考える。というのも、近年の研究から、社会くじと遺伝くじを合わせた誕生時のくじの結果は、自己責任と言えるようなものでは到底ないことがわかってきたからだ。ところが、われわれは相変わらず、人生の成り行きのかなりの部分を、自己責任として片付けてしまいがちではないだろうか？　はたしてそれでいいのだろうか？

第十一章の「違いをヒエラルキーにしない世界」では、生まれ持った違いを「優劣」に結び付ける優生学的な思考パターンから、われわれは自由になれるはずだとハーデンは訴える。そして、そこから自由になることは、遺伝的差異に目をつぶることではないし、むしろ目をつぶってよいはずがない、と彼女は言う。なぜなら、違いのある人間を同じに扱うのは、けっしてフェアではないからだ。発話障害のある子どもと、何の苦労もなくおしゃべりをする子どもを、同じに扱うのはフェアだろうか？

第二部の第八章から第十一章までを読み進めるうちに、私自身、知らず知らずのうちに優生学的な思考パターンに縛られていた面があることに気づき、たびたびハッとさせられた。その縛りを解くのはけっして容易ではないし、ハーデンはそれが難しいことを熟知している。だからこそ彼女は、最終章にあたる第十二章で、五つの一般原理に対し、「優生学」「ゲノムブラインド」「アンチ優生学」という三つのアプローチを具体的に示して、「アンチ優生学」のアプローチを取ろうと訴えるのだ。

結局、われわれが本当に試されているのは、「違う社会を思い描くことはできるのか」ということなのだろう。第一章で引用されている哲学者ロベルト・マンガベイラ・アンガーの言葉をここでふたたび引くなら、「社会は作られ、想像されるものだ——それは、基礎的な自然の秩序の表れなのではなく、むしろ人間が作り出したものなのである」。そして望ましい社会を思い描くためには、遺伝学という、自然に関する知識を味方につける必要がある。今後ますます存在感を増していくに違いない遺伝学について考えるために、本書が日本の読者の役に立つことを心から願っている。

翻訳にあたっては、大阪大学大学院工学研究科生物工学専攻の青木航教授に、原稿を原文対照で読んでいただくことができた。ご専門の生物学に直接関係する部分にとどまらず、全体にわたり貴重なご指摘、ご意見をいただけたことは、訳文のレベルアップに大いに役立った。ここに記して感謝申し上げる。また、新潮社の竹中宏氏は翻訳作業の初期段階で方針について相談に乗ってくださり、同じく足立真穂氏は翻訳を完成にまで導いてくださった。このおふたりに心よりお礼を申し上げる。

二〇二三年七月

青木薫

図版の資料

〈図 1・1〉

所得による大学卒業のデータは次の資料による。Margaret W. Cahalan et al., *Indicators of Higher Education Equity in the United States: 2020 Historical Trend Report* (Washington, DC: The Pell Institute for the Study of Opportunity in Higher Education, Council for Opportunity in Education (COE), and Alliance for Higher Education and Democracy of the University of Pennsylvania (PennAHEAD),2020),https://eric.ed.gov/?id=ED606010. ポリジェニックスコアによる大学卒業者の比率に関するデータは以下の資料による。James J. Lee et al., "Gene Discovery and Polygenic Prediction from a Genome-Wide Association Study of Educational Attainment in 1.1 Million Individuals," *Nature Genetics* 50, no. 8 (August 2018): 1112–21,https://doi.org/10.1038/s41588-018-0147-3. それに加えたさらなる分析は、Robbee Wedow が行ってくれた。

〈図 1・2〉

読者の分析方法については、次の文献を参照のこと。Jedidiah Carlson and Kelley Harris, "Quantifying and Contextualizing the Impact of bioRxiv Preprints Through Automated Social Media Audience Segmentation," *PLOS Biology* 18, no. 9 (September 22, 2020): e3000860, https://doi.org/10.1371/journal.pbio.3000860. ここでの読者は、次の論文のプレプリントを読んだ人たち。 Perline Demange et al., "Investigating the Genetic Architecture of Noncognitive Skills Using GWAS-by-Subtraction," *Nature Genetics* 53, no. 1 (January 2021): 35–44, https://doi.org/10.1038/s41588-020-00754-2.

〈図 2・1〉

この図は次の論文より、許可を得て掲載。Springer Nature from Emily A. Willoughby et al., "Free Will, Determinism, and Intuitive Judgments About the Heritability of Behavior," *Behavior Genetics* 49, no. 2 (March 2019): 136–53, https://doi.org/10.1007/s10519-018-9931-1.

〈図 2・3〉

グラフは次の資料を一部改変して作成。Corinne E. Sexton et al., "Common DNA

Variants Accurately Rank an Individual of Extreme Height, *International Journal of Genomics* 2018 (September 4, 2018): 5121540,https://doi.org/10.1155/2018/5121540.

〈図 3・1〉

図は以下の論文より一部変更して転載。Daniel W. Belsky and K. Paige Harden, "Phenotypic Annotation: Using Polygenic Scores to Translate Discoveries from Genome-Wide Association Studies from the Top Down," *Current Directions in Psychological Science* 28, no. 1 (February 2019): 82–90, https://doi.org/10.1177/0963721418807729. SAGE Publications, Inc の許可を得て転載。

〈図 6・2〉

例と計算は次の文献のものを利用。Peter M. Visscher, William G. Hill, and Naomi R. Wray, "Heritability in the Genomics Era-Concepts and Misconceptions," *Nature Reviews Genetics* 9, no. 4 (April 2008): 255–66, https://doi.org/10.1038/nrg2322.

〈図 6・3〉

次の論文のデータを本書の筆者が解析したもの。Tinca J. C. Polderman et al., "Meta-Analysis of the Heritability of Human Traits Based on Fifty Years of Twin Studies," *Nature Genetics* 47, no. 7 (July 2015): 702–9, https://doi.org/10.1038/ng.3285.

〈図 6・4〉

この画像は次の資料から許可を得て複製。Springer Nature from Brendan Maher, "Personal Genomes: The Case of the Missing Heritability," *Nature* 456, no. 7218 (November 1, 2008): 18–21, https://doi.org/10.1038/456018a.

〈図 6・5〉

すべての遺伝率の推定値は、次の文献から得た。Alexander I. Young et al., "Relatedness Disequilibrium Regression Estimates Heritability Without Environmental Bias," *Nature Genetics* 50, no. 9 (September 2018): 1304–10, https://doi.org/10.1038/s41588-018-0178-9, なお、学歴の遺伝率について双子研究から得られた推定値は、次の文献による。Amelia R. Branigan, Kenneth J. McCallum, and Jeremy Freese, "Variation in the Heritability of Educational Attainment: An International Meta-Analysis," *Social Forces* 92, no. 1 (2013): 109–140; 女性が最初の子どもを出産した年齢について、双子研究から得られた遺伝率の推定値は、次の文献による。Felix C.

Tropf et al., “Genetic Influence on Age at First Birth of Female Twins Born in the UK, 1919–68,” *Population Studies* 69, no. 2 (May 4, 2015): 129–45, https://doi.org/10.1080/00324728.2015.1056823.

〈図 7・1〉

この図は以下の文献のアイディアを組み合わせて作成した。Carl F. Craver, *Explaining the Brain: Mechanisms and the Mosaic Unity of Neuroscience* (Oxford: Oxford University Press, 2007); Paul Oppenheim and Hilary Putnam, “Unity of Science as a Working Hypothesis,” 1958, http://conservancy.umn.edu/handle/11299/184622; and Christopher Jencks et al., *Inequality: A Reassessment of the Effect of Family and Schooling in America* (New York: Basic Books, 1972).

〈図 7・2〉

次の参考文献に記述されたものの一部。Laura E. Engelhardt et al., “Genes Unite Executive Functions in Childhood,” *Psychological Science* 26, no. 8 (August 1, 2015): 1151–63, https://doi.org/10.1177/0956797615577209.

〈図 7・3〉

次の文献による。Elliot M. Tucker-Drob et al., “Genetically-Mediated-Associations Between Measures of Childhood Character and Academic-Achievement,” *Journal of Personality and Social Psychology* 111, no. 5 (2016): 790–815, https://doi.org/10.1037/pspp0000098.

〈図 7・4〉

図は次の論文から転載。K. Paige Harden et al., “Genetic Associations with Mathematics Tracking and Persistence in Secondary School,” *Npj Science of Learning* 5 (February 5, 2020): 1–8, https://doi.org/10.1038/s41539-020-0060-2.

〈図 8・1〉

画像は、「社会変化のための相互作用研究所」より。イラストはアンガス・マグワイア。

〈図 8・2〉

著者撮影。

〈図 9・1〉

データはニコラス・パパジョージとケヴィン・トムによるもの。次の論文を参照されたい。“Genes, Education, and Labor Market Outcomes: Evidence from the Health and Retirement Study,” NBER Working Paper 25114 (National Bureau of Economic Research, September 2018), https://doi.org/10.3386/w25114.

〈図 10・1〉

図は次の文献より。Richard Karlsson Linnér et al., “Multivariate Genomic Analysis of 1.5 Million People Identifies Genes Related to Addiction, Antisocial Behavior, and Health,” *bioRxiv* (October 16, 2020), https://doi.org/10.1101/2020.10.16.342501.

〈図 10・2〉

画像と文章は以下の文献による。Matthew S. Lebowitz, Kathryn Tabb, and Paul S. Appelbaum, “Asymmetrical Genetic Attributions for Prosocial Versus Antisocial Behaviour,” *Nature Human Behaviour* 3, no. 9 (September 2019): 940–49, https://doi.org/10.1038/s41562-019-0651-1; image originally from Nicholas Scurich and Paul Appelbaum, “The Blunt-Edged Sword: Genetic Explanations of Misbehavior Neither Mitigate nor Aggravate Punishment,” *Journal of Law and the Biosciences* 3, no. 1 (April 2016): 140–57, https://doi.org/10.1093/jlb/lsv053, by permission of Oxford University Press.

原註

原註については、検索の利便性を念頭に、すべて以下のサイトに上げた。参照していただきたい（QR コードは10頁にあり）。なお、基本的に原書に忠実に掲載したが、URL については、リンク切れのものは、確認できる範囲で外し、未確認のものはすべて原書のままとした。https://www.shinchosha.co.jp/book/507351/?utm_source = QRcode&utm_medium = book&utm_campaign = 507351#b_othercontents

こちらには、出典以外の解説について、翻訳の上掲載する。

なお、著者のサイトは以下、参考に掲載しておく。https://www.kpharden.com

第一章

7. アメリカ心理学会のスタイルガイド（書式ガイド）に則り、黒人と白人のような人種にかかわる用語は大文字で始めた［＊訳註・Black、White などとなっている］。この件に関してコンセンサスがあるわけではないが、社会政策研究センターは、語頭を大文字化した Black は、「色のみならず、アメリカの黒人の歴史と人種的アイデンティティーを表すものである」と論じた。さらに同研究センターはこう論じた。「人種として'White' と命名しないことは、実は、White であることは中立的であり、なおかつ標準的であると立論する反 Black な行為である。……われわれは、暴力を誘発するために W を大文字にする人たちを糾弾する一方で、人々に、そしてわれわれ自身に、白人性が生き延びている――そして白人性が明示的にも暗黙的にも支持されている――あり方について深く考えてみようと訴えることを意図して 'White' と大文字で始める」

18. カーネマンとディートンが2010年に発表した影響力のある論文では、日常的にネガティブな感情を経験することは、世帯の所得が高くなるにつれて減少するが、年収約70,000ドル近辺で頭打ちになるのに対し、包括的なポジティブな生活評価（「私の人生は、私にとって可能な限り最善の人生である」）は年収70,000ドルを超えても増大し続ける。より最近の2021年にキリングワースが発表したレポートでは、感情的な経験を測定するために別の戦略が用いられた。参加者は、昨日特定の感情を経験したかどうかを過去を振り返って報告するのではなく、スマートフォンでリアルタイムで各瞬間の感情を報告する。カーネ

マンとディートンとは異なり、キリングワースは、感情的なウェルビーイングは、高額所得者のあいだですら、所得が増えるにつれて増え続けるという結果を報告した。
59. 遺伝的祖先のパターンを記述するにはどんな言葉を使うのがベストかについては、いまだほとんどコンセンサスが得られていない。私は遺伝的祖先のある種のパターンをもつ人々については、大陸を指す「ヨーロッパ系」という言葉を使う慣習に従うが、これが不正確なことは承知している。読者ごとに直観的な受け止め方は違うだろうし、人種という社会的カテゴリーを「純粋」に生物学的実体と思わせてしまうリスクもある。この問題については第四章でより詳しく論じる。

第二章

13. プライバシー保護のため名前を変更してある。
22. 本書を通して私は「親」「子ども」「家族」「きょうだい」という言葉を、遺伝のプロセスにより互いに関係する人たちという狭い意味で用いる。これは「家族」を定義する社会的関係の重要性を否定するものではなく、単に、本書は遺伝子の効果に焦点を合わせるからである。
27. ポリジェニック指数は、「ポリジェニックスコア」と呼ばれることのほうが多い。しかしながら、ヒトのＤＮＡに関する情報にあてはめる場合には、「スコア」という言葉は価値のヒエラルキーを意味するかもしれない。同僚のパトリック・ターリーとダン・ベンジャミンの勧めに従い、それに代わる言葉として「ポリジェニック指数」を用いることにする［邦訳ではスコアという語にそれほどネガティブなニュアンスはないこともあり、「ポリジェニックスコア」という広く用いられている用語を用いる］。

第四章

35. 哲学者のトマス・ネーゲルは、人種間の「内在的な」すなわち「生物学的な」違いに関する関心が、人々の心の中で責任の問題とどのように結びついているかを説明した。「もしも社会の責任は――社会的正義によって引き起こされた不利益だけにしか拡張されないのであれば、人は平均的なＩＱにおける人種間の差異が以前の影響を受けているその程度――そのようなものがあるとして――に政治的重要性を割り当てるだろう」

第五章

13. より具体的には、この方法を使うことで平均治療効果（ＡＴＥ）を推定することができる。しかしながらＡＴＥは、研究者が推定したいと思うかもしれない唯一の量ではない。たとえば、研究者は治療に対する応答における不均質性に興味を持つかもしれない。

15. 進化生物学者のリチャード・ドーキンスは、たとえば眼の色のような、直観的にも「遺伝で決まっている」と思える比較的単純な表現型についてさえ、遺伝的原因は「違いを生むもの」として定義されるべきだと主張した。彼はこう書いた。「任意の原因候補の〝効果〟に意味が与えられるのは、その原因に代わりうる、少なくともひとつの別の原因との比較――たとえその比較が言外になされるものであったとしても――という観点に立つ場合だけである。ある遺伝子 $G1$ だけで確定する〝効果〟として青い眼について語るのは、完全に不完全なのだ。もしもわれわれがそういう言い方をするとしたら、それは実際には、その遺伝子に代わりうる少なくともひとつの別のアレル――それを $G2$ と呼ぼう――と、青い眼という表現型に代わりうる少なくともひとつの別の表現型 $P2$――この場合であれば、たとえば茶色の眼――がありうるということを述べているのである」

ドーキンスはこれに続けて、皮膚の色に関連するふたつの遺伝子を例に挙げる。「たしかに、一個体の皮膚の色が黒くなるためには、合成されるタンパク質が黒い色素であるような遺伝子 A が必要だろう。しかし、集団内の多様性の中に、A の欠如によって引き起こされる何かがないかぎり、私は A を、皮膚の色を黒くする遺伝子とは呼ばない。……ここで重要なのは、A と B [B はここで、黒い色素を作る遺伝子ではなく、酵素として作用するタンパク質を合成する遺伝子であって、その酵素の間接的な効果のひとつに、（別のアレル B' と比べて）A による黒い色素の合成を促進することが含まれると仮定されている] **のどちらもが、皮膚の色が黒くなるための遺伝子と呼ばれうるかどうかは、集団中にそれらに代わりうる別の遺伝子が存在するかどうかにかかっている**ということだ（強調は本書の筆者が付け加えたもの）。A を黒い色素の分子を作ることに結びつける因果の鎖は短く、一方、B のその因果の鎖は長くて込み入っているが、そのことは、ここでの議論には関係がない」

最後にドーキンスは、自然選択は差異に関することだと指摘する。あるバージョンの遺伝子が他のバージョンよりも普及してありふれた存在になるのは、それぞれのバージョンごとに適応度に差があるからなのだ、と。進化は比較を要求するのである。

どんな原因もそうであるように、遺伝的原因は「違いを生むもの」であり、そのことは、代わりになりうる別の何かとの比較に関係している。その点がよく理解されていないということが、哲学者ネッド・ブロックによる、今日なお広く引用される論証の大きなひとつの欠陥である。ブロックはこう書いた（以下の引用中、強調は本書の筆者が付け加えたもの）。「遺伝的決定［genetic determination］は、ある特徴を引き起こすものは何かに関する問題である。われわれの足の指が５本になるのは、われわれの遺伝子がその特徴を引き起こしているからであり、それゆえ、われわれの足の指の本数は、遺伝的に決定されている。それとは対照的に、遺伝率［heritability］は、ある特徴における違いを引き起こすものは何かに関する問題である。足の指が何本あるかの遺伝率は、遺伝的な差異が足の指の本数における多様性を引き起こす程度の問題なのである（猫の中には、指の数が５本のものと、６本のものがいる）」。ブロックの議論の誤りは、すぐに理解できるだろう。ある特徴を引き起こすものは、定義により、ある特徴における違いを生むものである。「遺伝子 *G1* はわれわれの足の指を５本にする」と述べることは、*G1* の代わりになりうる別のアレルと、５本指という表現型の代わりになりうる別の表現型が存在するということを意味する――*G1* ではない別の遺伝子を持つことが、あなたの足の指の本数を５本ではなくするのである。

実際、遺伝子は「違いを生むもの」だということは、ブロックが用いた、われわれの足の指は５本だという、まさにその例の場合に経験的に示すことができる。足の指の本数を決定する遺伝子の中のふたつに、*EVC1* と *EVC2* がある。これらふたつの遺伝子に起こる稀な突然変異が、多指症のほか、四肢短縮、歯の異常、心疾患などをともなう、エリス-ファンクレフェルト症候群として知られる症状を引き起こす。*EVC1* 遺伝子と *EVC2* 遺伝子は、細胞を取り巻くように生えている繊毛に見られるタンパク質をコードしており、このタンパク質は、細胞同士が正しい形状に並ぶためにコミュニケーションを取るのを助けている。*EVC1* と *EVC2* は、家族の中に多指症のメンバーがいたアーミッシュの九家族を調べた研究によって発見された。その科学者たちが焦点を合わせたのは、ブロックが誤って遺伝的因果の問題とは別のものだとした、まさにその問いだった。この研究者たちは、「人が手に５本、足に５本の指を持つかどうかの差異に関連する遺伝子はどれだろうか？」と問うたのである。*EVC1* 遺伝子または *EVC2* 遺伝子に突然変異が起こったバージョンの遺伝子をふたつ受け継いだ人たちは、足の指の本数が５より多かった。その人たちは、５本の指を持たなかったのである。

22. 私はここで用いた「薄い」「厚い」という言葉遣いと、ギアーツが行動を記述するためにこれらの言葉を使ったときの区別の仕方との類似性を指摘してくれたベンジャミン・ドミングに感謝する。たとえば、ギアーツは、行動に関する次のふたつの記述を区別した。「右の眼のまぶたを収縮させる」（薄い記述）と、「本当は悪だくみなどしていないのに何かひそかに陰謀をたくらんでいるかのように皆に思わせるような、偽のめくばせをする練習をする」（厚い記述）。［邦訳『文化の解釈学』（全２巻）Ｃ・ギアーツ著、吉田禎吾、柳川啓一、中牧弘允、板橋作美訳　岩波現代選書（第一部第一章「厚い記述――文化の解釈学的理論をめざして」）（1987年）］

第六章

9. それとは別の異議もある。あらゆるものには遺伝性があるのだから、これらの形質に遺伝性があるからといって問題にはならないというのがそれだ。つまり、集団内に差異があって測定可能な形質はどれも、遺伝性のある多様性が存在する根拠になるというのだ。この主張は、どれだけテレビを見るかとか、どれだけマーマイト［イギリス人が好んで食べるイーストエキス食品］を好むかといった馬鹿馬鹿しい形質にまで拡張される。こういう馬鹿馬鹿しい例は、遺伝的な因果関係の存在は、生物学的決定論にもとづくメカニズムが存在することを証拠立てているという直観に対抗するためには役に立つ――この点については最後の章であらためて論じよう。われわれは、マーマイトを好むことや、テレビをよく見ることを、「ゲノムレベルで」理解しようとしているのではない。しかし、われわれがマーマイトを好むという形質の遺伝率を気にしないのは、遺伝率が役にも立たない「象徴的」統計量だからではなく、人々がマーマイトを好むかどうかは重要ではないと思っているからだ。だがわれわれは、人々が大学を卒業するかどうかは重要だと考える。遺伝率という統計量の科学的・哲学的重要性は、問題にしている表現型の科学的・哲学的重要性から導かれるのである。

10. 遺伝率と遺伝的因果関係との結びつきは、農業の選択育種プログラムでは、遺伝率係数がどのように利用されているかを考えれば、さらにはっきりする。いわゆる「育種家の方程式」は、$R=h^2 \times S$で与えられる。ここでh^2は、その集団の遺伝率係数［狭義の遺伝率］、Ｒは選択に対する応答（選択された親から生まれた子の表現型値の平均と、もともとの集団平均との差）、Ｓは選択差（選択された親の表現型値と、選択前の集団平均との差）である。

2019年には、アメリカの男性の平均身長は176センチメートルである。さて、

ディストピア的な独裁者が、子どもの親になることを許される男の身長に制限を課した結果、選択された父親たちの平均身長は、183センチメートルになったと仮定しよう。子を作るために選択された男性の平均身長と、集団内の平均身長との差は７センチメートルである［S=7］。母親も同程度の選択を受けるとすると、他の環境はすべて厳密に前と同じだと仮定して、選択がある場合の次世代男子の平均身長は、選択がない場合と比べてどれだけ高くなるだろうか？　本章のはじめに説明した研究によれば、身長の遺伝率は0.80［h^2=0.80］と推定される。これは1.0ではないため、次世代男子の身長が、平均として７センチメートル高くなることはないだろう。とはいえ遺伝率は高いので、子を作るために選択された親から生まれた子は、実際にかなり背が高くなるだろう――平均すると６センチほど高くなる［R=0.80×7］。集団の平均値が変われば、「極端な」ケースが観察される頻度に影響が及ぶ。平均身長が175センチメートルの集団では、男性の約１パーセントは身長が198センチメートルよりも高い。平均身長がそれより５センチメートル高くなって180センチメートルになれば、身長が198センチメートル以上の男性の割合は４パーセントに増える。

遺伝率は、選択の応答を決定するものなので、因果の観点からも重要になる。それを理解するためには、「介入主義的因果理論」の枠組みで考えてみるといい。前章で記述した「反事実的依存性」によって他の因果理論とつながる介入主義的因果理論だが、この理論は、「もしもＸが起こらなかったなら、Ｙには何が起こっただろうか？」という問いを中核に据えるのではなく、「もしもあなたがＸを変化させたら、Ｙには何が起こるだろうか？」という問いを中核に据える。哲学者のジム・ウッドワードは、著書『ものごとを実現させる（Making Things Happen）』の中で、その点について次のように述べた。「ＸはＹの原因であるという主張は、少なくともある人たちにとっては、その人たちが所有するＸのなんらかの値に対する可能な介入が存在し、その介入操作は、他の適切な条件が与えられたとして（その条件には、Ｘではないなんらかの変数を特定の値に固定するような操作が含まれるだろう）、Ｙの値、ないしＹの確率分布を、変化させるだろうということを意味する」。(p.40)

選択実験は、この要請に対する興味深いひとひねりである。遺伝子（Ｘ）は表現型（Ｙ）の原因であるという主張は、少なくともある人たちにとっては、その人たちが持っているＸのなんらかの値に対し、可能な操作が存在するということを意味する。選択実験の場合であれば、その操作は、子を作ることを許される遺伝型の範囲に制限を課すことだ。Ｘとは異なる他の変数（すなわち環境変数）をなんらかの値に固定することを含めて、この操作は、選択された

人々の子の表現型Ｙの確率分布を変化させるだろう。

もしも選択実験が表現型に対する遺伝子の因果的力を明らかにし、遺伝率は選択への応答を決定するのなら、遺伝率はいかなる理由によってであれ、因果には関与しないと結論することは不可能だ。ピーター・フィッセルが別の論文で述べたように、「遺伝率は、遺伝学における基本的なパラメータであり……進化生物学と農業における選択にとっても、医療における疾病リスクを予測するうえでも、カギとなる重要なパラメータである」
11. 等環境仮説は、これまで多くの精査を受けてきた主題であり、ＤＮＡの測定記述を利用した新しいタイプの研究は、おおむねこの仮定を支持する結果を出している。ある注目すべき研究では、親、小児科医、そして双子たち自身でさえもが、しばしば一卵性か二卵性か間違えるという事実が利用された。つまり、実際は二卵性なのに一卵性だと思い込んだり、一卵性なのに二卵性だと思い込んだりするのだ。オランダの300組の双子に関する研究では、親が双子が一卵性か二卵性かを取り違えているケースが19パーセントあった。私自身がテキサスで行った双子研究でも同様の結果が得られた。一組の双子に一度会っただけの大学生のほうが、その双子たちの親より、ＤＮＡ検査の結果を正しく推測したのだ。社会学者のダルトン・コンリーと彼の同僚たちは、この双子の親たちのバイアスを切り札に、等環境仮説を検証した。一卵性双生児の親のほうが子どもをより等しく扱うことが、一卵性双生児のほうが二卵性双生児よりも類似性が高い理由ならば（等環境仮説が破れている）、本当は二卵性の双子なのに一卵性だと思われていた双子は、正しく二卵性とされていた双子のペアよりも類似性が高いはずだと論じたのだ。実際、コンリーはそういう結果が得られると予想していた。行動遺伝学の研究結果は恐怖と呪いの眼で見るように訓練された社会学者にとって、この実験のデザインは、遺伝子は社会的不平等を理解するうえで重要だという、着実に積み上げられてきたエビデンスを突き崩すかに見えた。ところがそうはならなかったのだ！　コンリーらの研究は、双子の表現型の類似性（双子の人生の成り行きがどれぐらい似ているか）は、実際の遺伝上の関係性に沿い、親の判断には沿わないことが明らかになったのだ――これは、等環境仮説を支持する根拠である。

第七章

2. 複雑な人間行動は、長い因果の鎖で遺伝型に結びついている、唯一の表現型ではない。進化生物学者のリチャード・ドーキンスが論じたように、「どんな表現型であれ――形態学的なものであれ、生理学的なものであれ、行動学

的なものであれ——より基本的な何かの『副産物』ではないなどということがありうるものだろうか？　この問題を突き詰めて考えてみれば、タンパク質分子を別にすれば、すべての遺伝的効果は『副産物』であることがわかるのだ」同様に、一見するとシンプルに思われる環境的介入でさえ、その介入が効果を及ぼすためには、仲間の規範や教師の影響など、複雑な社会的プロセスに深く絡み合った長い因果の鎖が必要になるのは明らかだろう。

9. 未知のメカニズムがありうるということ、それもおそらくは、直観的には捉えられないような何かを介して作用するメカニズムがありうるということは、遺伝的原因だけに限った問題ではないということを思い出しておくことは重要だ。実際、未知のメカニズムがありうるという問題は、ランダム化比較実験（ＲＴＣ）から発する因果推論なら、どんなものにでもありうることなのだ。ノーベル経済学賞受賞者のアンガス・ディートンと科学哲学者のナンシー・カートライトは、「他の多くの仕事——経験的、理論的、概念的な仕事——は、ＲＴＣの結果を利用できるようなかたちで行われる必要がある」と述べた。制御された一組の条件の下で、ある方法で介入すれば、ある平均的な治療効果が得られることはわかるかもしれないが、その境界条件はどういったものだろうか？　介入と、最終的な成り行き（アウトカム）とは、どんな因果的事象の鎖でつながれているのだろうか？　人々は介入に対し、どんな応答をするだろうか？　要するに、自然によるランダム化を利用して、ひとつの成り行きに関するひと組の遺伝的バリアントの、平均としての治療効果を検証するだけでは不十分なのだ。その因果推論の結果を、科学的で有用なものにするためには、経験的、理論的、概念的な面で、まだまだ多くの仕事をしなければならない。

14. 双子研究へのよくある批判に、このタイプの研究には、恵まれない家庭が十分含まれていないため、同じ家の子どもたちに共通の環境要因が、人生の成り行きのばらつきに寄与する程度を、過小評価してしまう可能性があるというものがある。遺伝率は、比で与えられることを思い出そう。サンプル中の環境の多様性が大きければ大きいほど分母が大きくなり、遺伝率は小さくなる。しかし、「テキサス双子プロジェクト」［著者がテキサス大学で運営にかかわっている心理学研究プロジェクト］の場合、われわれのサンプルは、かなり幅広くさまざまな環境を代表している。参加者の３分の１は、子どもが生まれて以降、公的補助（たとえばＳＮＡＰ、すなわち食料品を購入するための助成など）を受けている家庭だ。われわれはまた、そのサンプルについてジニ係数（収入の不平等の目安）を計算してみた。そうして得られたジニ係数は0.35で、アメリカ全体の指数0.39と比較すると、われわれはまあまあ妥当な仕事をして

いると言えるだろう。とりわけ、われわれのサンプルは、アメリカ社会を特徴づける大きな所得格差のパターンを捉えるという点では、地理的制約を受けていることを考慮すればなおさらだ。

われわれのサンプルが多様性に富んでいることは重要である。なぜならそれは、実行機能の遺伝率が非常に高いのは、恵まれた家庭の子どもたちだけを見ているからではないということを意味しているからだ。また、われわれのものとは独立に、心理学者ナオミ・フリードマンが運営するコロラド大学の研究室は、検証された時点でわれわれのサンプルよりも年上だった別の双子のサンプルから、ほぼ100パーセントの遺伝率という同じ結果を得ている。

第八章

4. 遺伝率は表現型が環境により変わるかどうかについて明確なことを教えるわけではないが、環境により引き起こされた変化が、世代を越えて残るかどうかについては何か教えてくれるかもしれない。ゴールドバーガーの眼鏡の例に戻ると、人の視力は眼鏡で矯正できるが、その人の子どもたちにも眼鏡が与えられなければ視力の改善は子どもたちには引き継がれない。コンリーとフレッチャーが述べたように、「(視力の弱さを) 予防したり治したりする発明は何であれ、次世代に世襲のように伝わるものではない。なぜなら、生殖細胞系列(親から子へと遺伝的に引き継がれるもの) に本来そなわるリスクは変わっていないからだ。……その発明の恩恵が次の世代に引き継がれるようにしたければ、各世代にそれを施さなければならない」。

37. 「遺伝子介入」の効果、または「遺伝子×環境」の効果に関する研究の大半で、遺伝型について不十分な手法(たとえば単一の遺伝的バリアントの影響を吟味するなど) を使うか、あるいは人々の遺伝的違いと相関する環境的文脈を使ってしまうということが行われてきた。それとは対照的に、比較的うまく行われた研究では、遺伝型について十分に良い手法(たとえば強力なＧＷＡＳから作られたポリジェニックスコアなど) で、環境の影響についてより良い因果推論を可能にする準実験的デザインを使って環境が詳しく検討されている。

第十章

12. ３人は次のように書いた。「行動に対する生物学的説明に固有の特質を超えた要因が、人々が生物学的説明を是認する可能性に影響を及ぼすことについては、すでにかなりのエビデンスが得られているが、われわれの見出した結果は、そこにさらなるエビデンスを付け加えるものである」「もしも人々が、

遺伝学的な説明は、人の行動への道徳的責任を回避するためのものだと考えるなら」、人々は、「非難する力を保持したいという願望から、遺伝学的説明を」拒否する。

14. ドーキンスは次のように述べて、この点をうまく説明した。「決定論の問題についてどんな見解をとろうとも、『遺伝的』という言葉を挿入したところでなんら違いは生じない。あなたが完全な決定論者なら、あなたのすべての行為は過去の物理的原因によって事前に決定されていると考えるだろう。そして、あらかじめ決定されていたのだから、あなたは自分の不貞に対する責任を負うことはできないと考えるかもしれないし、考えないかもしれない。しかしいずれにせよ、その物理的原因のうちのいくつかが遺伝的だからといって、何が違うというのだろう？　なぜ、遺伝的決定論が、『環境的』決定論以上に、不可避的なもの、もしくは責を問われないものだと考えられるのだろう？」

15. 一卵性双生児のふたりのゲノムに違いが存在するということは、双子を使った遺伝率の推定値は、系統的に過小評価になっている可能性があるということだ。なぜなら、一卵性双生児のふたりのあいだの表現型の違いが、環境の多様性のせいにされているだろうからだ。

18. より厳密には、e^2は、人の主体性に課された限界と考えてもいいだろう。神経科学者のケヴィン・J・ミッチェルが「発達の多様性」と呼ぶもの（表現型の発達過程に固有のランダムさ）もまた、双子たちを、われわれが普通は主体性として認識するであろういかなる影響力も及ぼすことなく、相手とは違った存在にするだろう。

キャスリン・ペイジ・ハーデン　Kathryn Paige Harden
テキサス大学心理学教授。同大学の Developmental Behavior Genetics Lab（発達的行動遺伝学研究室）を運営。テキサス双子プロジェクトを共同主宰。初の著作となった本書は、「ニューヨーカー」、「ガーディアン」など各媒体で絶賛され、2021年の「エコノミスト」ベストブックに選ばれるなど高評を得た。 https://www.kpharden.com

青木 薫（あおき・かおる）
1956年生れ。翻訳家。訳書に『フェルマーの最終定理』『暗号解読』『宇宙創成』などサイモン・シンの全著作、マンジット・クマール『量子革命』（以上、すべて新潮社）、ブライアン・グリーン『時間の終わりまで　物質、生命、心と進化する宇宙』（講談社）、トマス・S・クーン『新版　科学革命の構造』（みすず書房）など。著書に『宇宙はなぜこのような宇宙なのか　人間原理と宇宙論』（講談社）がある。2007年度日本数学会出版賞受賞。

The Genetic Lottery：
Why DNA Matters for Social Equality

遺伝と平等　人生の成り行きは変えられる

著　者　キャスリン・ペイジ・ハーデン
訳　者　青木薫

発　行　2023年10月20日

発行者　佐藤隆信
発行所　株式会社新潮社
郵便番号162-8711　東京都新宿区矢来町71
電話　編集部 03-3266-5611
読者係 03-3266-5111
https://www.shinchosha.co.jp

印刷所　錦明印刷株式会社
製本所　大口製本印刷株式会社

乱丁・落丁本は、ご面倒ですが小社読者係宛お送り下さい。
送料小社負担にてお取替えいたします。
価格はカバーに表示してあります。

ISBN978-4-10-507351-0　C0045

青木薫が手掛けた翻訳書

サイモン・シンとの名コンビで
ベストセラー続々！
サイエンスの興奮がここに。

文庫

『フェルマーの最終定理』
『暗号解読』(上下)
『宇宙創成』(上下)
『代替医療解剖』
(エツァート・エルンストとの共著)
『数学者たちの楽園 「ザ・シンプソンズ」を作った天才たち』

単行本

『ビッグバン宇宙論』(上下)
『数学者たちの楽園 「ザ・シンプソンズ」を作った天才たち』